高等职业教育"十三五"规划教材

高等应用数学

崔俊明　高　茜　主　编
王文武　张恩英　副主编
韩蕾蕾　主　审

中国铁道出版社有限公司
CHINA RAILWAY PUBLISHING HOUSE CO., LTD.

内 容 简 介

本教材是根据高职教育的目标和特点,针对当前高职学生实际状况编写的,具有如下特点:①所有概念引入都从生活、生产中的实例入手;②内容阐述注重简明、直观、易懂,避免过深的理论知识和数学推导;③选编了一些有趣的数学知识起源和数学家小传等小资料,以培养学生的数学素养,扩大学生的知识面。

教材内容包括:函数、极限与连续,导数与微分,导数和微分的应用,不定积分,定积分及其应用,无穷级数,微分方程。本教材适合作为高等职业院校各专业的教材。

图书在版编目(CIP)数据

高等应用数学/崔俊明,高茜主编.—北京:中国
铁道出版社有限公司,2019.6
高等职业教育"十三五"规划教材
ISBN 978-7-113-25777-4

Ⅰ.①高… Ⅱ.①崔…②高… Ⅲ.①应用数学–高等
职业教育–教材 Ⅳ.①O29

中国版本图书馆 CIP 数据核字(2019)第 087785 号

书　　名:**高等应用数学**
作　　者:崔俊明　高 茜

策　　划:李小军　　　　　　　　　　读者热线:(010)63550836
责任编辑:许 璐　徐盼欣
封面设计:刘 颖
责任校对:张玉华
责任印制:郭向伟

出版发行:中国铁道出版社有限公司(100054,北京市西城区右安门西街 8 号)
网　　址:http://www.tdpress.com/51eds/
印　　刷:三河市兴博印务有限公司
版　　次:2019 年 6 月第 1 版　2019 年 6 月第 1 次印刷
开　　本:720 mm×960 mm　1/16　印张:15.25　字数:286 千
书　　号:ISBN 978-7-113-25777-4
定　　价:39.00 元

前　　言

本教材是根据教育部制定的《高职高专教育高等数学课程的教学基本要求》,结合目前高等职业教育发展要求而编写的。当前,我国高等教育发展迅速,高等教育实现了大众化,高等职业教育进入了普及化时代,高职高专教育的目标是培养数以千万计的技能型应用人才。为适应社会对高职高专发展的要求,根据理工类应用数学教学的实际情况,编写了本教材。

本教材坚持"以应用为目的,以够用为度"的原则;坚持理论联系实际的原则;坚持知识性与直观性相结合的原则。突出实际应用,注重培养学生自行学习数学知识以及应用数学知识和方法分析问题与解决问题的能力,力求做到文字简练、深入浅出、通俗易懂,使读者在没有他人指导的情况下也能读懂教材,轻松获得相关数学知识。

本教材注重学生数学素养的培养,注重学生文化历史的教育,以严谨的教材结构和严密的内容逻辑,培养学生良好的人格品质,积极践行"立德树人"教学目标。

本教材适合作为高等职业院校各专业的教材,教学时数为80学时左右。教材中带"＊"的内容可根据学生实际情况进行选择。

本教材由河北地质职工大学崔俊明、高茜任主编,河北地质职工大学王文武、张恩英任副主编,河北地质职工大学韩蕾蕾任主审。各章编写分工如下:第1,6,7章和第5章5.1、5.2、5.3节由崔俊明编写,第2、3章和第4章4.1、4.2、4.3节由高茜编写,第4章4.4、4.5、4.6节由张恩英编写,第5章5.4、5.5、5.6节由王文武编写,全书由崔俊明统稿。河北地质职工大学李艳丽为本教材资料收集、文字录入做了许多工作。张家口学院李素芳教授、张家口职业技术学院赵燕冰教授对本教材的编写提出宝贵建议。在此对各位同仁的帮助表示衷心的感谢！

　　由于编者水平有限，编写时间仓促，教材中难免有不当之处，敬请广大师生不吝赐教，以使本教材进一步完善。

编　者

2019 年 4 月

目　　录

第1章　函数、极限与连续

函数是现代数学的基本概念之一,是高等数学的主要研究对象.极限概念是微积分学的理论基础,极限方法是微积分学的基本分析方法,因此,掌握、运用好极限方法是学好微积分的关键.连续是函数的一个重要性质.本章将介绍函数、极限与连续的基础知识和有关的基本方法.

1.1　函　　数

大家在中学阶段已经学习过一次函数、二次函数等概念,为学好高等数学,下面复习函数的相关概念.

1.函数的定义

定义1　设 D 为一个非空实数集合,若存在确定的对应法则 f,使得对于数集 D 中的任意一个数 x,按照某种定义法则 f 都有唯一确定的实数 y 与之对应,则称 y 是 x 定义在集合 D 上的**函数**,记作

$$y = f(x), \quad x \in D.$$

其中,x 称为**自变量**,y 称为**因变量**,数集 D 称为该函数的**定义域**,也可记为 D_f.

如果对于自变量 x 的某个确定的值 $x_0 \in D$,因变量 y 能够得到一个确定的值 y_0,那么就称函数 $y = f(x)$ 在 x_0 处有定义,并把 y_0 称为函数在 $x = x_0$ 处的**函数值**,记为

$$y_0 = f(x) \mid_{x = x_0} = f(x_0).$$

当自变量取遍 D 的所有数值时,对应函数值的全体构成的集合称为函数 $y = f(x)$ 的**值域**,记为 M 或 $f(D)$,即

$$M = f(D) = \{ y \mid y = f(x), x \in D \}.$$

注:函数的定义域和对应法则称为函数的**两个要素**.两个函数相同的充要条件是它们的定义域和对应法则均相同.

表示函数的记号是可以任意选取的,除了常用的 f 外,还可用其他的英文字母或希腊字母,如"g""F""Φ"等,相应地,函数可记作 $y = g(x)$,$y = F(x)$,$y = \Phi(x)$ 等.有

时还可直接用因变量的记号来表示函数,即把函数记作 $y = y(x)$. 当在同一个问题中讨论到几个不同的函数时,为了表示区别,需用不同的记号来表示它们.

2. 函数的定义域

函数的定义域通常可以按以下两种情形来确定:一种是对有实际背景的函数,其定义域根据变量的实际意义确定;另一种是对抽象地用表达式表达的函数,通常约定这种函数的定义域是使得函数表达式有意义的一切实数组成的集合,这种定义域也称函数的**自然定义域**.

注:在这种约定之下,一般地,用表达式表达的函数可用 $y = f(x)$ 表示,而不必再写出函数定义域 D_f.

例 1 确定函数

$$f(x) = \sqrt{3 + 2x - x^2} + \ln(x - 2)$$

的定义域.

解 该函数的定义域应为满足不等式组

$$\begin{cases} 3 + 2x - x^2 \geqslant 0 \\ x - 2 > 0 \end{cases}$$

的 x 值的全体,解此不等式组,得其定义域为 $\{x \mid 2 < x \leqslant 3\}$,即 $(2,3]$.

函数定义域可以用集合、区间形式来表示.下面我们介绍一种常用的集合邻域的定义.

定义 2 设 a 与 δ 是两个实数,且 $\delta > 0$,数集 $\{x \mid a - \delta < x < a + \delta\}$ 称为点 a 的 δ **邻域**,记为

$$U(a,\delta) = \{x \mid a - \delta < x < a + \delta\}.$$

其中,点 a 称为该邻域的**中心**,δ 称为该邻域的**半径**.

由于 $a - \delta < x < a + \delta$ 相当于 $|x - a| < \delta$,因此

$$U(a,\delta) = \{x \mid |x - a| < \delta\} = (a - \delta, a + \delta).$$

若把邻域 $U(a,\delta)$ 的中心去掉,所得到的邻域称为点 a 的**去心 δ 邻域**,记为 $\hat{U}(a,\delta)$,即

$$\hat{U}(a,\delta) = \{x \mid 0 < |x - a| < \delta\} = (a - \delta, a) \cup (a, a + \delta).$$

为了使用方便,有时把开区间 $(a - \delta, a)$ 称为点 a 的**左 δ 邻域**,把开区间 $(a, a + \delta)$ 称为点 a 的**右 δ 邻域**.

$U(a,\delta)$ 的几何意义是:以 a 为中心、δ 为半径的开区间 $(a - \delta, a + \delta)$,如图 $1-1-1$ 所示.

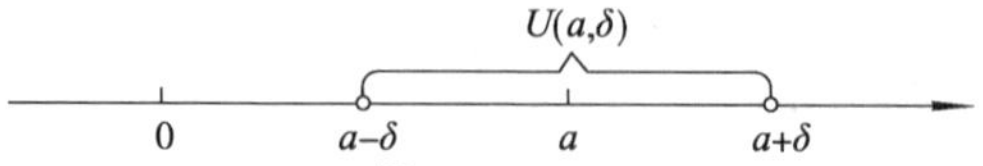

图 $1-1-1$

$\hat{U}(a,\delta)$ 的几何意义是:以 a 为中心、δ 为半径的开区间去掉中心点 a 的开区间 $(a-\delta,a)\cup(a,a+\delta)$,如图 1-1-2 所示.

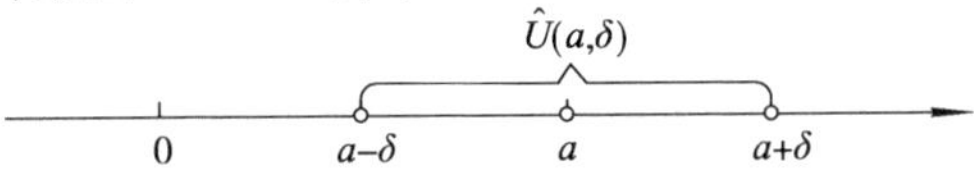

$$\hat{U}(a,\delta)$$

0　　　$a-\delta$　　a　　$a+\delta$

图　1-1-2

3. 函数的表示法

1)列表法

列表法是将自变量的值与对应的函数值列成表格的方法.

2)图像法

图像法是在坐标系中用图形来表示函数关系的方法.

3)公式法(解析法)

公式法是将自变量和因变量之间的函数关系用数学表达式(又称解析式)来表示的方法.

4. 分段函数

定义 3　函数在定义域的不同范围内,具有不同的解析表达式,我们把这样的函数称为**分段函数**.

下面来看几个分段函数的例子.

1)绝对值函数

$$y=|x|=\begin{cases}x & \text{当 } x\geqslant 0 \\ -x & \text{当 } x<0\end{cases}$$

的定义域为 $D=(-\infty,+\infty)$,值域 $R_f=[0,+\infty)$,如图 1-1-3 所示.

2)符号函数

$$y=\operatorname{sgn} x=\begin{cases}1 & \text{当 } x>0 \\ 0 & \text{当 } x=0 \\ -1 & \text{当 } x<0\end{cases}$$

的定义域为 $D=(-\infty,+\infty)$,值域 $R_f=\{-1,0,1\}$,如图 1-1-4 所示.

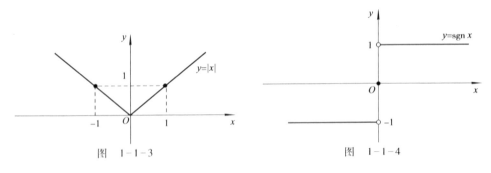

图　1-1-3　　　　　　　　　图　1-1-4

3）狄利克雷函数

$$y = D(x) = \begin{cases} 1 & \text{当 } x \text{ 是有理数时} \\ 0 & \text{当 } x \text{ 是无理数时} \end{cases}$$

的定义域为 $D = (-\infty, +\infty)$，值域 $R_f = \{0, 1\}$．狄利克雷函数的图像很难画出．

例 2　设旅客乘坐火车可免费携带不超过 20 kg 的物品，超过 20 kg 而不超过 50 kg 的部分交费 a 元/kg，超过 50 kg 的部分交费 b 元/kg，求运费与携带物品质量的函数关系．

解　设物品质量为 x kg，应交运费为 y 元．由题意可知，这时应考虑三种情况：

情况一：质量不超过 20 kg，这时

$$y = 0, \quad x \in [0, 20];$$

情况二：质量大于 20 kg 但不超过 50 kg，这时

$$y = (x - 20) \times a, \quad x \in (20, 50];$$

情况三：质量超过 50 kg，这时

$$y = (50 - 20) \times a + (x - 50) \times b, \quad x \in (50, +\infty).$$

因此，所求的函数是一个分段函数

$$y = \begin{cases} 0 & \text{当 } x \in [0, 20] \\ a(x - 20) & \text{当 } x \in (20, 50] \\ a(50 - 20) + b(x - 50) & \text{当 } x \in (50, +\infty) \end{cases}$$

5. 反函数

函数关系的实质就是从定量分析的角度来描述运动过程变量之间的相互依赖关系．但在研究过程中，哪个作为自变量，哪个作为因变量（函数），是由具体问题来决定的．例如，设某做匀速直线运动的物体的运动速度为 v，运动时间为 t，则其位移 s 是时间 t 的函数：$s = vt$，这里 t 是自变量，s 是因变量；若已知位移 s，反过来求时间 t，则有 $t = \dfrac{s}{v}$，此时 s 是自变量，t 是因变量．以上两式是同一个关系的两种写法，但从函数的观点看，由于对应法则不同，它们是两个不同的函数，常称它们是**互为反函数**．

一般地，有如下定义：

定义 4　$y = f(x)$ 是定义在 D 上的函数，其值域为 M，若对于数集 M 中的每个数 y，数集 D 中都有唯一的一个数 x 使 $y = f(x)$，这就是说变量 x 是变量 y 的函数．这个函数称为函数 $y = f(x)$ 的**反函数**，记为 $x = f^{-1}(y)$．其定义域为 M，值为 D．

注：(1) 习惯上，常用 x 表示自变量，y 表示因变量，因此函数 $y = f(x)$ 的反函数 $x = f^{-1}(y)$ 常改写为 $y = f^{-1}(x)$．

（2）在同一坐标平面内，函数 $y = f(x)$ 与 $x = f^{-1}(y)$ 的图形是相同的，函数 $y = f(x)$ 与 $y = f^{-1}(x)$ 的图形关于直线 $y = x$ 对称．

例 3　求函数 $y = 3x + 2$ 的反函数.

解　由 $y = 3x + 2$,可得

$$x = \frac{y - 2}{3} = \frac{1}{3}y - \frac{2}{3},$$

即所求的反函数为 $y = \frac{1}{3}x - \frac{2}{3}$.

例 4　求函数 $y = \dfrac{e^x - e^{-x}}{2}$ 的反函数.

解　由 $y = \dfrac{e^x - e^{-x}}{2}$,可得 $e^x = y \pm \sqrt{y^2 + 1}$,显然 $e^x > 0$,故只有

$$e^x = y + \sqrt{y^2 + 1},$$

从而

$$x = \ln(y + \sqrt{y^2 + 1}),$$

即所求的反函数为

$$y = \ln(x + \sqrt{x^2 + 1}).$$

6. 函数的基本性质

1）单调性

设函数 $y = f(x)$ 的定义域为 D,区间 $I \subset D$(注:当不需要特别说明区间是否包含端点、是否有限或无限时,常用 I 表示),对于区间 I 上的任意两点 x_1 及 x_2,当 $x_1 < x_2$ 时,若恒有

$$f(x_1) \leqslant f(x_2),$$

则称函数 $f(x)$ 在区间 I 上是**增函数**;

若恒有

$$f(x_1) < f(x_2),$$

则称函数 $f(x)$ 在区间 I 上是**单调增函数**;

若恒有

$$f(x_1) \geqslant f(x_2),$$

则称函数 $f(x)$ 在区间 I 上是**减函数**;

若恒有

$$f(x_1) > f(x_2),$$

则称函数 $f(x)$ 在区间 I 上是**单调减函数**.

例如,函数 $y = \sin x$ 是区间 $\left[-\dfrac{\pi}{2}, \dfrac{\pi}{2} \right]$ 上的单调增函数,是区间 $\left[\dfrac{\pi}{2}, \dfrac{3\pi}{2} \right]$ 上的单调减函数.

2）奇偶性

设函数 $y = f(x)$ 的定义域关于原点对称，如果对于定义域中的任何 x 都有 $f(-x) = f(x)$，则称 $y = f(x)$ 为偶函数；如果都有 $f(-x) = -f(x)$，则称 $y = f(x)$ 为**奇函数**；既不是偶函数也不是奇函数的函数，称为**非奇非偶函数**．

偶函数的图像关于 y 轴对称，如函数 $y = \cos x$ 的图像；奇函数的图像关于坐标原点对称，如函数 $y = \sin x$ 的图像．

3）周期性

设函数 $y = f(x)$ 的定义域为 D，若存在正数 T，使得对于一切 $x \in D$，有 $(x \pm T) \in D$，且

$$f(x \pm T) = f(x),$$

则称 $f(x)$ 为**周期函数**，T 称为 $f(x)$ 的**周期**，通常所说的周期函数的周期是指其**最小正周期**（注：并非每一个周期函数都有最小正周期，如常数函数 $y = a$ 及狄利克雷函数）．

4）有界性

设函数 $y = f(x)$ 的定义域为 D，数集 $X \subset D$，若存在一个正数 M，使得

$$|f(x)| \leq M$$

对任一 $x \in X$ 均成立，则称函数 $f(x)$ 在 X 上**有界**，若这样的 M 不存在，则称函数 $f(x)$ 在 X 上**无界**．这就是说，若对于任何正数 M，总存在 $x_1 \in X$，使得 $|f(x_1)| > M$，则函数 $f(x)$ 在 X 上**无界**．

例如，当 $x \in (-\infty, +\infty)$ 时，恒有 $|\sin x| \leq 1$，所以函数 $f(x) = \sin x$ 在 $(-\infty, +\infty)$ 内是有界函数．这里 $M = 1$（当然，也可以取大于 1 的任何数作为 M 而使 $|f(x)| \leq M$ 成立）；函数 $y = 3x + 2$ 就是无界函数．

7. 初等函数

1）基本初等函数

在中学数学中我们已深入讨论了幂函数、指数函数、对数函数、三角函数和反三角函数，这五类函数统称为**基本初等函数**．常用基本初等函数见表 1-1-1.

表　1-1-1

	函数定义域与值域	图　　　像	特　　　性
幂函数	$y = x$ $x \in (-\infty, +\infty)$ $y \in (-\infty, +\infty)$		奇函数； 单调增加

续表

函数定义域与值域	图　　像	特　　性
$y = x^2$ $x \in (-\infty, +\infty)$ $y \in [0, +\infty)$		偶函数； 在 $(-\infty, 0]$ 内单调减少，在 $[0, +\infty)$ 内单调增加
$y = x^3$ $x \in (-\infty, +\infty)$ $y \in (-\infty, +\infty)$		奇函数； 单调增加
$y = x^{-1}$ $x \in (-\infty, 0) \cup (0, +\infty)$ $y \in (-\infty, 0) \cup (0, +\infty)$		奇函数； 在 $(-\infty, 0)$ 内单调减少，在 $(0, +\infty)$ 内单调减少
$y = \sqrt{x}$ $x \in [0, +\infty)$ $y \in [0, +\infty)$		单调增加
$y = a^x \quad (a > 1)$ $x \in (-\infty, +\infty)$ $y \in (0, +\infty)$		单调增加
$y = a^x \quad (0 < a < 1)$ $x \in (-\infty, +\infty)$ $y \in (0, +\infty)$		单调减少

幂函数

指数函数

函数定义域与值域	图 像	特 性
对 **数** **函** **数** $y = \log_a x \quad (a > 1)$ $x \in (0, +\infty)$ $y \in (-\infty, +\infty)$		单调增加
$y = \log_a x \quad (0 < a < 1)$ $x \in (0, +\infty)$ $y \in (-\infty, +\infty)$		单调减少
三 **角** **函** **数** $y = \sin x$ $x \in (-\infty, +\infty)$ $y \in [-1, 1]$		奇函数,周期 2π,有界,在 $\left(2k\pi - \dfrac{\pi}{2}, 2k\pi + \dfrac{\pi}{2}\right)$ 内单调增加,在 $\left(2k\pi + \dfrac{\pi}{2}, 2k\pi + \dfrac{3\pi}{2}\right)$ 内单调减少 $(k \in \mathbf{Z})$
$y = \cos x$ $x \in (-\infty, +\infty)$ $y \in [-1, 1]$		偶函数,周期 2π,有界,在 $(2k\pi, 2k\pi + \pi)$ 内单调减少,在 $(2k\pi + \pi, 2k\pi + 2\pi)$ 内单调增加 $(k \in \mathbf{Z})$
$y = \tan x$ $x \ne k\pi + \dfrac{\pi}{2} \quad (k \in \mathbf{Z})$ $y \in (-\infty, +\infty)$		奇函数,周期 π,在 $\left(k\pi - \dfrac{\pi}{2}, k\pi + \dfrac{\pi}{2}\right)$ 内单调增加 $(k \in \mathbf{Z})$
$y = \cot x$ $x \ne k\pi \quad (k \in \mathbf{Z})$ $y \in (-\infty, +\infty)$		奇函数,周期 π,在 $(k\pi, k\pi + \pi)$ 内单调减少 $(k \in \mathbf{Z})$

函数定义域与值域	图　　像	特　　性
$y = \arcsin x$ $x \in [-1, 1]$ $y \in \left[-\dfrac{\pi}{2}, \dfrac{\pi}{2}\right]$		奇函数,单调增加,有界
$y = \arccos x$ $x \in [-1, 1]$ $y \in [0, \pi]$		单调减少,有界
$y = \arctan x$ $x \in (-\infty, +\infty)$ $y \in \left(-\dfrac{\pi}{2}, \dfrac{\pi}{2}\right)$		奇函数,单调增加,有界
$y = \operatorname{arccot} x$ $x \in (-\infty, +\infty)$ $y \in (0, \pi)$		单调减少,有界

反三角函数

（1）三角函数一些基本公式如下：

$$\tan x = \frac{1}{\cot x};\qquad\qquad \sin^2 x + \cos^2 x = 1;$$

$$\sec x = \frac{1}{\cos x};\qquad\qquad \sec^2 x = \tan^2 x + 1;$$

$$\csc x = \frac{1}{\sin x};\qquad\qquad \csc^2 x = \cot^2 x + 1;$$

$$\sin 2x = 2\sin x\cos x;$$

$$\cos 2x = \cos^2 x - \sin^2 x = 2\cos^2 x - 1 = 1 - 2\sin^2 x;$$

$$\tan 2x = \frac{2\tan x}{1 - \tan^2 x}.$$

（2）任三角函数一些特殊函数值如下：

$$\arcsin 0 = 0;\qquad\qquad \arccos 0 = \frac{\pi}{2};$$

$$\arctan 0 = 0;\qquad\qquad \text{arccot}\, 0 = \frac{\pi}{2};$$

$$\arcsin 1 = \frac{\pi}{2};\qquad\qquad \arccos 1 = 0;$$

$$\arctan 1 = \frac{\pi}{4};\qquad\qquad \text{arccot}\, 1 = \frac{\pi}{4};$$

$$\arcsin(-1) = -\frac{\pi}{2};\qquad\qquad \arccos(-1) = \pi;$$

$$\arctan(-1) = -\frac{\pi}{4};\qquad\qquad \text{arccot}(-1) = \frac{3\pi}{4};$$

$$|\arcsin x| \leqslant \frac{\pi}{2};\qquad\qquad |\arctan x| \leqslant \frac{\pi}{2}.$$

2）复合函数

定义 5　设函数 $y = f(u)$ 的定义域为 D，函数 $u = \varphi(x)$ 的值域为 R，若 $R \subseteq D$，则通过变量 u 确定了 y 是 x 的函数，这个函数称为由函数 $y = f(u)$ 与 $u = \varphi(x)$ 构成的**复合函数**，记作

$$y = f(\varphi(x)),$$

其中，x 称为**自变量**，y 称为**因变量**，u 称为**中间变量**.

注：（1）并非任意两个函数都可以复合成一个复合函数. 如，$y = \arcsin u,\ u = 2 + x^2$，因前者定义域为 $[-1,1]$，而后者的值域为 $[2, +\infty)$，故这两个函数不能构成复合函数.

（2）复合函数可由两个以上的函数经过复合构成.

例 5　设 $y = f(u) = \arctan u, u = \varphi(v) = \sqrt{v}, v = \psi(x) = x^2 - 1$，求 $f(\varphi(\psi(x)))$.

解　$f(\varphi(\psi(x))) = \arctan u = \arctan \sqrt{v} = \arctan \sqrt{x^2 - 1}$.

例 6　设 $f(x) = \dfrac{1}{1+x}, \varphi(x) = \sqrt{\sin x}$，求 $f(\varphi(x)), \varphi(f(x))$.

解　求 $f(\varphi(x))$ 时，应将 $f(x)$ 中的 x 视为 $\varphi(x)$，因此

$$f(\varphi(x)) = \frac{1}{1+\varphi(x)} = \frac{1}{1+\sqrt{\sin x}};$$

求 $\varphi(f(x))$ 时，应将 $\varphi(x)$ 中的 x 视为 $f(x)$，因此

$$\varphi(f(x)) = \sqrt{\sin f(x)} = \sqrt{\sin \frac{1}{1+x}}.$$

我们应该掌握复合函数的复合过程，即"分解"复合函数．复合函数的分解是指把一个复合函数分解成几个基本初等函数的过程．

例 7　分解下列复合函数：

（1）$y = \cos x^2$；　　　　　　　　　（2）$y = \sin^2 2x$；

（3）$y = \ln(\arctan \sqrt{1+x^2})$；　　（4）$y = \lg(1 + \sqrt{1+x^2})$.

解　（1）所给函数可分解为

$$y = \cos u, \quad u = x^2.$$

（2）所给函数可分解为

$$y = u^2, \quad u = \sin v, \quad v = 2x.$$

（3）所给函数可分解为

$$y = \ln u, \quad u = \arctan v, \quad v = \sqrt{w}, \quad w = 1 + x^2.$$

（4）所给函数可分解为

$$y = \lg u, \quad u = 1 + \sqrt{v}, \quad v = 1 + x^2.$$

3）初等函数

定义 6　由常数和基本初等函数经过有限次的四则运算和有限次的函数复合步骤所构成的，并可用一个式子表示的函数，称为**初等函数**．

例如

$$y = \lg(x + \sqrt{1+x^2}), \quad y = \sqrt[3]{\ln 3x + 3^x + \sin x^2}, \quad y = \frac{\sin 2x}{1 + x^2}$$

等都是初等函数．本书中所讨论的函数绝大多数都是初等函数．

* 4）双曲函数与反双曲函数

应用上常用到以 e 为底的指数函数 $y = e^x$ 和 $y = e^{-x}$ 所构成的双曲函数以及它们的反函数——反双曲函数．它们的定义如下：

双曲正弦函数　　　$y = \text{sh }x = \dfrac{e^x - e^{-x}}{2}$，　$x \in (-\infty, +\infty)$；

双曲余弦函数　　　$y = \text{ch }x = \dfrac{e^x + e^{-x}}{2}$，　$x \in (-\infty, +\infty)$；

双曲正切函数　　　$y = \text{th }x = \dfrac{e^x - e^{-x}}{e^x + e^{-x}}$，　$x \in (-\infty, +\infty)$；

双曲余切函数　　　$y = \text{coth }x = \dfrac{e^x + e^{-x}}{e^x - e^{-x}}$，　$x \in (-\infty, 0) \cup (0, +\infty)$.

双曲函数的图形如图 1−1−5 所示.

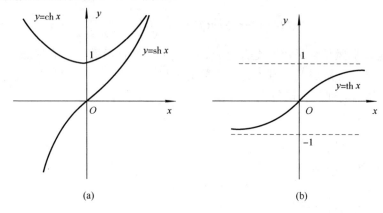

(a)　　　　　　　　　　　　　　　　(b)

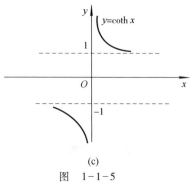

(c)

图　1−1−5

双曲函数有下述公式：

$$\text{sh}(x+y) = \text{sh }x\text{ch }y \pm \text{ch }x\text{sh }y;$$

$$\text{ch}(x+y) = \text{ch }x\text{ch }y \pm \text{sh }x\text{sh }y;$$

$$\text{sh }2x = 2\text{sh }x\text{ch }x;$$

$$\text{ch }2x = \text{ch}^2 x + \text{sh}^2 x;$$

$$\text{ch}^2 x - \text{sh}^2 x = 1.$$

这些公式不难证明,此处证明略.

此外,也不难证明双曲函数中除双曲余弦函数 $y = \text{ch } x = \dfrac{e^x + e^{-x}}{2}$ 是偶函数外,其余均为奇函数.

双曲函数 $y = \text{sh } x, y = \text{ch } x, y = \text{th } x, y = \text{coth } x$ 的反函数称为**反双曲函数**,依次记为:$y = \text{arsh } x, y = \text{arch } x, y = \text{arth } x, y = \text{arcoth } x$. 反双曲函数有如下的表达式:

反双曲正弦函数 $\qquad y = \text{arsh } x = \ln(x + \sqrt{x^2 + 1})$;

反双曲余弦函数 $\qquad y = \text{arch } x = \ln(x + \sqrt{x^2 - 1})$;

反双曲正切函数 $\qquad y = \text{arth } x = \dfrac{1}{2}\ln\dfrac{1+x}{1-x}$;

反双曲余切函数 $\qquad y = \text{arcoth } x = \dfrac{1}{2}\ln\dfrac{x+1}{x-1}$.

反双曲正弦函数的求法请参阅 1.1 节反函数的内容. 此处仅给出双曲余弦的反函数——反双曲余弦函数的求法.

由 $y = \text{ch } x = \dfrac{e^x + e^{-x}}{2}(x \geqslant 0)$,可得 $e^x = y \pm \sqrt{y^2 - 1}$,故

$$x = \ln(y \pm \sqrt{y^2 - 1}).$$

上式中的 y 值必须满足 $y \geqslant 1$,而其中平方根前的符号由于 $x \geqslant 0$ 应取正,故

$$x = \ln(y + \sqrt{y^2 - 1}).$$

从而反双曲余弦的表达式为

$$y = \text{arch } x = \ln(x + \sqrt{x^2 - 1}).$$

小资料   **函数概念的发展**

函数概念是全部数学概念中最重要的概念之一,纵观 300 多年来函数概念的发展,众多数学家从集合、代数,直至对应、集合的角度不断赋予函数概念以新的思想,从而推动了整个数学的发展.

1. 早期函数概念——几何观念下的函数

17 世纪伽利略(G. Galileo,意大利,1564—1642)在《两门新科学》一书中,几乎从头到尾包含着函数或称为变量的关系这一概念,用文字和比例的语言表达函数的关系.1673 年前后笛卡儿(Descartes,法国,1596—1650)在他的解析几何中,已经注意到了一个变量对于另一个变量的依赖关系,但由于当时尚未意识到需要提炼一般的函数概念,因此直到 17 世纪后期牛顿、莱布尼茨建立微积分的时候,数学家还没有明确函数的一般意义,绝大部分函数是被当作曲线来研究的.

2. 18 世纪函数概念——代数观念下的函数

1718 年约翰·伯努利（Bernoulli Johann，瑞士，1667—1748）在莱布尼茨函数概念的基础上，对函数概念进行了明确定义：由任一变量和常数的任一形式所构成的量. 伯努利把变量 x 和常量按任何方式构成的量叫"x 的函数"，表示为其在函数概念中所说的任一形式，包括代数式和超越式.

18 世纪中叶欧拉（L. Euler，瑞士，1707—1783）给出了非常形象的、一直沿用至今的函数符号. 欧拉给出的定义是：一个变量的函数是由这个变量和一些数即常数以任何方式组成的解析表达式. 他把约翰·伯努利给出的函数定义称为解析函数，并进一步把它区分为代数函数（只有自变量间的代数运算）和超越函数（三角函数、对数函数以及变量的无理数幂所表示的函数），还考虑了"随意函数"（表示任意画出曲线的函数）. 不难看出，欧拉给出的函数定义比约翰·伯努利的定义更普遍、更具有广泛意义.

3. 19 世纪函数概念——对应关系下的函数

1822 年傅里叶（Fourier，法国，1768—1830）发现某些函数可用曲线表示，也可用一个式子表示，或用多个式子表示，从而结束了函数概念是否以唯一一个式子表示的争论，把对函数的认识又推进了一个新的层次. 1823 年柯西（Cauchy，法国，1789—1857）从定义变量开始给出了函数的定义，同时指出，虽然无穷级数是规定函数的一种有效方法，但是对函数来说不一定要有解析表达式，不过他仍然认为函数关系可以用多个解析式来表示，这是一个很大的局限，突破这一局限的是杰出数学家狄利克雷.

1837 年狄利克雷（Dirichlet，德国，1805—1859）认为怎样去建立 x 与 y 之间的关系无关紧要，他拓展了函数概念，指出："对于在某区间上的每一个确定的 x 值，y 都有一个或多个确定的值，那么 y 叫做 x 的函数."狄利克雷的函数定义，出色地避免了以往函数定义中所有的关于依赖关系的描述，简明精确，以完全清晰的方式为所有数学家无条件地接受. 至此，已可以说，函数概念、函数的本质定义已经形成，这就是人们常说的经典函数定义.

等到康托尔（Cantor，德国，1845—1918）创立的集合论在数学中占有重要地位之后，维布伦（Veblen，美国，1880—1960）用"集合"和"对应"的概念给出了近代函数定义，通过集合概念，把函数的对应关系、定义域及值域进一步具体化了，且打破了"变量是数"的极限，变量可以是数，也可以是其他对象（点、线、面、体、向量、矩阵等）.

4. 现代函数概念——集合论下的函数

1914 年豪斯道夫（F. Hausdorff）在《集合论纲要》中用"序偶"来定义函数. 其优点是避开了意义不明确的"变量""对应"概念，其不足之处是又引入了不明确的概念"序偶". 库拉托夫斯基（Kuratowski）于 1921 年用集合概念来定义"序偶"，即序偶 (a,b) 为集合 $\{\{a\},\{b\}\}$，这样，就使豪斯道夫的定义更严谨了. 1930 年新的现代函数定义为，若对集合 M 的任意元素 x，总有集合 N 确定的元素 y 与之对应，则称在集合 M 上定义一个函数,记为 $y = f(x)$. 元素 x 称为自变元,元素 y 称为因变元.

　　函数概念的定义经过 300 多年的锤炼、变革,形成了函数的现代定义形式,但这并不意味着函数概念发展的历史终结. 20 世纪 40 年代,物理学研究的需要发现了一种 Dirac $-\delta$ 函数,它只在一点处不为零,而它在全直线上的积分却等于 1,这在原来的函数和积分的定义下是不可思议的,但由于广义函数概念的引入,把函数、测度及以上所述的 Dirac $-\delta$ 函数等概念统一了起来. 因此,随着以数学为基础的其他学科的发展,函数的概念还会继续扩展.

知识点归纳

　　1. 函数概念

　　(1)函数反映了变量间的确定性关系,即对于自变量的每一个值,因变量 y 总有确定的值与之对应.

　　(2)由于函数的独立要素有两个:定义域与对应法则,所以判断两个函数是否是同一个函数,必须从这两方面去考虑. 两方面完全一致才能是同一个函数.

　　函数记号 $f(x)$ 有双重意思:可以表示一个函数,也可以表示函数的值.

　　2. 基本初等函数

　　对基本初等函数的定义域、值域、图像和特性应当熟记,它是今后学习的基础.

　　3. 复合函数与反函数

　　(1)在复合函数中最应注意的问题是关于定义域的问题. 设函数 $y = f(x)$ 定义域为 D_1,函数 $u = \varphi(x)$ 的值域为 D,则必须有 $D_1 \supset D$.

　　(2)复合函数的复合过程是由里到外,而分解过程则是由外往里.

　　4. 初等函数

　　由基本初等函数和常数函数经过有限次的四则运算和复合所构成并能由一个函数表达式表示的函数统称为初等函数. 否则为非初等函数.

习　题　1.1

一、选择题

1. 函数 $f(x) = \cos x, \varphi(x) = \mathrm{e}^x$,则 $f(\varphi(x)) = ($ 　　　 $)$.

　　(A) $\mathrm{e}^{\cos x}$ 　　　　　　(B) $\cos x \cdot \mathrm{e}^x$ 　　　　　(C) 1 　　　　　　　(D) $\cos \mathrm{e}^x$

2. 函数 $f(x) = \sin^2(2x + 1)$ 的复合过程是(　　　).

　　(A) $y = u^2, u = \sin v, v = 2x + 1$ 　　　　(B) $y = \sin^2 u, u = 2x + 1$

　　(C) $y = u^2, u = \sin(2x + 1)$ 　　　　　　(D) $y = u, u = \sin^2 v, v = 2x + 1$

3. $f(x) = \sin x$，则 $f(-\cos 0)$ 的值是( ).

(A)1   (B)0   (C)$-\sin 1$ (D)$\sin 1$

二、填空题

1. 若 $f(x) = x^2 + 3x + 1$，则 $f(1) = $ _____.

2. 若 $f(x) = 2 + x$，$g(x) = x^3$，则 $f(g(x)) = $ _____，$g(f(x)) = $ _____.

3. 设函数 $f(x) = \begin{cases} a + x & \text{当 } x < 0 \\ 4 + x^2 & \text{当 } x \geqslant 0 \end{cases}$，且 $f(-2) = 6$，则 $a = $ _____.

三、判断下列各组函数是否相同

1. $y = 1$ 与 $y = \sin^2 x + \cos^2 x$.

2. $y = 2x + 1$ 与 $x = 2y + 1$.

3. $y_1 = \lg x^2$ 与 $y_2 = 2\lg x$.

4. $y_1 = x$ 与 $y_2 = \sqrt{x^2}$.

5. $f(x) = x \sqrt[3]{x - 1}$ 与 $g(x) = \sqrt[3]{x^4 - x^3}$.

四、解答题

1. 求函数 $y = \dfrac{1}{1 - x^2} + \sqrt{x + 2}$ 的定义域.

2. 求函数 $y = \arcsin \dfrac{2x}{1 + x}$ 的定义域.

3. 设火车站收取行李费的规定如下：当行李不超过 50 kg 时，按基本运费计算，收费 0.30 元/kg；当超过 50 kg 时，超过部分按 0.45 元/kg 收费. 试求行李费（单位：元）与质量 x（单位：kg）之间的函数关系式，并作出该函数的图像.

4. 有一边长为 a 的正方形铁片，从它的四个角截去相等的小正方形，然后折起各边，做成一个无盖的小盒子，求它的容积与截去的小正方形边长之间的函数关系，并指明定义域.

5. 设商品的需求量与价格之间的关系为线性关系，当 $p = 2$ 时 $Q = 37$；当 $p = 4$ 时 $Q = 34$. 求该商品的需求函数.

6. 某市某天对鸡蛋的需求函数为 $Q = 65 - 9p$，供给函数为 $Q = 5p - 5$（Q 的单位为 t，p 的单位为元/kg）. 求出均衡价格，并求出此时的需求量.

1.2 极   限

极限是研究变量的变化趋势的基本工具，高等数学中许多概念都是建立在极限基础上的，例如，一元微积分中的连续、导数以及定积分等概念. 本节将给出数列极限及函数极限的定义,然后利用定义求一些简单变量的极限.

1.2.1 数列极限

按照一定顺序排列的一列数,称为**数列**,记作:

$$x_1, x_2, x_3, \cdots, x_n, \cdots$$

或记作 $\{x_n\}$,其中 x_n 称为**数列的通项公式**.

我们下面看两个有关数列的实际例子.

(1)战国时期哲学家庄周所著的《庄子·天下篇》中引用过一句话:"一尺之棰,日取其半,万世不竭."其意思是,一尺长的木棍,每天取下它的一半,永远也取不完.这里表示出每天取下的木棍的长度

$$\frac{1}{2}, \frac{1}{2^2}, \frac{1}{2^3}, \cdots, \frac{1}{2^n}, \cdots.$$

这是一个无穷数列,通项公式为 $\frac{1}{2^n}$,当 x 无限地增大时,$\frac{1}{2^n}$ 会无限地变小,并且无限地接近于常数 0.

(2)公元 3 世纪中期,魏晋时期的中国古代数学家刘徽成功地把极限思想应用于实践,首创"割圆术"."割圆术"就是以圆内接正多边形的面积,无限逼近圆的面积,具体地说,就是半径为 R 的圆的内接正六边形、正十二边形、……、正 3×2^n 边形的面积逐渐地接近圆面积,如图 1-2-1 所示.随着正多边形边数的增加,正多边形的面积越来越接近圆的面积,如果设正六边形、正十二边形、……、正 3×2^n 边形的面积分别为 $S_1, S_2, S_3, \cdots, S_n, \cdots$,如此下去,就构成如下的一个无穷数列.

$$S_1, S_2, S_3, \cdots, S_n, \cdots,$$

其中,$S_n = 3 \times 2^{n-1} R^2 \sin \frac{\pi}{3 \times 2^{n-1}}$.随着内接正多边形的边数($3 \times 2^n$)的增加,正多边形的面积 $S_n = 3 \times 2^{n-1} R^2 \sin \frac{\pi}{3 \times 2^{n-1}}$ 也越来越趋向于一个稳定的值,这个稳定的值就是圆的面积 $S = \pi R^2$.

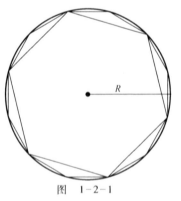

图 1-2-1

上述两个例子充分说明我国古代数学家就有了数列极限的思想.

我们看看下面的例子:

(1)$x_n = \dfrac{n+1}{n}$,即 $2, \dfrac{3}{2}, \dfrac{4}{3}, \cdots, \dfrac{n+1}{n}, \cdots$;

(2)$x_n = \left(-\dfrac{1}{2}\right)^n$,即 $-\dfrac{1}{2}, \dfrac{1}{4}, -\dfrac{1}{8}, \dfrac{1}{16}, -\dfrac{1}{32}, \cdots, \left(-\dfrac{1}{2}\right)^n, \cdots$;

(3)$x_n = (-1)^{n+1}$,即 $1, -1, 1, -1, \cdots, (-1)^{n+1}, \cdots$;

(4)$x_n = 2n - 1$,即 $1, 3, 5, \cdots, 2n - 1, \cdots$.

可以看出,当 n 无限增大时,(1)和(2)中的 x_n 分别趋向于 1 和 0,是一个确定的常数;(3)中的 x_n 在 1 和 -1 两点来回摆动,并不是趋向于某一个确定的值;(4)中的 x_n 随着 n 无限增大而无限增大,也不是趋向于某一个确定的值.

定义 1　对于数列 $\{x_n\}$,如果当 n 无限增大时,其通项 x_n 无限接近于一个确定的常数 A,则称常数 A 为数列 $\{x_n\}$ 的**极限**,或者称数列 $\{x_n\}$ **收敛**于 A,记作

$$\lim_{n \to \infty} x_n = A \quad \text{或} \quad x_n \to A(n \to \infty).$$

若数列 $\{x_n\}$ 没有极限,则称该数列**发散**.

注:数列极限定义中"当 n 无限增大时,其通项 x_n 无限接近于一个确定的常数 A"的实质:两个数 x_n 与 A 之间的接近程度可以用这两个数之差的绝对值,即 $|x_n - A|$ 的大小来度量,$|x_n - A|$ 越小,x_n 与 A 就越接近."$|x_n - A|$ 越来越小"这种变化趋势,有时也说成"$|x_n - A|$ 可以任意小",在数学上常用以下术语来描述:"对于任意的正数 ε(不论它多么小)总能找到适当的项 x_n,使得这一项后面的所有项与 A 之间的绝对值都小于 ε,即不等式 $|x_n - A| < \varepsilon$ 都成立."

由此,数列的极限还可采用下述定义:

定义 2　若对于任意的正数 ε(不论它多么小),总存在正整数 N,使得对于 $n > N$ 的一切 x_n,不等式 $|x_n - A| < \varepsilon$ 都成立,则称常数 A 是数列 $\{x_n\}$ 的**极限**.

若一个数列存在极限,则称该数列是**收敛**的,否则,称该数列是**发散**的.

设 $\lim\limits_{n \to \infty} x_n = A$,由定义 2 可见,若记 $M = \max\{|x_1|, \cdots, |x_n|, |A - \varepsilon|, |A + \varepsilon|\}$,则对一切自然数 n,皆有 $|x_n| \leq M$,故数列 $\{x_n\}$ **有界**. 即有如下定理:

定理 1　收敛的数列必定有界.

注:有界数列不一定收敛,例如,$\{x_n | x_n = (-1)^n\}$.

推论　无界数列必定发散.

例 1　观察下列数列并求其极限:

(1)$x_n = \dfrac{n-1}{n+1}$;　　　　　　　　　(2)$x_n = n + 1$;

(3)$x_n = \dfrac{1}{2^n}$;　　　　　　　　　　(4)$x_n = (-1)^n$.

解　我们采用列表的方法.

第(1)、(2)题列表如表 1-2-1 所示.

表　1-2-1

n 值	1	10	100	1 000	10 000	100 000	…
$x_n = \dfrac{n-1}{n+1}$	0.000 00	0.818 18	0.980 20	0.998 00	0.999 80	0.999 98	…
$x_n = n+1$	2	11	101	1 001	10 001	100 001	…

可以看出，当 n 逐渐增大时，$x_n = \dfrac{n-1}{n+1}$ 越来越接近 1，而 $x_n = n+1$ 越来越大，不接近任何常数，因此有：

（1）$\lim\limits_{n \to \infty} \dfrac{n-1}{n+1} = 1$.

（2）$\lim\limits_{n \to \infty}(n+1) = +\infty$，极限不存在.

第（3）、（4）题列表如表 1-2-2 所示.

表　1-2-2

n 值	1	2	3	4	5	6	7	…
$x_n = \dfrac{1}{2^n}$	0.5	0.25	0.125	0.062 5	0.031 25	0.015 625	0.007 812 5	…
$x_n = (-1)^n$	-1	1	-1	1	-1	1	-1	…

可以看出，当 n 逐渐增大时，$x_n = \dfrac{1}{2^n}$ 越来越接近 0，而 $x_n = (-1)^n$ 的值在 1 与 -1 之间来回跳动，不接近任何常数，因此有：

（3）$\lim\limits_{n \to \infty} \dfrac{1}{2^n} = 0$；

（4）$\lim\limits_{n \to \infty}(-1)^n$ 不存在.

1.2.2　函数的极限

1. 当 $x \to \infty$ 时函数的极限

定义 3　设函数 $f(x)$ 当 x 的绝对值很大时有定义，如果当 x 的绝对值无限增大时，函数 $f(x)$ 的值无限接近一个确定的常数 A，我们就说 A 是当 $x \to \infty$ 时函数 $f(x)$ 的极限. 记作

$$\lim\limits_{x \to \infty} f(x) = A.$$

例 2　观察函数 $f(x) = \dfrac{1}{x}$ 当 $x \to \infty$ 时的极限.

解　由 $f(x) = \dfrac{1}{x}$ 的图像（见图 1-2-2）可知，

$$\lim_{x \to \infty} \frac{1}{x} = 0.$$

如果限定 $x \to +\infty$ 或者 $x \to -\infty$,则得到所谓的单侧极限,其定义分别为:

定义 4 设函数 $f(x)$ 在 $(a, +\infty)$ 内有定义(a 为一确定实数),当自变量 x 的值无限增大时,函数 $f(x)$ 的值无限接近一个确定的常数 A,则称 A **是当 $x \to +\infty$ 时函数 $f(x)$ 的极限**.记作

$$\lim_{x \to +\infty} f(x) = A.$$

例 3 观察函数 $f(x) = e^{-x}$ 当 $x \to +\infty$ 时的极限.

解 由 $f(x) = e^{-x}$ 的图像(见图 1-2-3)可知,

$$\lim_{x \to +\infty} e^{-x} = 0.$$

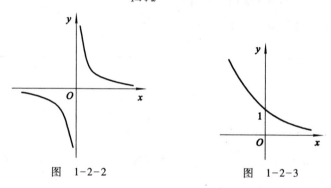

图 1-2-2   图 1-2-3

定义 5 设函数 $f(x)$ 在 $(-\infty, a)$ 内有定义(a 为一确定实数),当自变量 x 的值无限变小时,函数 $f(x)$ 的值无限接近一个确定的常数 A,则称 A **是当 $x \to -\infty$ 时函数 $f(x)$ 的极限**. 记作

$$\lim_{x \to -\infty} f(x) = A.$$

例 4 观察函数 $f(x) = e^x$ 当 $x \to -\infty$ 时的极限.

解 由 $f(x) = e^x$ 的图像(见图 1-2-4)可知,$\lim\limits_{x \to -\infty} e^x = 0$.

2. 当 $x \to x_0$ 时函数的极限

在引入概念之前,我们先看一个例子.

设函数 $y = f(x) = \dfrac{x^2 - 1}{x - 1}$,函数的定义域是 $x \neq 1$,也就是说在 $x = 1$ 这点没有定义.

但我们关心的是,当自变量 x 从 1 的附近无限地趋近于 1 时,相应的函数值的变化情况,它的最终结果是什么?

可知,当 x 无限趋近于 1 时,相应函数值就无限趋近 2(见图 1-2-5).这时称 $f(x)$ 当 $x \to 1$ 时以 2 为极限.

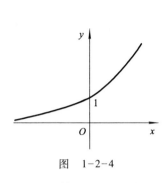

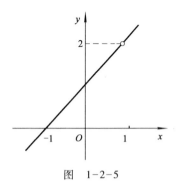

图　1-2-4　　　　　　　　　　　　图　1-2-5

定义 6　设函数在点 x_0 的某去心邻域 $(x_0-\delta,x_0)\cup(x_0,x_0+\delta)$ 内有定义,当自变量 x 在该去心邻域 $\hat{U}(x_0,\delta)$ 内无限接近于 x_0 时,相应的函数值无限地接近一个常数 A,就称常数 A 为 $x\to x_0$ **时函数** $f(x)$ **的极限**.记作

$$\lim_{x\to x_0}f(x)=A.$$

值得注意的是:

(1) $\lim\limits_{x\to x_0}f(x)=A$ 描述的是当自变量 x 无限接近 x_0 时,相应的函数值 $f(x)$ 无限趋近于常数 A 的一种变化趋势,与函数 $f(x)$ 在 x_0 点是否有定义无关.

(2) 在 x 无限趋近 x_0 的过程中,既可以从大于 x_0 的方向趋近 x_0,也可以从小于 x_0 的方向趋近于 x_0,整个过程没有任何方向限制.

(3) 当自变量 x 与 x_0 无限接近时,相应的函数值 $f(x)$ 无限趋近于常数 A 的意义是:当 x 进入 x_0 的充分小的去心邻域内,$|f(x)-A|$ 可以小于任意给定的正数,即对于任意给定的 $\varepsilon>0$,总可以找到一个 $\delta>0$,当 $|x-x_0|<\delta$ 时,都有 $|f(x)-A|<\varepsilon$.

同样可以考虑单侧极限的问题.如果限定 x 只从 x_0 的左侧逐渐增大而趋向于 x_0,此时函数值无限地接近一个常数 A,则称 A 为**函数** $f(x)$ **当** $x\to x_0$ **时的左极限**.记作

$$\lim_{x\to x_0^-}f(x)=A.$$

如果限定 x 只从 x_0 的右侧逐渐减小而趋向于 x_0,此时函数值无限地接近一个常数 A,则称 A 为**函数** $f(x)$ **当** $x\to x_0$ **时的右极限**.记作

$$\lim_{x\to x_0^+}f(x)=A.$$

关于极限与单侧极限有如下的重要结论:

定理 2　函数 $f(x)$ 当 $x\to x_0$ 时极限存在的充分必要条件是函数 $f(x)$ 在 $x\to x_0$ 时的左右极限都存在并且相等,即

$$\lim_{x\to x_0}f(x)=A\Leftrightarrow\lim_{x\to x_0^-}f(x)=\lim_{x\to x_0^+}f(x)=A.$$

例5 符号函数

$$y = \operatorname{sgn} x = \begin{cases} 1 & \text{当 } x > 0 \\ 0 & \text{当 } x = 0 . \\ -1 & \text{当 } x < 0 \end{cases}$$

求当 $x \to 0$ 时符号函数 $\operatorname{sgn} x$ 的单侧极限,并讨论当 $x \to 0$ 时符号函数 $\operatorname{sgn} x$ 是否存在极限.

解 由符号函数 $\operatorname{sgn} x$ 的图像(见图 1-2-6)可以看出:当 $x \to 0^-$ 时,符号函数的左极限为 -1,当 $x \to 0^+$ 时,符号函数的右极限为 1,虽然左、右极限在 $x = 0$ 处都存在,但它们不相等,所以当 $x \to 0$ 时,符号函数 $\operatorname{sgn} x$ 在 $x = 0$ 处的极限不存在.

例6 设函数

$$f(x) = \begin{cases} x + 1 & \text{当 } x < 0 \\ 0 & \text{当 } x = 0 . \\ x - 1 & \text{当 } x > 0 \end{cases}$$

求当 $x \to 0$ 时 $f(x)$ 的单侧极限,并讨论当 $x \to 0$ 时 $f(x)$ 是否存在极限.

解 作函数的图像(见图 1-2-7),由图容易看出:

$$\lim_{x \to 0^-} f(x) = \lim_{x \to 0^-} (x + 1) = 1,$$

$$\lim_{x \to 0^+} f(x) = \lim_{x \to 0^+} (x - 1) = -1.$$

故当 $x \to 0$ 时,$f(x)$ 的左极限为 1,右极限为 -1.虽然左极限与右极限都存在,但它们不相等,所以当 $x \to 0$ 时,$f(x)$ 的极限不存在.

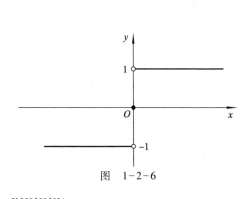

图 1-2-6

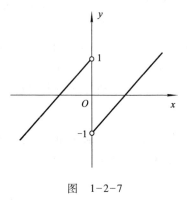

图 1-2-7

小资料 　　　　　　　　　　**极限概念的演变**

关于极限这个概念,由于没有一个确切的定义,所以从牛顿、莱布尼茨以来,长期处于基本概念不清、立论晦涩、常常不能自圆其说的混乱状态.一直到1821年,年仅 23 岁的柯西在拉普拉斯和泊松支持下,出版了《分析教程》,以后又出版了《无穷小计算讲义》《无穷小计算在几何中的应用》.这几部著作给出了分析学中一系列基本概念的严格定义,从而使连续、导数、微分、积分、无穷级数的和等概念建立在较坚实的基础上.他的极限定义至今还普遍沿用着.可以说这几部著作具有划时代的意义.

1821 年柯西提出 ε 方法,即所谓极限概念的算术化,把极限过程用不等式来刻画,使无穷的推算化为一系列不等式的推导.

当然,由于当时实数的严格理论还未建立,因此极限理论也就不可能完成.直到半个世纪以后,经过维尔斯特拉斯的加工,将 ε 和 δ 联系起来,最终完成了极限的 $\varepsilon-\delta$ 定义:

对于函数 $f(x)$,如果存在一个常数 A,使对每一个任意给定的正数 ε,总存在一个正数 δ,对于适合不等式 $0<|x-x_0|<\delta$ 的一切 x,不等式 $|f(x)-A|<\varepsilon$ 恒成立,那么称常数 A 是函数 $f(x)$ 当 $x\to x_0$ 时的极限,记作 $\lim\limits_{x\to x_0}f(x)=A$,或 $f(x)\to A(x\to x_0)$.

这个定义称为 $x\to x_0$ 情况下函数极限的分析定义.

读者不妨对照一下这个定义与我们给出的定义,就会发现我们给出的定义是不严格的.主要问题在于什么叫做"无限接近".作为非数学专业学生,只需定性地去理解为"想让它有接近,就可以多接近",不要求用数学语言、数学式去刻画.

知识点归纳

极限是高等数学的基础,微积分的很多内容如导数、定积分等都是特定意义下的极限,因此必须很好地理解和掌握这个概念.

1. 数列的极限

(1)数列极限是研究数列 $\{x_n\}$ 当 $n\to\infty$ 时,x_n 的变化趋势,因此,它的极限状况与数列的前面有限项的取值情况无关,也与 x_n 是否等于 A 无关.

(2)从图像上看,数列的极限就是看数轴上代表数列每一项的点,最终能否"聚集"到一个定点 A 的附近,并且与 A 的距离任意小.如果能,则是有极限;如果不能,则是极限不存在.由此也可看到极限不存在的两种情况,一种是虽然有很多点"聚集"到 A 的附近,但不论 n 多大,总还有点 x_n 与 A 的距离不能任意小;另一种是点 x_n 越走越远,最后无影无踪.

2. 函数的极限

(1)由于自变量 x 的变化方式一般可分为两种,即 $x\to\infty$ 和 $x\to x_0$,所以函数的极限也有两种类型:$\lim\limits_{x\to\infty}f(x)$ 和 $\lim\limits_{x\to x_0}f(x)$.

(2)在研究函数 $f(x)$ 在 $x \to x_0$ 的极限时,与函数 $f(x)$ 在 x_0 的值无关,甚至 $f(x)$ 可以在 x_0 无定义.

(3)掌握函数极限与函数左、右极限的关系,即

$$\lim_{x \to x_0} f(x) = A \iff \lim_{x \to x_0^+} f(x) = \lim_{x \to x_0^-} f(x) = A.$$

(4)函数的极限与自变量的趋向密切相关,即使同一个函数在自变量的不同趋向下,也往往有不同的极限或者极限不存在,例如 $\lim\limits_{x \to -\infty} e^x = 0$,$\lim\limits_{x \to 1} e^x = e$,$\lim\limits_{x \to +\infty} e^x = \infty$.

习 题 1.2

一、选择题

1. $\lim\limits_{n \to \infty} \left(\dfrac{1}{3} \right)^n (n \in \mathbf{N})$ 等于(   ).

(A)$\dfrac{1}{3}$ (B)3   (C)1   (D)0

2. $\lim\limits_{n \to \infty} 3^n (n \in \mathbf{N})$ 等于(   ).

(A)$\dfrac{1}{3}$ (B)3   (C)∞ (D)0

3. 数列 $1, \dfrac{1}{2^2}, \dfrac{1}{2^3}, \dfrac{1}{2^4}, \cdots$ 的前 n 项和的极限是(   ).

(A)1   (B)$\dfrac{3}{2}$ (C)2   (D)不存在

4. $\lim\limits_{x \to 1} (2x + 1) = ($).

(A)1   (B)$\dfrac{3}{2}$ (C)3   (D)4

5. $\lim\limits_{x \to 3} \dfrac{|x - 3|}{x - 3}$ 的值为(   ).

(A)0   (B)3   (C)-3 (D)不存在

二、填空题

1. 设 $f(x) = \ln(1 + x)$,则 $\lim\limits_{x \to 0} f(x) =$ _____.

2. $\lim\limits_{x \to \frac{\sqrt{2}}{2}} \arcsin x =$ _____;$\lim\limits_{x \to -\frac{\sqrt{2}}{2}} \arccos x =$ _____;$\lim\limits_{x \to 1} \arctan x =$ _____;

$\lim\limits_{x \to -1} \operatorname{arccot} x =$ _____.

3. 若 $f(x) = \begin{cases} -x^2 & \text{当 } x < 0 \\ 0 & \text{当 } x = 0,\text{则 } \lim\limits_{x \to 0^-} f(x) = \underline{\hspace{2cm}}; \lim\limits_{x \to 0^+} f(x) = \underline{\hspace{2cm}},\text{于是} \\ x & \text{当 } x > 0 \end{cases}$

$\lim\limits_{x \to 0} f(x) = \underline{\hspace{2cm}}$.

三、解答题

设函数 $f(x) = \begin{cases} x^2 + 1 & \text{当 } x \geq 2 \\ -2x + 1 & \text{当 } x < 2 \end{cases}$,求 $\lim\limits_{x \to 2^+} f(x)$、$\lim\limits_{x \to 2^-} f(x)$,并由此判断 $\lim\limits_{x \to 2} f(x)$ 是否

存在.

1.3　极限的运算法则

在学习了函数极限概念之后,摆在我们面前的主要任务就是如何求极限了.前面我们用观察法求出了一些简单的函数极限,但对于较复杂的极限问题,观察法就无能为力了,因此还需要研究极限的运算法则.

由于可以将数列看作特殊的函数,即以 n 为变量的函数,所以下面的讨论主要是针对函数的极限进行的,但相应的运算法则对数列也成立.

下面仅就 $x \to x_0$ 时函数的极限进行讨论,但所有结果也适用于其他的极限类型.

设 $\lim\limits_{x \to x_0} f(x) = A$,$\lim\limits_{x \to x_0} g(x) = B$,则有

(1) $\lim\limits_{x \to x_0} [f(x) \pm g(x)] = \lim\limits_{x \to x_0} f(x) \pm \lim\limits_{x \to x_0} g(x) = A \pm B$;

(2) $\lim\limits_{x \to x_0} [f(x) \cdot g(x)] = \lim\limits_{x \to x_0} f(x) \cdot \lim\limits_{x \to x_0} g(x) = A \cdot B$;

(3) $\lim\limits_{x \to x_0} cf(x) = c \cdot \lim\limits_{x \to x_0} f(x) = c \cdot A$　(c 为常数);

(4) $\lim\limits_{x \to x_0} \dfrac{f(x)}{g(x)} = \dfrac{\lim\limits_{x \to x_0} f(x)}{\lim\limits_{x \to x_0} g(x)} = \dfrac{A}{B}$　($B \neq 0$);

(5) $\lim\limits_{x \to x_0} [f(x)]^n = [\lim\limits_{x \to x_0} f(x)]^n$.

其中法则(1),(2)还可以推广到有限个函数的和与积的情况.

例 1　求极限 $\lim\limits_{x \to 3} (4x^2 - 5x + 3)$.

解　由极限运算法则,得

$$\lim\limits_{x \to 3} (4x^2 - 5x + 3) = 4 \times 3^2 - 5 \times 3 + 3 = 24.$$

例 2　求 $\lim\limits_{x \to 2} \dfrac{2x^2 - 3x + 4}{x^2 - 3}$.

解　因为 $x \to 2$ 时,分母的极限不为 0,应用法则(4),得

$$\lim_{x\to 2}\frac{2x^2-3x+4}{x^2-3}=\frac{\lim_{x\to 2}(2x^2-3x+4)}{\lim_{x\to 2}(x^2-3)}=\frac{\lim_{x\to 2}2x^2-\lim_{x\to 2}3x+\lim_{x\to 2}4}{\lim_{x\to 2}x^2-\lim_{x\to 2}3}$$

$$=\frac{\lim_{x\to 2}2\lim_{x\to 2}x\cdot\lim_{x\to 2}x-\lim_{x\to 2}3\lim_{x\to 2}x+4}{\lim_{x\to 2}x\lim_{x\to 2}x-3}=\frac{2\times 2\times 2-3\times 2+4}{2\times 2-3}=6.$$

例 3 求极限 $\lim_{x\to 1}\dfrac{x^2-2x+1}{x^2-1}$.

解 首先看分母的极限 $\lim_{x\to 1}(x^2-1)=0$,所以不能运用商的极限的运算法则;再看看分子的极限,$\lim_{x\to 1}(x^2-2x+1)=0$. 由于分子、分母在 $x=1$ 的函数值都为 0,说明分子、分母都含有因式 $x-1$ 且 $x-1\neq 0$,因此,可先消去因式 $x-1$,然后,再运用极限的运算法则进行计算.

$$\lim_{x\to 1}\frac{x^2-2x+1}{x^2-1}=\lim_{x\to 1}\frac{(x-1)^2}{(x-1)(x+1)}=\lim_{x\to 1}\frac{x-1}{x+1}=\frac{0}{1+1}=0.$$

例 4 求极限 $\lim_{x\to\infty}\dfrac{x^2+2x-5}{x^2-2}$.

解 当 $x\to\infty$ 时,分子、分母的极限均不存在(为无穷大),不能直接使用极限运算法则. 注意到 $x\to\infty$ 时 $x\neq 0$,所以可用 x^2 除分子与分母,然后再求极限,即

$$\lim_{x\to\infty}\frac{x^2+2x-5}{x^2-2}=\lim_{x\to\infty}\frac{1+\dfrac{2}{x}-\dfrac{5}{x^2}}{1-\dfrac{2}{x^2}}=\frac{\lim_{x\to\infty}\left(1+\dfrac{2}{x}-\dfrac{5}{x^2}\right)}{\lim_{x\to\infty}\left(1-\dfrac{2}{x^2}\right)}=1.$$

例 5 求极限 $\lim_{x\to\infty}\dfrac{a_0x^n+a_1x^{n-1}+\cdots+a_{n-1}x+a_n}{b_0x^m+b_1x^{m-1}+\cdots+b_{m-1}x+b_m}$. 其中 $a_0\neq 0$,$b_0\neq 0$,m,n 为正整数.

解 采用和例 4 类似的方法,分子分母同除以 x^m,得

$$\lim_{x\to\infty}\frac{a_0x^n+a_1x^{n-1}+\cdots+a_{n-1}x+a_n}{b_0x^m+b_1x^{m-1}+\cdots+b_{m-1}x+b_m}=\lim_{x\to\infty}x^{n-m}\frac{a_0+a_1\dfrac{1}{x}+\cdots+a_n\dfrac{1}{x^n}}{b_0+b_1\dfrac{1}{x}+\cdots+b_m\dfrac{1}{x^m}}$$

$$=\begin{cases}\dfrac{a_0}{b_0} & \text{当 } m=n \\ 0 & \text{当 } m>n. \\ \infty & \text{当 } m<n\end{cases}$$

例 6 求 $\lim_{x\to 0}\dfrac{\sqrt{x+4}-2}{x}$.

解　$\lim\limits_{x \to 0} \dfrac{\sqrt{x+4}-2}{x} = \lim\limits_{x \to 0}\left(\dfrac{\sqrt{x+4}-2}{x} \cdot \dfrac{\sqrt{x+4}+2}{\sqrt{x+4}+2}\right)$

$$= \lim\limits_{x \to 0}\dfrac{x+4-4}{x\left(\sqrt{x+4}+2\right)} = \lim\limits_{x \to 0}\dfrac{1}{\sqrt{x+4}+2} = \dfrac{1}{4}.$$

例 7　求极限 $\lim\limits_{x \to 1}\left(\dfrac{1}{1-x} - \dfrac{3}{1-x^3}\right)$.

解　当 $x \to 1$ 时，$\dfrac{1}{1-x}$ 和 $\dfrac{3}{1-x^3}$ 的极限均不存在，因此不能直接使用极限的运算法则. 但是注意到，当 $x \to 1$ 时 $x \neq 1$，所以有

$$\lim\limits_{x \to 1}\left(\dfrac{1}{1-x} - \dfrac{3}{1-x^3}\right) = \lim\limits_{x \to 1}\dfrac{1+x+x^2-3}{1-x^3} = \lim\limits_{x \to 1}\dfrac{(x+2)(x-1)}{(1-x)(1+x+x^2)}$$

$$= -\lim\limits_{x \to 1}\dfrac{x+2}{x^2+x+1} = -\dfrac{3}{3} = -1.$$

例 8　计算 $\lim\limits_{x \to 0} 2^{-\frac{1}{x}}$.

解　$\lim\limits_{x \to 0} 2^{-\frac{1}{x}} = \lim\limits_{x \to 0}\dfrac{1}{2^{\frac{1}{x}}} = 0.$

知识点归纳

　　熟练掌握极限运算法则，并能运用极限运算法则求极限（和、差、积、商的极限等于极限的和、差、积、商）.

习　题　1.3

求下列极限：

1. $\lim\limits_{x \to -\infty} \dfrac{x+6}{x}$.

2. $\lim\limits_{x \to +\infty} \dfrac{2^{x+1}}{3 \cdot 2^x + 1}$.

3. $\lim\limits_{x \to 2} \dfrac{x^2-8x+12}{x^2-4}$.

4. $\lim\limits_{x \to 3} \sqrt{\dfrac{x-3}{x^2-9}}$.

5. $\lim\limits_{x \to \infty} \dfrac{x^3-4x^2-3x-1}{2+3x-x^3}$.

6. $\lim\limits_{x \to 1} \dfrac{1}{1-x} - \dfrac{3}{1-x^3}$.

7. $\lim\limits_{x \to \infty}\left(\dfrac{x}{x+1} - \dfrac{1}{x-1}\right)$.

8. $\lim\limits_{x \to \infty} x^2\left(\dfrac{1}{x+1} - \dfrac{1}{x-1}\right)$.

1.4 极限存在定理及两个重要极限

极限的运算法则是在极限存在的前提下,通过计算并求得其结果.但一个数列或者函数的极限是否存在,除了直接用定义去判断外,还要研究一些更加方便的判别法.下面不加证明地给出两个极限的存在定理,并用它们推出两个重要极限.

1.4.1 极限存在定理

定理 1(单调有界有极限) 若函数 $f(x)$ 在区间 (a, x_0) 内单调上升(或单调下降),且有界,则 $\lim\limits_{x \to x_0^-} f(x)$ 存在(其中 x_0 也可改为 $+\infty$).

若函数 $f(x)$ 在区间 (x_0, b) 内单调上升(或单调下降),且有界,则 $\lim\limits_{x \to x_0^+} f(x)$ 存在(其中 x_0 也可改为 $-\infty$).

定理 2(夹逼定理) 设函数 $f(x), \varphi(x), \psi(x)$ 在点 x_0 的某去心邻域 $\hat{U}(x_0, \delta)$ 内满足

$$\varphi(x) \leqslant f(x) \leqslant \psi(x),$$

且 $\lim\limits_{x \to x_0} \varphi(x) = A$, $\lim\limits_{x \to x_0} \psi(x) = A$,则有 $\lim\limits_{x \to x_0} f(x) = A$.

1.4.2 两个重要极限

1. 极限 $\lim\limits_{x \to 0} \dfrac{\sin x}{x} = 1$

从正弦函数 $y = \sin x$ 的图像知 $\lim\limits_{x \to 0} \sin x = 0$, $\lim\limits_{x \to 0} x = 0$,可见这是一个无法直接利用极限运算法则计算的极限,下面用极限存在定理 2 来证明这个极限.

如图 1-4-1 所示,作一个单位圆,圆心角 $\angle AOB = x$(弧度),且设 $0 < x < \dfrac{\pi}{2}$,容易看出:

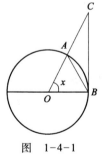

△AOB 的面积 < 扇形 AOB 的面积 < △BOC 的面积,

即有 $\dfrac{1}{2}\sin x < \dfrac{1}{2}x < \dfrac{1}{2}\tan x$, $x \in \left(0, \dfrac{\pi}{2}\right)$.

图 1-4-1

故有

$$\sin x < x < \tan x.$$

对上述不等式各项除以 $\sin x$ 后取倒数,即得

$$\cos x < \frac{\sin x}{x} < 1.$$

由于 $\cos x,\dfrac{\sin x}{x}$ 都是偶函数，所以上述不等式对 $x \in \left(-\dfrac{\pi}{2},0\right)$ 也是成立的. 因为基本初

等函数、初等函数在其定义域内极限自然是存在的，也就是其函数值，故 $\lim\limits_{x\to 0}\cos x = 1$，

$\lim\limits_{x\to 0}1 = 1$，从而由两边夹准则得

$$\lim_{x\to 0}\frac{\sin x}{x} = 1.$$

注：（1）本极限的变形形式为 $\lim\limits_{x\to 0}\dfrac{x}{\sin x} = 1$；

（2）推广：$\lim\limits_{f(x)\to 0}\dfrac{\sin f(x)}{f(x)} = 1$.

例 1　求 $\lim\limits_{x\to 0}\dfrac{\sin 5x}{5x}$.

解　$\lim\limits_{x\to 0}\dfrac{\sin 5x}{5x} = 1$.

例 2　求 $\lim\limits_{x\to 0}\dfrac{\sin 2x}{3x}$.

解　$\lim\limits_{x\to 0}\dfrac{\sin 2x}{3x} = \lim\limits_{x\to 0}\left(\dfrac{\sin 2x}{3x}\cdot\dfrac{2}{2}\right) = \dfrac{2}{3}\lim\limits_{x\to 0}\left(\dfrac{\sin 2x}{2x}\right) = \dfrac{2}{3}$.

例 3　求极限 $\lim\limits_{x\to 0}\dfrac{\sin \alpha x}{\sin \beta x}$　（$\alpha \neq 0, \beta \neq 0$）.

解　$\lim\limits_{x\to 0}\dfrac{\sin \alpha x}{\sin \beta x} = \lim\limits_{x\to 0}\left(\dfrac{\sin \alpha x}{\alpha x}\cdot\dfrac{\beta x}{\sin \beta x}\cdot\dfrac{\alpha}{\beta}\right) = \dfrac{\alpha}{\beta}\cdot\lim\limits_{x\to 0}\dfrac{\sin \alpha x}{\alpha x}\cdot\lim\limits_{x\to 0}\dfrac{\beta x}{\sin \beta x}$

$$= \dfrac{\alpha}{\beta}\cdot\lim_{x\to 0}\dfrac{\sin \alpha x}{\alpha x}\cdot\lim_{x\to 0}\dfrac{\beta x}{\sin \beta x} = \dfrac{\alpha}{\beta}.$$

例 4　求极限 $\lim\limits_{x\to \infty}x\sin\dfrac{2}{x}$.

解　由于 $x\sin\dfrac{2}{x} = \dfrac{\sin\dfrac{2}{x}}{\dfrac{2}{x}\times\dfrac{1}{2}}$，当 $x\to\infty$ 时，$\dfrac{2}{x}\to 0$，所以

$$\lim_{x\to \infty}x\sin\frac{2}{x} = \lim_{x\to \infty}\frac{\sin\dfrac{2}{x}}{\dfrac{2}{x}\times\dfrac{1}{2}} = 2\lim_{x\to \infty}\frac{\sin\dfrac{2}{x}}{\dfrac{2}{x}} = 2\times 1 = 2.$$

例 5 求极限 $\lim\limits_{x \to 0} \dfrac{\tan 2x}{x}$.

解 $\lim\limits_{x \to 0} \dfrac{\tan 2x}{x} = \lim\limits_{x \to 0} \dfrac{\sin 2x}{x \cdot \cos 2x} = \lim\limits_{x \to 0} \left(\dfrac{\sin 2x}{2x} \cdot \dfrac{2}{\cos 2x} \right) = 2.$

例 6 求极限 $\lim\limits_{x \to 0} \dfrac{1 - \cos x}{x^2}$.

解 $\lim\limits_{x \to 0} \dfrac{1 - \cos x}{x^2} = \lim\limits_{x \to 0} \dfrac{2\sin^2 \dfrac{x}{2}}{x^2} = \dfrac{1}{2} \lim\limits_{x \to 0} \dfrac{\sin^2 \left(\dfrac{x}{2} \right)}{\left(\dfrac{x}{2} \right)^2} = \dfrac{1}{2} \left(\lim\limits_{x \to 0} \dfrac{\sin \dfrac{x}{2}}{\dfrac{x}{2}} \right)^2 = \dfrac{1}{2}.$

2. 极限 $\lim\limits_{x \to \infty} \left(1 + \dfrac{1}{x} \right)^x = \mathrm{e}$

先证明：当 $n \to \infty$ 时，$\left(1 + \dfrac{1}{n} \right)^n$ 有极限. 为此，只需证明 $\left(1 + \dfrac{1}{n} \right)^n$ 当 n 增大时单调上升且有上界. 事实上，由均值不等式，有

$$1 + \frac{1}{n+1} = \frac{n+1+1}{n+1} = \frac{n \left(1 + \dfrac{1}{n} \right) + 1}{n+1} > \sqrt[n+1]{\left(1 + \frac{1}{n} \right)^n \cdot 1}.$$

两边 $n + 1$ 次方即得

$$\left(1 + \frac{1}{n+1} \right)^{n+1} > \left(1 + \frac{1}{n} \right)^n.$$

所以 $\left(1 + \dfrac{1}{n} \right)^n$ 当 n 增大时单调上升.

下面证明它有上界：

$$\left(1 + \frac{1}{n} \right)^n = \mathrm{C}_n^0 + \mathrm{C}_n^1 \frac{1}{n} + \mathrm{C}_n^2 \frac{1}{n^2} + \mathrm{C}_n^3 \frac{1}{n^3} + \cdots + \mathrm{C}_n^n \frac{1}{n^n}$$

$$= 1 + 1 + \frac{1}{2!} \frac{n(n-1)}{n^2} + \frac{1}{3!} \frac{n(n-1)(n-2)}{n^3} + \cdots +$$

$$\frac{1}{n!} \frac{n(n-1)(n-2) \cdots [n-(n-1)]}{n^n}$$

$$= 1 + 1 + \frac{1}{2!} \left(1 - \frac{1}{n} \right) + \frac{1}{3!} \left(1 - \frac{1}{n} \right) \left(1 - \frac{2}{n} \right) + \cdots +$$

$$\frac{1}{n!} \left(1 - \frac{1}{n} \right) \left(1 - \frac{2}{n} \right) \cdots \left(1 - \frac{n-1}{n} \right)$$

$$< 2 + \frac{1}{2!} + \frac{1}{3!} + \cdots + \frac{1}{n!} < 2 + \frac{1}{2} + \frac{1}{2^2} + \cdots + \frac{1}{2^{n-1}}$$

$$= 2 + \frac{\frac{1}{2}\left(1 - \frac{1}{2^{n-1}}\right)}{1 - \frac{1}{2}} = 2 + \left(1 - \frac{1}{2^{n-1}}\right) < 3.$$

由上所述,根据数列单调有界有极限的公理,当 $n \to \infty$ 时, $\left(1 + \frac{1}{n}\right)^n$ 有极限,我们把这一极限定义为数 e,即

$$\lim_{n \to \infty} \left(1 + \frac{1}{n}\right)^n = e.$$

e = 2. 718 281 828… 是一个无理数,在高等数学中它是重要且十分有用的无理数. 利用数 e 的定义和数列两边夹的准则,我们还能证明

$$\lim_{x \to \infty} \left(1 + \frac{1}{x}\right)^x = e.$$

如果令 $\frac{1}{x} = t$,则当 $x \to \infty$ 时, $t \to 0$,于是又有

$$\lim_{t \to 0} (1 + t)^{\frac{1}{t}} = e.$$

上述极限都有一个共同的特点,那就是各函数的底数当 $x \to \infty$(或 $t \to 0$)时都趋向 1,而指数部分同时都趋向 ∞,这类极限我们称之为"1^∞"未定型. 这类极限也可以形象地用如下的式子来表述:

$$\lim_{f(x) \to \infty} \left[1 + \frac{1}{f(x)}\right]^{f(x)} = e$$

或

$$\lim_{f(t) \to 0} [1 + f(t)]^{\frac{1}{f(t)}} = e.$$

例 7　求极限 $\lim\limits_{x \to \infty} \left(1 + \frac{2}{x}\right)^x$.

解　注意到这是"1^∞"未定型,可以将它变形,使之成为我们熟悉的重要极限的形式.

$$\lim_{x \to \infty} \left(1 + \frac{2}{x}\right)^x = \lim_{x \to \infty} \left[\left(1 + \frac{2}{x}\right)^{\frac{x}{2}}\right]^2 = e^2.$$

例 8　求极限 $\lim\limits_{x \to \infty} \left(1 + \frac{1}{x}\right)^{-x}$.

解　$\lim\limits_{x \to \infty} \left(1 + \frac{1}{x}\right)^{-x} = \lim\limits_{x \to \infty} \left[\left(1 + \frac{1}{x}\right)^x\right]^{-1} = e^{-1}.$

例 9　求极限 $\lim\limits_{x \to \infty} \left(1 - \frac{2}{x}\right)^x$.

解　$\lim\limits_{x\to\infty}\left(1-\dfrac{2}{x}\right)^x=\lim\limits_{x\to\infty}\left[\left(1+\dfrac{-2}{x}\right)^{-\frac{x}{2}}\right]^{-2}=\mathrm{e}^{-2}.$

例10　求极限$\lim\limits_{x\to\infty}\left(\dfrac{x}{1+x}\right)^x.$

解　$\lim\limits_{x\to\infty}\left(\dfrac{x}{1+x}\right)^x=\lim\limits_{x\to\infty}\left(\dfrac{1}{\dfrac{1+x}{x}}\right)^x=\dfrac{1}{\lim\limits_{x\to\infty}\left(1+\dfrac{1}{x}\right)^x}=\dfrac{1}{\mathrm{e}}.$

例11　求极限$\lim\limits_{x\to0}(1+2x)^{\frac{1}{x}}.$

解　$\lim\limits_{x\to0}(1+2x)^{\frac{1}{x}}=\lim\limits_{x\to0}\left[(1+2x)^{\frac{1}{2x}}\right]^2=\mathrm{e}^2.$

例12　求极限$\lim\limits_{x\to0}(1+\sin x)^{2\csc x}.$

解　$\lim\limits_{x\to0}(1+\sin x)^{2\csc x}=\lim\limits_{x\to0}\left[(1+\sin x)^{\frac{1}{\sin x}}\right]^2=\mathrm{e}^2.$

小资料　　　　　　　　　　**e 的 趣 话**

在数学中有两个极重要且特殊的数,它们都是无理数,一个是 π,一个是 e.其实 e 不但在数学中有很多用处,与我们的生活也有联系,只不过它没有以"形"与我们接触,而是以"神"萦绕在我们周围.由于它可以表示成 $\mathrm{e}=1+1+\dfrac{1}{1\times2}+\dfrac{1}{1\times2\times3}+\cdots+$

$\dfrac{1}{1\times2\times\cdots\times n}+\cdots$,这样似乎与我们贴近了一些,而且也变得实实在在了.因为通过计算,你想要多少位数字,它就可以得到多少位数字.下面这个问题,它似乎就在我们身边了.一个数把它分成相等的多少部分,可以使它们各部分的乘积最大?结果是大大出乎人们的意料:竟然与 e 有关.它是把这个数分成的每一部分与 e 最接近的整数时乘积最大.如 10,则 $10/\mathrm{e}\approx3.678$,取 4,即每部分是 2.5,分别算得 $2.5^4\approx39.06$,$(10/3)^3\approx37.04$,$(10/5)^5\approx32$,$(10/6)^6\approx21.43$,可见 39.06 最大.又如已知数是 50,则 $50/\mathrm{e}\approx18.394$,最接近的整数为 18,其各部分的乘积是 $(50/18)^{18}\approx96\,951\,601$,同样可以验证它是最大.

知识点归纳

对于两个重要极限的学习要求是能够熟练地运用它们来求极限,为此要把它们作为求极限的方法之一,默记在心.如果某道题形式上接近这两个重要极限,就要有意识地试一试.

下面两点对于解题是有帮助的:

（1）为突出两个重要极限的特点，把它们写成下面的形式：$\lim\limits_{\square\to 0}\dfrac{\sin\square}{\square}=1$，其中□表示的变量相同，且趋向于零；$\lim\limits_{\square\to\infty}\left(1+\dfrac{1}{\square}\right)^{\square}=e$，其中□表示的变量相同且趋向于∞.

（2）一般来说含有三角函数的$\dfrac{0}{0}$型的极限可考虑运用$\lim\limits_{x\to 0}\dfrac{\sin x}{x}$来求；对于$1^{\infty}$型的幂指函数的极限通常可运用$\lim\limits_{x\to\infty}\left(1+\dfrac{1}{x}\right)^{x}=e$来求.

习 题 1.4

一、选择题

1. 求下列等式成立的是（　　）.

（A）$\lim\limits_{x\to 0}\dfrac{\sin x^{2}}{x^{2}}=1$ 　　　　　　　（B）$\lim\limits_{x\to 0}\dfrac{\sin 2^{x}}{2^{x}}=1$

（C）$\lim\limits_{x\to 0}\dfrac{\sin(\arccos x)}{\arccos x}=1$ 　　　（D）$\lim\limits_{x\to 0}\dfrac{\sin(\cos x)}{\cos x}=1$

2. $\lim\limits_{x\to\frac{\pi}{2}}(1+\cos x)^{2\sec x}$的值是（　　）.

（A）e^{3} 　　　　（B）e^{-3} 　　　　（C）e^{2} 　　　　（D）e^{-2}

二、填空题

1. $\lim\limits_{t\to 0}\dfrac{\sin 5t}{2t}=$ _____；$\lim\limits_{x\to 0}\dfrac{\sin(\tan 3x)}{\tan 3x}=$ _____；$\lim\limits_{x\to 0}\dfrac{x}{3\sin x}=$ _____；

$\lim\limits_{x\to 1}\dfrac{\sin(\lg x)}{\lg x}=$ _____.

2. $\lim\limits_{y\to 0}(1-y)^{\frac{1}{2y}}=$ _____；$\lim\limits_{x\to 0}(1+2\sin x)^{\frac{1}{\sin x}}=$ _____；$\lim\limits_{y\to 0}(1+y)^{\frac{3}{y}}=$ _____；

$\lim\limits_{x\to\infty}\left(1+\dfrac{7}{x}\right)^{x}=$ _____.

三、解答题

1. $\lim\limits_{x\to 0}\dfrac{\sin 4x}{\sin 3x}$. 　　　　　　2. $\lim\limits_{x\to 0}\dfrac{x(x+e^{x})}{\sin x}$.

3. $\lim\limits_{x\to 0}\dfrac{\tan x}{x}$. 　　　　　　4. $\lim\limits_{x\to\infty}x\cdot\sin\dfrac{1}{3x}$.

5. $\lim\limits_{x\to\infty}\left(\dfrac{1+x}{x}\right)^{3x}$. 　　　　　6. $\lim\limits_{x\to\infty}\left(1-\dfrac{5}{x}\right)^{x}$.

7. $\lim\limits_{x \to 0}(1 + 7x)^{\frac{1}{x}}$.

8. $\lim\limits_{x \to \infty}\left(\dfrac{2x + 3}{2x + 1}\right)^{x + \frac{1}{2}}$.

9. $\lim\limits_{x \to \infty}\left(1 + \dfrac{5}{x}\right)^{-x}$.

10. $\lim\limits_{x \to 0}\dfrac{\ln(1 - 2x)}{x}$.

1.5　无穷小量与无穷大量

1.5.1　无穷小量

1. 无穷小量的概念

定义 1　如果当 $x \to x_0$（或 $x \to \infty$）时，函数 $f(x)$ 的极限为 0，那么函数 $f(x)$ 叫做当 $x \to x_0$（或 $x \to \infty$）时的**无穷小量**，简称无穷小.

例如，因为 $\lim\limits_{x \to 1}(x - 1) = 0$，所以函数 $x - 1$ 是当 $x \to 1$ 时的无穷小. 又如，因为 $\lim\limits_{x \to 0}\sin x = 0$，所以函数 $\sin x$ 是当 $x \to 0$ 时的无穷小. 再看 $\lim\limits_{x \to \infty}\dfrac{1}{x^2} = 0$. 所以函数 $\dfrac{1}{x^2}$ 是当 $x \to \infty$ 时的无穷小.

还有当 $x \to 0$ 时，函数 $f(x) = x$ 是无穷小；$\tan x$ 也是无穷小.

注意：

（1）不要把绝对值很小的常量（如 0.000 000 01）与无穷小量混为一谈. 无穷小量是一个变量，它的极限为零；不等于 0 的常量的极限是常量本身，而不是零.

（2）常量中只有零可以看成无穷小，因为 $\lim\limits_{x \to x_0} 0 = 0$，$\lim\limits_{x \to \infty} 0 = 0$.

（3）函数 $f(x)$ 是不是无穷小量与变量 x 的变化过程有关. 如 $x - 3$，当 $x \to 3$ 时是无穷小；而当 x 趋于其他数值时，$x - 3$ 就不是无穷小. 因此，说一个量是无穷小量必须指出自变量的变化过程.

2. 无穷小量的性质

根据极限的性质以及极限的运算法则，可以得到下列无穷小量的性质.

性质 1　有限个无穷小量的和是无穷小量.

性质 2　有界变量与无穷小量的乘积是无穷小量.

推论　常量与无穷小量的乘积是无穷小量.

性质 3　有限个无穷小量的乘积是无穷小量.

例 1　证明 $\lim\limits_{x \to \infty}\dfrac{\cos x}{x} = 0$.

证　因为 $\lim\limits_{x \to \infty}\dfrac{1}{x} = 0$，所以当 $x \to \infty$ 时，$\dfrac{1}{x}$ 是无穷小量. 而 $|\cos x| \leqslant 1$（对任意 $x \in$

R），即 $\cos x$ 是有界变量，根据无穷小量的性质 2 可知，当 $x \to \infty$ 时，$\dfrac{1}{x}\cos x$ 是无穷小量，所以有

$$\lim_{x \to \infty} \frac{\cos x}{x} = 0.$$

3. 无穷小量的比较

两个无穷小量的和、积都是无穷小量，那么，两个无穷小量的商是否还是无穷小量呢？先来看下面的例子。当 $x \to 0$ 时，$x, x^2, x^3, \sin x$ 都是无穷小量，可是

$$\lim_{x \to 0} \frac{\sin x}{x} = 1, \quad \lim_{x \to 0} \frac{x^2}{x} = 0, \quad \lim_{x \to 0} \frac{x^2}{x^3} = \infty.$$

即当 $x \to 0$ 时 $\dfrac{x^2}{x}$ 是无穷小量，而 $\dfrac{2x}{x}, \dfrac{x^2}{x^3}$ 均不是无穷小量。这些情况表明，同为无穷小量，它们趋向于 0 的速度是有快有慢的。为了比较不同的无穷小量趋向于 0 的速度，我们引入无穷小量阶的概念。

定义 2　设 $\alpha = \alpha(x), \beta = \beta(x)$ 在 $x \to x_0$ 时为无穷小量，且 $\alpha(x) \neq 0$。

（1）如果 $\lim\limits_{x \to x_0} \dfrac{\beta(x)}{\alpha(x)} = 0$，则称 $\beta(x)$ 是比 $\alpha(x)$ **高阶**的无穷小量，记作 $\beta(x) = o(\alpha(x))$。

（2）如果 $\lim\limits_{x \to x_0} \dfrac{\beta(x)}{\alpha(x)} = c \ (c \neq 0)$，则称 $\beta(x)$ 与 $\alpha(x)$ 是**同阶**的无穷小量。

特别地，如果 $c = 1$，则称 $\beta(x)$ 与 $\alpha(x)$ 是**等价**的无穷小量，记作 $\beta(x) \sim \alpha(x)$。

以上定义是针对 $x \to x_0$ 给出的，同样地，在其他的极限过程中也可以给出上述类似的定义。

例 2　证明：当 $x \to 2$ 时，$(x-2)^2$ 是比 $x^2 - 4$ 高阶的无穷小量。

证　因为 $\lim\limits_{x \to 2}(x-2)^2 = 0, \lim\limits_{x \to 2}(x^2 - 4) = 0$，所以当 $x \to 2$ 时，$(x-2)^2$ 与 $x^2 - 4$ 都是无穷小量。又因为

$$\lim_{x \to 2} \frac{(x-2)^2}{x^2 - 4} = \lim_{x \to 2} \frac{(x-2)^2}{(x+2)(x-2)} = \lim_{x \to 2} \frac{x-2}{x+2} = 0,$$

所以当 $x \to 2$ 时，$(x-2)^2$ 是比 $x^2 - 4$ 高阶的无穷小量。

例 3　证明：当 $x \to 0$ 时，$1 - \cos x$ 与 $\dfrac{1}{2}x^2$ 是等价无穷小量。

证　当 $x \to 0$ 时，$1 - \cos x$ 与 $\dfrac{1}{2}x^2$ 显然都是无穷小量，而

$$\lim_{x \to 0} \frac{1 - \cos x}{\frac{1}{2}x^2} = \lim_{x \to 0} \frac{2\sin^2 \frac{x}{2}}{\frac{1}{2}x^2} = \lim_{x \to 0} \frac{\sin^2 \frac{x}{2}}{\frac{x^2}{4}} = \left(\lim_{x \to 0} \frac{\sin \frac{x}{2}}{\frac{x}{2}} \right)^2 = 1.$$

所以当 $x \to 0$ 时, $1 - \cos x$ 与 $\dfrac{1}{2}x^2$ 是等价无穷小量.

本书中常用的等价无穷小量有:

当 $x \to 0$ 时, $\sin x \sim x$, $\tan x \sim x$, $\arcsin x \sim x$, $\ln(1+x) \sim x$, $e^x - 1 \sim x$, $1 - \cos x \sim \dfrac{1}{2}x^2$.

等价无穷小量在计算极限的问题中有着重要的作用.

在以下定理中, $\alpha, \alpha', \beta, \beta'$ 都为无穷小量.

定理　设 $\alpha \sim \alpha'$, $\beta \sim \beta'$, 当 $x \to x_0$ 时:

(1) 若 $\lim\limits_{x \to x_0} \dfrac{\alpha'}{\beta'}$ 存在 (或为无穷大量), 则 $\lim\limits_{x \to x_0} \dfrac{\alpha}{\beta} = \lim\limits_{x \to x_0} \dfrac{\alpha'}{\beta'}$ (或为无穷大量);

(2) 若 $\lim\limits_{x \to x_0} \dfrac{\alpha' \cdot f(x)}{\beta' \cdot g(x)}$ 存在 (或为无穷大量), 则 $\lim\limits_{x \to x_0} \dfrac{\alpha \cdot f(x)}{\beta \cdot g(x)} = \lim\limits_{x \to x_0} \dfrac{\alpha' \cdot f(x)}{\beta' \cdot g(x)}$ (或为无穷大量).

即在乘积的因子中, 可用等价无穷小量替换.

例 4　求 $\lim\limits_{x \to 0} \dfrac{\tan x - \sin x}{x^3}$.

下列做法是错误的:

当 $x \to 0$ 时, $\sin x \sim x$, $\tan x \sim x$, 所以 $\lim\limits_{x \to 0} \dfrac{\tan x - \sin x}{x^3} = \lim\limits_{x \to 0} \dfrac{x - x}{x^3} = 0$.

因为 $\tan x$ 与 $\sin x$ 不是乘积因子, 当 $x \to 0$ 时, $\tan x - \sin x$ 与 $x - x$ 不是等价无穷小量. 正确的做法为:

解　$\lim\limits_{x \to 0} \dfrac{\tan x - \sin x}{x^3} = \lim\limits_{x \to 0} \dfrac{\sin x \left(\dfrac{1}{\cos x} - 1 \right)}{x^3} = \lim\limits_{x \to 0} \dfrac{\sin x (1 - \cos x)}{x^3 \cdot \cos x}$

$= \lim\limits_{x \to 0} \dfrac{\sin x (1 - \cos x)}{x^3} \cdot \lim\limits_{x \to 0} \dfrac{1}{\cos x} = \lim\limits_{x \to 0} \dfrac{x \cdot \dfrac{x^2}{2}}{x^3} = \dfrac{1}{2}$.

在计算极限的过程中, 可以把乘积因子中极限不为零的部分用其极限值替代, 如上例中的乘积因子 $\cos x$ 用其极限值 1 替代, 以简化计算.

例 5　求 $\lim\limits_{x \to 0} \dfrac{\sin 2x \cdot (e^x - 1) \cdot x^2}{\ln(1+x) \cdot \tan 3x \cdot (1 - \cos x)}$.

解　因为当 $x \to 0$ 时, $\sin 2x \sim 2x$, $\tan 3x \sim 3x$, $\ln(1+x) \sim x$, $e^x - 1 \sim x$, $1 - \cos x \sim \dfrac{1}{2}x^2$.

所以　$\lim\limits_{x \to 0} \dfrac{\sin 2x \cdot (e^x - 1) \cdot x^2}{\ln(1+x) \cdot \tan 3x \cdot (1 - \cos x)} = \lim\limits_{x \to 0} \dfrac{2x \cdot x \cdot x^2}{x \cdot 3x \cdot \dfrac{1}{2}x^2} = \dfrac{4}{3}$.

1.5.2 无穷大量

无穷大量是与无穷小量相对的概念.

定义 3 当 $x \to x_0$ 时,如果函数 $f(x)$ 的绝对值大于任意预先给定的正数 M,则称函数 $f(x)$ 为当 $x \to x_0$ 时的**无穷大量**,记为 $\lim\limits_{x \to x_0} f(x) = \infty$.

无穷大量是指绝对值可以任意变大的量,决不能与任何常数(即使它的绝对值非常大)混为一谈.

在自变量的某一变化过程中,如果函数 $f(x)$ 的值本身无限变小(其绝对值则无限变大),此时称 $f(x)$ 为该自变量变化过程中的**负无穷大量**,记为 $\lim\limits_{x \to x_0} f(x) = -\infty$. 如果在自变量的某一变化过程中,函数 $f(x)$ 的值本身无限变大,则称 $f(x)$ 为该自变量变化过程中的**正无穷大量**,记作 $\lim\limits_{x \to x_0} f(x) = +\infty$.

无论是正的无穷大量,还是负的无穷大量,它们均不表示函数的极限存在,它们只是表示在该自变量的变化过程中,函数值的绝对值无限变大的趋势.

1.5.3 无穷小量与无穷大量的关系

在自变量的同一变化过程中,如果 $f(x)$ 为非零的无穷小量,则 $\dfrac{1}{f(x)}$ 是无穷大量. 反之,如果 $f(x)$ 为无穷大量,则 $\dfrac{1}{f(x)}$ 是无穷小量.

例 6 求极限 $\lim\limits_{x \to \infty} (x^2 - 4x + 5)$.

解 考虑函数 $x^2 - 4x + 5$ 的倒数,因为

$$\lim_{x \to \infty} \frac{1}{x^2 - 4x + 5} = \lim_{x \to \infty} \frac{\dfrac{1}{x^2}}{1 - \dfrac{4}{x} + \dfrac{5}{x^2}} = \frac{0}{1} = 0,$$

所以当 $x \to \infty$ 时,函数 $x^2 - 4x + 5$ 的倒数是无穷小量,从而 $x^2 - 4x + 5$ 是无穷大量,即

$$\lim_{x \to \infty} (x^2 - 4x + 5) = \infty.$$

知识点归纳

(1)无穷小与无穷大的概念中,注意无穷小与绝对值很小的常量的区别,无穷大与绝对值很大的常量的区别.

(2)无穷小与无穷大之间有倒数关系.

(3)在极限计算中,等价无穷小可以互相替代,以简化计算.

习 题 1.5

一、选择题

1. 当 $x \to 0$ 时，下列变量为无穷小量的是( ).

(A) $\sin x$ (B) $\cos x$ (C) $\lg x$ (D) 2^x

2. 要使 $\dfrac{1}{3x+2}$ 为无穷大量，自变量 x 的变化趋势是( ).

(A) $x \to -\dfrac{2}{3}$ (B) $x \to \infty$ (C) $x \to 0$ (D) $x \to 3$

3. 当 $x \to 0$ 时，比 x 较高阶的无穷小量是( ).

(A) 10^x (B) $\dfrac{x}{3}$ (C) $\sqrt{2x}$ (D) x^2

4. 当 $x \to \infty$ 时，下列变量中为无穷小量的是( ).

(A) $x^2 - 5x$ (B) $\dfrac{x^3+3}{x+2}$ (C) $\dfrac{x+1}{x^2+1}$ (D) $\dfrac{1}{3}x$

二、填空题

1. 函数 $y = 1 + 2x$，当 $x \to$ _____ 时是无穷小量，当 $x \to$ _____ 时是无穷大量.

2. 函数 $y = x^2 + 3x + 2$，当 $x \to$ _____ 时和 $x \to$ _____ 时是无穷小量.

3. 函数 $y = \dfrac{1}{x^2+2x-3}$，当 $x \to$ _____ 时和 $x \to$ _____ 时是无穷大量.

4. 当 $x \to 1$ 时，$\dfrac{1}{1-x}$ 和 $\dfrac{2}{1-x^2}$ 都是无穷 _____ 量，而 $\lim\limits_{x \to 1}\left(\dfrac{1}{1-x} - \dfrac{2}{1-x^2}\right) =$ _____.

5. 当 $x \to +\infty$ 时，7^x 和 5^x 都是无穷 _____ 量，而 $\lim\limits_{x \to +\infty}\dfrac{5^x}{7^x} =$ _____.

三、解答题

1. $\lim\limits_{x \to \infty}\dfrac{x^3}{2x+1}$.

2. $\lim\limits_{x \to -2}\left(\dfrac{1}{x+2} + \dfrac{4}{x^2-4}\right)$.

3. $\lim\limits_{x \to +\infty}\dfrac{\arctan x}{x^2}$.

4. 已知 $x \to 0$ 时，$\sin x \sim x$，利用等价无穷小，求 $\lim\limits_{x \to 0}\dfrac{\sin x}{x^2+3x}$.

1.6 函数的连续性

1.6.1 函数连续的概念

1. 函数在一点处的连续性

在自然界中有许多现象都是连续不断地变化的,如气温随着时间的变化而连续变化;又如金属轴的长度随气温有极微小的改变也是连续变化的等.这些现象反映在数量关系上就是我们所说的连续性.函数的连续性反映在几何上就是一条不间断的曲线.下面给出连续函数的概念.

定义 1 如果自变量从初值 x_0 变到终值 x,对应的函数值由 $f(x_0)$ 变化到 $f(x)$,则称 $x - x_0$ 为自变量的**增量**,记为 Δx,即

$$\Delta x = x - x_0.$$

相应地称 $f(x) - f(x_0)$ 为**函数的增量**,记为 Δy,即

$$\Delta y = f(x) - f(x_0).$$

由于 $x = x_0 + \Delta x$,所以函数的增量又可以表示为

$$\Delta y = f(x_0 + \Delta x) - f(x_0).$$

注意:自变量的增量 Δx 不一定是正的,Δy 也不一定是正的.

例 1 证明函数 $f(x) = 2x + 1$ 在点 $x = 2$ 处连续.

证
$$\lim_{x \to 2} f(x) = \lim_{x \to 2} (2x + 1) = 5 = f(2),$$

所以函数 $f(x)$ 在 $x = 2$ 处连续.

定义 2 如果函数 $f(x)$ 在点 x_0 的某邻域内有定义,且有

$$\lim_{\Delta x \to 0} [f(x_0 + \Delta x) - f(x_0)] = 0, \quad \text{即} \lim_{\Delta x \to 0} \Delta y = 0,$$

就称函数 $f(x)$ 在点 x_0 处**连续**.

显然,函数 $f(x)$ 在点 x_0 处连续,还可以等价地表示为

$$\lim_{x \to x_0} f(x) = f(x_0).$$

例 2 证明函数 $f(x) = \begin{cases} x \sin \dfrac{1}{x} & \text{当 } x \neq 0 \\ 0 & \text{当 } x = 0 \end{cases}$ 在 $x = 0$ 处连续.

证
$$\lim_{x \to 0} f(x) = \lim_{x \to 0} x \sin \frac{1}{x} = 0 = f(0),$$

所以函数 $f(x)$ 在 $x = 0$ 处连续.

定义 3 如果函数 $f(x)$ 在区间 (a, b) 内的每个点上都连续,就称函数 $f(x)$ 在区间

(a,b) 上是**连续**的.

有时只考虑单侧连续. 如果 $\lim\limits_{x \to x_0^-} f(x) = f(x_0)$, 则称函数 $f(x)$ 在点 x_0 处**左连续**. 如果 $\lim\limits_{x \to x_0^+} f(x) = f(x_0)$, 则称函数 $f(x)$ 在点 x_0 处**右连续**.

显然, 函数 $f(x)$ 在点 x_0 处连续的充分必要条件是: 它在点 x_0 处既是左连续又是右连续.

2. 函数在区间上的连续性

函数 $f(x)$ 在闭区间 $[a,b]$ 上连续是指 $f(x)$ 在区间 (a,b) 内是连续的, 且在左端点 a 处右连续, 在右端点 b 处左连续.

例 3 证明函数 $f(x) = \sin x$ 在其定义域 $(-\infty, +\infty)$ 内是连续的.

证 任取一点 $x_0 \in (-\infty, +\infty)$, 因为

$$\Delta y = \sin(x_0 + \Delta x) - \sin x_0 = 2\cos\left(x_0 + \frac{\Delta x}{2}\right)\sin\frac{\Delta x}{2},$$

而当 $\Delta x \to 0$ 时, $\sin\dfrac{\Delta x}{2}$ 是无穷小量, $\left|2\cos\left(x_0 + \dfrac{\Delta x}{2}\right)\right| \leqslant 2$ 是有界变量, 所以

$$\lim_{\Delta x \to 0}\Delta y = \lim_{\Delta x \to 0}2\cos\left(x_0 + \frac{\Delta x}{2}\right)\sin\frac{\Delta x}{2} = 0,$$

即函数 $f(x) = \sin x$ 在点 x_0 处是连续的.

再由点 x_0 的任意性可得: 函数 $f(x) = \sin x$ 在其定义域 $(-\infty, +\infty)$ 内是连续的.

同理可证函数 $f(x) = \cos x$ 在其定义域 $(-\infty, +\infty)$ 内是连续的.

1.6.2 函数的间断点

从函数连续的定义可以看出, 函数 $f(x)$ 在点 x_0 处连续, 必须同时满足下列三个条件:

(1) 函数 $f(x)$ 在点 x_0 处有定义;

(2) $\lim\limits_{x \to x_0} f(x)$ 存在;

(3) $\lim\limits_{x \to x_0} f(x) = f(x_0)$, 即当 $x \to x_0$ 时的极限值与函数在点 x_0 处的函数值相等.

如果函数不能同时满足上述三个条件, 就说函数在点 x_0 处是**间断**的, 点 x_0 称为**间断点**.

1. 第一类间断点

若 x_0 为函数 $f(x)$ 的间断点, 且 $\lim\limits_{x \to x_0^-} f(x)$ 和 $\lim\limits_{x \to x_0^+} f(x)$ 都存在, 则称 x_0 为 $f(x)$ 的**第一类间断点**, 即左、右极限都存在的间断点为第一类间断点.

例 4 证明函数 $f(x) = \begin{cases} x^2 & \text{当 } x \geqslant 1 \\ \dfrac{\sin x}{x} & \text{当 } 0 < x < 1 \end{cases}$ 在 $x = 1$ 处不连续,且 $x = 1$ 是函数 $f(x)$

的第一类间断点.

证 因为

$$\lim_{x \to 1^+} f(x) = \lim_{x \to 1^+} x^2 = 1 \,,$$

$$\lim_{x \to 1^-} f(x) = \lim_{x \to 1^-} \frac{\sin x}{x} = \sin 1 \,,$$

所以 $\lim_{x \to 1} f(x)$ 不存在,故函数 $f(x)$ 在 $x = 1$ 处不连续.

因为 $\lim_{x \to 1^+} f(x)$ 与 $\lim_{x \to 1^-} f(x)$ 都存在,所以 $x = 1$ 是函数 $f(x)$ 的第一类间断点.

例 5 证明 $x = 0$ 是函数 $f(x) = \begin{cases} \dfrac{\sin x}{x} & \text{当 } x \neq 0 \\ 0 & \text{当 } x = 0 \end{cases}$ 的第一类间断点.

证 $\lim_{x \to 0^+} \dfrac{\sin x}{x} = 1$, $\lim_{x \to 0^-} \dfrac{\sin x}{x} = 1$. 但由于

$$\lim_{x \to 0} \frac{\sin x}{x} = 1 \neq f(0) = 0 \,,$$

因此 $x = 0$ 是函数 $f(x)$ 的第一类间断点.

这类间断点的左、右极限存在且相等,我们把这样的间断点叫做**可去间断点**.

例 6 证明 $x = 0$ 为函数 $f(x) = \dfrac{-x}{|x|}$ 的第一类间断点.

证 因为

$$\lim_{x \to 0^-} \frac{-x}{|x|} = \lim_{x \to 0^-} \frac{-x}{-x} = 1 \,,$$

$$\lim_{x \to 0^+} \frac{-x}{|x|} = \lim_{x \to 0^+} \frac{-x}{x} = -1 \,,$$

所以 $x = 0$ 为函数 $f(x)$ 的第一类间断点.

2. 第二类间断点

若 x_0 是函数 $y = f(x)$ 的间断点,且在该点至少有一个单侧极限不存在,则称 x_0 为 $f(x)$ 的**第二类间断点**.

例 7 证明 $x = 1$ 是 $f(x) = 3^{\frac{1}{x-1}}$ 的第二类间断点.

证 因为

$$\lim_{x \to 1^-} 3^{\frac{1}{x-1}} = 0 \,,$$

$$\lim_{x \to 1^+} 3^{\frac{1}{x-1}} = \infty,$$

所以 $x = 1$ 为函数 $f(x)$ 的第二类间断点.

$x = 0$ 是函数 $f(x) = \dfrac{1}{x}$ 的第二类间断点.

1.6.3　初等函数的连续性

1. 基本初等函数的连续性

从图形上我们看到,基本初等函数在其定义域内都是连续的.

2. 连续函数的和、差、积、商的连续性

如果函数 $f(x)$ 和 $g(x)$ 都在点 x_0 连续,那么它们的和、差、积、商(分母不等于零)也都在点 x_0 连续,即

$$\lim_{x \to x_0} [f(x) \pm g(x)] = f(x_0) \pm g(x_0);$$

$$\lim_{x \to x_0} [f(x) \cdot g(x)] = f(x_0) \cdot g(x_0);$$

$$\lim_{x \to x_0} \frac{f(x)}{g(x)} = \frac{f(x_0)}{g(x_0)} \quad (g(x_0) \neq 0).$$

3. 复合函数的连续性

如果函数 $u = \varphi(x)$ 在点 x_0 连续且 $\varphi(x_0) = u_0$,而函数 $y = f(u)$ 在点 u_0 连续,那么复合函数 $y = f(\varphi(x))$ 在点 x_0 也是连续的.

例如,$y = \sin u, u = x^2$ 均为连续函数,所以复合函数 $y = \sin x^2$ 在 $x = \sqrt{\dfrac{\pi}{2}}$ 处连续,

则 $\lim\limits_{x \to \sqrt{\frac{\pi}{2}}} \sin x^2 = \sin\left(\sqrt{\dfrac{\pi}{2}}\right)^2 = \sin \dfrac{\pi}{2} = 1.$

4. 反函数的连续性

设函数 $y = f(x)$ 在某区间上连续且严格单调增加(或严格单调减少),则它的反函数 $x = f^{-1}(y)$ 也在对应区间上连续,且是严格单调增加(或严格单调减少)的.

例如,$y = \arcsin x$ 在 $[-1, 1]$ 上是连续的并且严格单调增加. 这是因为其原函数 $y = \sin x$ 在 $\left[-\dfrac{\pi}{2}, \dfrac{\pi}{2}\right]$ 上是连续的并且严格单调增加. 同理可知,$y = \arccos x$, $y = \arctan x, y = \mathrm{arccot}\, x$ 在它们各自的定义区间上是连续的.

5. 初等函数的连续性

利用函数连续的定义与运算法则,复合函数的连续性以及反函数的连续性,可以得到如下的重要结论:

定理 1　初等函数在其定义区间内都是连续的.

上述定理表明,如果点 x_0 是初等函数 $f(x)$ 定义区间内的点,则当 $x \to x_0$ 时, $f(x)$ 的极限就是 $f(x_0)$.

例 8 求 $\lim\limits_{x \to 0} \sqrt{2x^4 + 1}$.

解 因为 $f(x) = \sqrt{2x^4 + 1}$ 是初等函数,它的定义域为 $(-\infty, +\infty)$,而 0 在定义域内,所以 $\lim\limits_{x \to 0} \sqrt{2x^4 + 1} = f(0) = 1$.

例 9 求 $\lim\limits_{x \to a} \arcsin(\log_a x)$ $(a > 0, a \neq 1)$.

解 因为 $\arcsin(\log_a x)$ 是初等函数,且 $x = a$ 为它的定义域内的一个点. 所以有

$$\lim\limits_{x \to a} \arcsin(\log_a x) = \arcsin(\log_a a) = \arcsin 1 = \frac{\pi}{2}.$$

1.6.4 闭区间上连续函数的性质

下面不加证明地给出闭区间上连续函数的性质. 这些性质都有非常明显的几何意义,在以后的讨论中会经常用到它们.

定理 2(最大最小值定理) 设函数 $f(x)$ 在闭区间 $[a, b]$ 上连续,则它在 $[a, b]$ 上一定可以取到最大值和最小值. 即至少存在一点 $\xi_1 \in [a, b]$,使得对任意的 $x \in [a, b]$ 都有 $f(x) \leq f(\xi_1)$. 同时至少存在一点 $\xi_2 \in [a, b]$,使得对任意的 $x \in [a, b]$ 都有 $f(x) \geq f(\xi_2)$.

定理 2 的几何解释如图 1-6-1 所示.

推论(有界性) 设函数 $f(x)$ 在闭区间 $[a, b]$ 上连续,则它在 $[a, b]$ 上一定是有界的.

由定理 2 知,如果函数 $f(x)$ 在闭区间 $[a, b]$ 上连续,则它在 $[a, b]$ 上一定可以取到最大值和最小值,如果设 $f(x)$ 在 $[a, b]$ 上的最大值与最小值分别为 M 和 m,那么令 $N = \max\{|M|, |m|\}$,则函数 $f(x)$ 在区间 $[a, b]$ 上一定满足 $|f(x)| \leq N$,即函数 $f(x)$ 在闭区间 $[a, b]$ 上有界. 该推论的几何解释如图 1-6-2 所示.

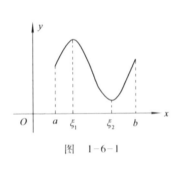

图 1-6-1

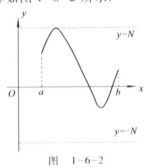

图 1-6-2

定理 3(介值性定理)　设函数 $f(x)$ 在闭区间 $[a,b]$ 上连续,则它在 $[a,b]$ 上一定可以取到最大值和最小值之间的任何一个中间值. 即如果设最大值与最小值分别为 M 和 m,且 $m \leqslant \mu \leqslant M$,则至少存在一点 $\xi \in [a,b]$,使得 $f(\xi) = \mu$.

性质 2 的几何解释如图 1-6-3 所示(有两点使 $f(x) = \mu$).

推论(零点存在定理)　设函数 $f(x)$ 在闭区间 $[a,b]$ 上连续,且 $f(a) \cdot f(b) < 0$,则在区间 (a,b) 内至少存在一点 ξ,使得 $f(\xi) = 0$.

由于 $f(a) \cdot f(b) < 0$,所以 $f(x)$ 的最大值 $M > 0$,而最小值 $m < 0$,即 $m \leqslant 0 \leqslant M$,所以在区间 (a,b) 内至少存在一点 ξ,使得 $f(\xi) = 0$. 该推论的几何解释如图 1-6-4 所示.

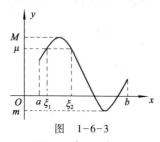
图　1-6-3

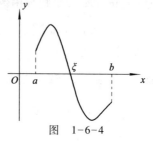
图　1-6-4

例 10　证明方程 $x^3 - 6x^2 + 1 = 0$ 在区间 $(0,1)$ 内至少有一个根.

证　设 $f(x) = x^3 - 6x^2 + 1$,由于它在区间 $[0,1]$ 上连续且 $f(0) = 1 > 0$,$f(1) = -4 < 0$. 根据介值性定理,在 $(0,1)$ 内至少有一个点 $\xi(0 < \xi < 1)$,使得 $f(\xi) = \xi^3 - 6\xi^2 + 1 = 0(0 < \xi < 1)$.

因此,方程 $x^3 - 6x^2 + 1 = 0$ 在区间 $(0,1)$ 内至少有一个根.

知识点归纳

(1)本节主要应掌握函数在点 x_0 连续的两个等价定义;函数在点 x_0 连续和在该点极限存在的关系;初等函数的连续性.

(2)直观地说,连续就是当 Δx 很小时,Δy 也很小,这就是连续的定义. 而另一个定义是把 $x \to x_0$ 时相应的函数值与 $f(x_0)$ 联系起来. 表面上看两者考虑问题的角度不同,但根据 $\Delta y = f(x_0 + \Delta x) - f(x_0)$ 两者就统一起来了. 这两个定义是等价的. 在以后学习导数概念时,第 1 个定义具有重要的作用,在判断函数 $f(x)$ 在点 x_0 处的连续性时则用第 2 个定义比较方便.

(3)函数连续性与函数极限的关系.

函数 $f(x)$ 在 $x \to x_0$ 时的极限,仅研究函数在点 x_0 附近的变化趋势,与 $f(x)$ 在该点的函数值无关,甚至可以在该点无定义. 也就是说,即使 $f(x)$ 在 x_0 处无定义,函数在该点也可能有极限;反过来,即使 $f(x)$ 在点 x_0 有定义,也可能在该点不存在极限.

函数 $f(x)$ 在点 x_0 的连续性,则不仅研究 $f(x)$ 在 x_0 处附近的变化趋势,特别还要与 $f(x)$ 在点 x_0 处的函数值联系起来.

由此也可看出,如果 $f(x)$ 在点 x_0 处连续,则在该点必有极限;反之不然,即 $f(x)$ 在点 x_0 处有极限, $f(x)$ 却不一定在该点连续.

(4)函数不连续的三种情况.

① 函数 $f(x)$ 在 $x = x_0$ 没有定义.

② 函数 $f(x)$ 在 $x = x_0$ 有定义,但 $\lim\limits_{x \to x_0} f(x)$ 不存在.

③ 函数 $f(x)$ 在 $x = x_0$ 有定义,且 $\lim\limits_{x \to x_0} f(x)$ 存在,但 $\lim\limits_{x \to x_0} f(x) \neq f(x_0)$.

(5)对于闭区间上连续函数的两个性质,只要求从几何性直观理解,并能进行一些简单的应用.

(6)利用基本初等函数的连续性、连续函数的和差积商的连续性和复合函数的连续性,可以得出一切初等函数在其定义域内都是连续的结论.读者不必去探究证明过程,但应当熟记这一结论.

习　题　1.6

一、选择题

1. 若函数 $f(x) = \begin{cases} 2x & \text{当 } 0 < x \leq 1 \\ -2x & \text{当 } 1 < x < 2 \end{cases}$,则下列说法正确的是(　　).

(A)在 $x = 1$ 连续

(B)函数 $f(x)$ 有最小值 -2

(C)函数有最大值 2

(D)函数既无最大值又无最小值

2. 下列函数中既无最大值又无最小值的是(　　).

(A)$f(x) = |x|$ 　　　　　　　　　　(B)$f(x) = \sin x, x \in (0, \pi)$

(C)$f(x) = \cos x, x \in [0, 2\pi]$ 　　　(D)$f(x) = e^x$

3. 若函数 $y = \begin{cases} 1 & \text{当 } x < 0 \\ x - b & \text{当 } x \geq 0 \end{cases}$ 在 $x = 0$ 连续,则 b 的值是(　　).

(A)-1 　　　　(B)1 　　　　(C)0 　　　　(D)任意实数

二、填空题

1. 函数 $y = x^2 + 3x - 1$，当 x 由 2 变到 3 时，函数的增量 $\Delta y = $ _____.

2. 函数 $y = \dfrac{1}{x}$，当 x 由 1 变到 _____ 时，函数增量 $\Delta y = 0.2$.

3. 函数 $y = 3x - \dfrac{4}{5}$ 的连续区间是 _____.

4. 函数 $f(x) = \begin{cases} 2x + 1 & \text{当 } x < 0 \\ 3 - 2x & \text{当 } x \geq 0 \end{cases}$ 的间断点是 _____，是第 _____ 类间断点.

5. 函数 $y = \tan x$ 的间断点是 _____.

三、解答题

1. $\lim\limits_{x \to 2} \dfrac{x - 2}{x^2 + 4}$.

2. $\lim\limits_{x \to -2} \sqrt{x^2 - x + 6}$.

3. $\lim\limits_{t \to -2} \dfrac{e^t + 1}{t}$.

4. $\lim\limits_{x \to 0} \dfrac{\sqrt{1 + x} - 1}{x}$.

四、综合题

1. 下列各题中函数 $f(x)$ 在指定点处是否连续？若不连续，请指出是哪一类间断点.

(1) $f(x) = \dfrac{x^3 - 27}{x - 3}$ 在 $x = 3$ 处.

(2) $f(x) = \begin{cases} \dfrac{1 - x^2}{1 + x} & \text{当 } x \neq -1 \\ 0 & \text{当 } x = -1 \end{cases}$ 在 $x = -1$ 处.

(3) $f(x) = \begin{cases} x + \dfrac{1}{x} & \text{当 } x \neq 0 \\ 0 & \text{当 } x = 0 \end{cases}$ 在 $x = 0$ 处.

2. 证明方程 $x^3 + 2x = 6$ 至少有一个根介于 1 和 3 之间.

小　　结

一、本章主要内容

基本初等函数与初等函数的概念；极限的概念与极限的运算法则；无穷小与无穷大的概念；两个重要极限；初等函数的连续性.

二、本章主要概念

本章概念较多，但函数的极限概念是最基本的，其他概念均由此引申出来，下图给出了它们之间的联系.

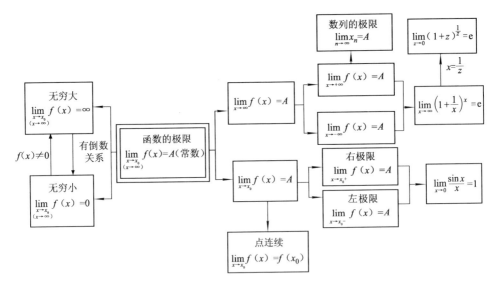

三、求极限的方法

基本方法是运用极限的运算法则,特别方法有下面几种:

1. 利用函数的连续性求极限.

设 $f(x)$ 是初等函数,定义域为 (a,b),若 $x_0 \in (a,b)$,则 $\lim\limits_{x \to x_0} f(x) = f(x_0)$.

由于求函数值一般不需要技巧,因此,这种求极限方法非常容易掌握,它是求极限的首选方法.

2. 利用无穷小量与有界变量的乘积仍是无穷小性质求极限.

3. 利用无穷小量与无穷大量的倒数关系求极限.

4. 利用两个重要极限: $\lim\limits_{x \to 0} \dfrac{\sin x}{x} = 1$,$\lim\limits_{x \to \infty} \left(1 + \dfrac{1}{x}\right)^x = \mathrm{e}$ 求极限.

5. 计算分式的极限时,如果分子与分母的极限都为 0,则基本方法是:①考虑运用 $\lim\limits_{x \to 0} \dfrac{\sin x}{x} = 1$ 来求极限;②采用分解因式以后约分的方法;③分子与分母同乘以分子(或分母)的有理化根式以后,再求极限.

6. 当 $x \to \infty$ 对于有理分式的极限有下面的结论($a_0 \neq 0, b_0 \neq 0$):

$$\lim_{x \to \infty} \frac{a_0 x^n + a_1 x^{n-1} + \cdots + a_n}{b_0 x^m + b_1 x^{m-1} + \cdots + b_m} = \begin{cases} 0 & \text{当 } n < m \\ \dfrac{a_0}{b_0} & \text{当 } n = m. \\ \infty & \text{当 } n > m \end{cases}$$

记住几个常用的基本极限: $\lim\limits_{x \to \infty} \dfrac{1}{x} = 0$;$\lim\limits_{x \to x_0} C = C$($C$ 为常数);$\lim\limits_{x \to x_0} x = x_0$;$\lim\limits_{x \to \infty} \dfrac{1}{x^\alpha} = 0$

$(\alpha > 0)$.

7. 利用极限运算法则(和、差、积、商的极限等于极限的和、差、积、商).

检 测 题

（时间:60 分钟）

一、选择题（每题 5 分,共 20 分）

1. 设 $f(x) = \dfrac{x}{1+x}$,则下列等式成立的是(   ).

(A)$f(-t) = -f(t)$ (B)$f(2t) = 2f(t)$

(C)$f\left(\dfrac{1}{t}\right) = \dfrac{1}{t}f(t)$ (D)$f\left(\dfrac{t}{2}\right) = \dfrac{t}{2}f(t)$

2. 当 $x \to 0$ 时,下列变量中为无穷小量的是(   ).

(A)$x^2 + 10$ (B)$\dfrac{\sin x}{x}$ (C)$\ln x$ (D)$\dfrac{1}{2}x$

3. 极限 $\lim\limits_{x \to 1} \dfrac{x-1}{x^2 - 7x + 6} = ($ $)$.

(A)0   (B)$-\dfrac{1}{5}$ (C)$\dfrac{1}{2}$ (D)1

4. 函数 $y = x\tan x$ 是(   ).

(A)奇函数   (B)偶函数   (C)周期函数   (D)有界函数

二、填空题（每题 6 分,共 30 分）

1. 函数 $y = \begin{cases} x & \text{当 } 0 \le x < 1 \\ 0 & \text{当 } 1 < x \le 2 \\ 1 & \text{当 } 2 < x < +\infty \end{cases}$ 的定义域为 _____.

2. 在 $[0, 2\pi]$ 内使 $\sin x$ 和 $\cos x$ 都单调增加的区间是 _____.

3. 函数 $y = \sin\sqrt{x-1}$ 的复合过程是 _____.

4. 函数 $y = 3 + \cos x$ 的连续区间是 _____.

5. $y = \dfrac{1}{x+2}$ 的不连续点是 _____.

三、解答题（每题 6 分,共 30 分）

1. 求 $\lim\limits_{x \to \infty} \dfrac{(3-x)^2 (2+3x)}{(4+x)^3}$.

2. 求 $\lim\limits_{x \to 0} \dfrac{\sin 5x}{\tan 6x}$.

3. 求 $\lim\limits_{x \to \infty} \left(\dfrac{1+x}{x} \right)^{2x}$.

4. 求 $\lim\limits_{x \to 1} \dfrac{x^2 - 1}{x^3 - 1}$.

5. 求 $\lim\limits_{x \to 4} \dfrac{\sqrt{2x+1} - 3}{\sqrt{x} - 2}$.

四、综合题（每题 10 分，共 20 分）

1. 判断函数 $y = \begin{cases} 2+x & \text{当} -2 < x < -1 \\ 1 & \text{当} -1 \leqslant x < 1 \\ 2+x & \text{当} 1 \leqslant x < 2 \end{cases}$ 在 $x = -1$ 与 $x = 1$ 是第几类间断点.

2. 判断函数 $y = \begin{cases} e^x & \text{当} \ x < 2 \\ \dfrac{1}{(1-x)^2} & \text{当} \ x \geqslant 2 \end{cases}$ 在 $x = 2$ 是第几类间断点.

第 2 章　导数与微分

导数与微分都是微分学的重要组成部分,也是微分学的基本概念.微分学在科学技术及社会生产实践过程中有着广泛的应用,尤其对研究函数的性质有着广泛应用.本章将主要介绍导数与微分这两个概念.

2.1　导数的概念

2.1.1　导数概念的引例

引例 1　变速直线运动的速度.

在物理学中,当物体做匀速直线运动时,它在任何时刻的速度为

$$\text{速度} = \frac{\text{路程}}{\text{时间}}, \quad \text{即} \quad v = \frac{s}{t}.$$

但在实际问题中,运动常常是非匀速的.下面我们来求非匀速运动时的瞬时速度.

设一做直线运动的物体的运动规律为 $s = s(t)$,物体从 t_0 到 $t_0 + \Delta t$ 时间段经过的路程为 Δs,即 $\Delta s = s(t_0 + \Delta t) - s(t_0)$,于是在 t_0 到 $t_0 + \Delta t$ 时间间隔内物体的平均速度为

$$\bar{v} = \frac{\Delta s}{\Delta t} = \frac{s(t_0 + \Delta t) - s(t_0)}{\Delta t}.$$

当时间 t 的增量 $|\Delta t|$ 越小时,这个平均速度就越接近这个物体在 t_0 时刻的瞬时速度.在上式中令 $\Delta t \to 0$,就可得到物体在 t_0 时刻的瞬时速度

$$v(t_0) = \lim_{\Delta t \to 0} \bar{v} = \lim_{\Delta t \to 0} \frac{\Delta s}{\Delta t} = \lim_{\Delta t \to 0} \frac{s(t_0 + \Delta t) - s(t_0)}{\Delta t}.$$

引例 2　平面曲线的切线斜率问题.

设在 xOy 坐标平面上有一条曲线 $C: y = f(x)$,$M(x_0, f(x_0))$ 为该曲线上一点(见图 2-1-1),在曲线上取动点 N,作曲线 C 的割线 MN,当动点 N 沿着曲线 C 趋向于点

M 时,割线 MN 的极限是一条直线 MT,这条直线 MT 就定义为曲线 C 在点 M 的切线.

　　既然曲线的切线是由取极限得到的,那么切线 MT 的斜率 k 也是通过取极限得出的.

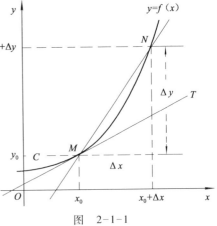

　　设自变量 x 在点 x_0 有增量 Δx,相应的函数 $y = f(x)$ 有增量

$$\Delta y = f(x_0 + \Delta x) - f(x_0),$$

在曲线 C 上得到一个动点 $N(x_0 + \Delta x, f(x_0 + \Delta x))$. 于是得到曲线 C 的割线 MN 的斜率为

$$\bar{k} = \frac{\Delta y}{\Delta x} = \frac{f(x_0 + \Delta x) - f(x_0)}{\Delta x}.$$

　　当自变量 x 的增量 Δx 变小时,点 N 沿着曲线 C 向点 M 靠近,割线 MN 也向所求的切线 MT 靠近,于是割线 MN 的斜率 $\bar{k}$ 向所求的切线 MT 的斜率 k 靠近. 于是,令 $\Delta x \to 0$,就可得到切线 MT 的斜率,为

$$k = \lim_{\Delta x \to 0} \bar{k} = \lim_{\Delta x \to 0} \frac{\Delta y}{\Delta x} = \lim_{\Delta x \to 0} \frac{f(x_0 + \Delta x) - f(x_0)}{\Delta x}.$$

　　以上两个问题,虽然它们所代表的具体内容不同,但它们有共同的特点:都是计算当自变量的增量趋于零时,函数的增量与自变量增量之比的极限值.

　　在自然科学与工程技术中,还有许多非均匀变化的问题,也都可以归结为这种形式的极限. 因此,抛开这些问题不同的实际意义,只考虑它们的共同特性,就可以得出函数的导数定义.

2.1.2　导数的定义

　　定义　设函数 $y = f(x)$ 在点 x_0 的某一邻域内有定义,当自变量 x 在点 x_0 处取得增量 Δx 时,相应的函数 y 取得增量 $\Delta y = f(x_0 + \Delta x) - f(x_0)$,如果极限

$$\lim_{\Delta x \to 0} \frac{\Delta y}{\Delta x} = \lim_{\Delta x \to 0} \frac{f(x_0 + \Delta x) - f(x_0)}{\Delta x} \tag{2-1-1}$$

存在,则称函数 $y = f(x)$ 在点 x_0 处**可导**,并称这个极限为函数 $y = f(x)$ 在点 x_0 处的**导数**,记为

$$y'\big|_{x=x_0}, \quad \text{或} f'(x_0), \qquad \frac{\mathrm{d}y}{\mathrm{d}x}\bigg|_{x=x_0}, \qquad \frac{\mathrm{d}f(x)}{\mathrm{d}x}\bigg|_{x=x_0},$$

即

$$f'(x_0) = \lim_{\Delta x \to 0} \frac{f(x_0 + \Delta x) - f(x_0)}{\Delta x}. \tag{2-1-2}$$

如果式(2-1-1)的极限不存在,则称函数 $y = f(x)$ 在点 x_0 处**不可导**.

如果函数 $y = f(x)$ 在某一个开区间 (a,b) 内每一点处都可导,就称函数 $y = f(x)$ 在区间 (a,b) 内可导. 这时,对于区间 (a,b) 内每一个确定的 x 的值,都对应着 $f(x)$ 的一个确定的导数值 $f'(x)$,这样就构成了 x 的一个新的函数,称为函数 $y = f(x)$ 的**导函数**,记作 y',$f'(x)$,$\dfrac{\mathrm{d}y}{\mathrm{d}x}$ 或 $\dfrac{\mathrm{d}}{\mathrm{d}x}f(x)$. 计算导数的公式为

$$\frac{\mathrm{d}y}{\mathrm{d}x} = y' = f'(x) = \lim_{\Delta x \to 0} \frac{f(x + \Delta x) - f(x)}{\Delta x}. \tag{2-1-3}$$

在不致发生混淆的地方,导函数也简称为**导数**.

2.1.3 求导数举例

利用导数的定义及式(2-1-3)求函数 $y = f(x)$ 的导数,可分为三个步骤:

(1)求增量:$\Delta y = f(x + \Delta x) - f(x)$;

(2)算比值:$\dfrac{\Delta y}{\Delta x} = \dfrac{f(x + \Delta x) - f(x)}{\Delta x}$;

(3)取极限:$y' = \lim\limits_{\Delta x \to 0} \dfrac{\Delta y}{\Delta x}$.

例 1 设 C 为常数,求 C'.

解 (1)求增量:$\Delta y = f(x + \Delta x) - f(x) = C - C = 0$;

(2)算比值:$\dfrac{\Delta y}{\Delta x} = 0$;

(3)取极限:$y' = \lim\limits_{\Delta x \to 0} \dfrac{\Delta y}{\Delta x} = 0$,即

$$C' = 0.$$

例 2 求 $y = x^2$ 的导数.

解 (1)求增量:$\Delta y = f(x + \Delta x) - f(x) = (x + \Delta x)^2 - x^2$
$$= 2x\Delta x + (\Delta x)^2;$$

(2)算比值:$\dfrac{\Delta y}{\Delta x} = 2x + \Delta x$;

(3)取极限:$y' = \lim\limits_{\Delta x \to 0} \dfrac{\Delta y}{\Delta x} = \lim\limits_{\Delta x \to 0}(2x + \Delta x) = 2x$,即

$$(x^2)' = 2x.$$

一般地,对任意常数 α 有

$$(x^\alpha)' = \alpha x^{\alpha - 1}.$$

例 3 求函数 $y = \sin x$ 的导数.

解 $(\sin x)' = \lim\limits_{\Delta x \to 0} \dfrac{\sin(x + \Delta x) - \sin x}{\Delta x}$

$$= \lim_{\Delta x \to 0} \frac{1}{\Delta x} \cdot 2\cos\left(x + \frac{\Delta x}{2}\right)\sin\frac{\Delta x}{2} = \lim_{\Delta x \to 0}\cos\left(x + \frac{\Delta x}{2}\right)\frac{\sin\frac{\Delta x}{2}}{\frac{\Delta x}{2}} = \cos x,$$

即
$$(\sin x)' = \cos x.$$

同样可得
$$(\cos x)' = -\sin x.$$

例 4 求函数 $y = \log_a x$ 的导数.

解 设函数 $y = \log_a x (a > 0, a \neq 1)$,则

$$y' = \lim_{\Delta x \to 0}\frac{f(x + \Delta x) - f(x)}{\Delta x} = \lim_{\Delta x \to 0}\frac{\log_a(x + \Delta x) - \log_a x}{\Delta x}$$

$$= \lim_{\Delta x \to 0}\frac{1}{\Delta x}\log_a\left(1 + \frac{\Delta x}{x}\right) = \lim_{\Delta x \to 0}\frac{1}{x}\log_a\left(1 + \frac{\Delta x}{x}\right)^{\frac{x}{\Delta x}} = \frac{1}{x}\log_a e = \frac{1}{x\ln a},$$

即
$$(\log_a x)' = \frac{1}{x\ln a}.$$

特别地,当 $a = e$ 时,可得到自然对数的导数

$$(\ln x)' = \frac{1}{x}.$$

2.1.4 导数的几何意义及其应用

由 2.1.1 节的引例 2 和导数的定义可知,曲线 $y = f(x)$ 在点 $M(x_0, f(x_0))$ 处的切线的斜率为

$$k = \lim_{\Delta x \to 0}\frac{\Delta y}{\Delta x} = \lim_{\Delta x \to 0}\frac{f(x_0 + \Delta x) - f(x_0)}{\Delta x} = f'(x_0).$$

所以,函数 $y = f(x)$ 在点 $x = x_0$ 处的导数 $f'(x_0)$,就是曲线 $y = f(x)$ 在点 $M(x_0, y_0)$ 处的切线的斜率,这就是导数的**几何意义**.

于是,曲线 $y = f(x)$ 在点 $M(x_0, y_0)$ 处的**切线方程**为

$$y - y_0 = f'(x_0)(x - x_0),$$

法线方程为

$$y - y_0 = -\frac{1}{f'(x_0)}(x - x_0), \quad f'(x_0) \neq 0.$$

若 $f'(x_0) = 0$,则切线方程为 $y = y_0$,法线方程为 $x = x_0$.

例 5 求曲线 $y = \ln x$ 在点 $(e, 1)$ 处的切线方程和法线方程.

解 $y' = (\ln x)' = \frac{1}{x}$. 曲线在点 $(e, 1)$ 处切线的斜率为

$$k = y'\big|_{x=e} = \frac{1}{x}\bigg|_{x=e} = \frac{1}{e}.$$

所求切线方程为

$$y - 1 = \frac{1}{e}(x - e),$$

即
$$x - ey = 0.$$

法线方程的斜率为 $k' = -\dfrac{1}{k} = -e$，所求法线方程为

$$y - 1 = -e(x - e),$$

即
$$ex + y - e^2 - 1 = 0.$$

2.1.5　函数的可导与连续的关系

先看一例题.

例 6　证明函数

$$y = |x| = \begin{cases} x & \text{当 } x \geqslant 0 \\ -x & \text{当 } x < 0 \end{cases}$$

在点 $x = 0$ 连续，但不可导.

证　因为在点 $x = 0$ 处

$$\lim_{x \to 0^-} f(x) = \lim_{x \to 0^+} f(x) = 0 = f(0),$$

所以 $f(x)$ 在 $x = 0$ 连续. 而

$$\lim_{\Delta x \to 0} \frac{\Delta y}{\Delta x} = \lim_{\Delta x \to 0} \frac{f(0 + \Delta x) - f(0)}{\Delta x} = \lim_{\Delta x \to 0} \frac{|\Delta x|}{\Delta x},$$

当 $\Delta x > 0$ 时，
$$\lim_{\Delta x \to 0^+} \frac{|\Delta x|}{\Delta x} = \lim_{\Delta x \to 0^+} \frac{\Delta x}{\Delta x} = 1,$$

当 $\Delta x < 0$ 时，
$$\lim_{\Delta x \to 0^-} \frac{|\Delta x|}{\Delta x} = \lim_{\Delta x \to 0^-} \frac{-\Delta x}{\Delta x} = -1,$$

所以 $\lim\limits_{\Delta x \to 0} \dfrac{\Delta y}{\Delta x}$ 不存在，即 $f(x)$ 在 $x = 0$ 不可导.

以上表示曲线 $y = |x|$ 在原点没有切线（见图 2-1-2）.

直观地说，函数"连续"就是相应的曲线连绵不断，而函数"可导"则是相应的曲线"光滑"，光滑的曲线必然连绵不断，而连绵不断却不一定光滑.

由例 6 可知，如果函数在某点连续，在该点不一定可导. 但是，如果函数在某点可导，在该点一定连续.

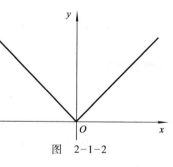

图　2-1-2

定理　如果函数 $y = f(x)$ 在点 x_0 处可导，则 $f(x)$ 在点 x_0 连续，其逆不真.

证　因为 $\lim\limits_{\Delta x \to 0} \dfrac{\Delta y}{\Delta x}$ 存在，其中 $\Delta y = f(x_0 + \Delta x) - f(x_0)$，所以

$$\lim_{\Delta x \to 0} \Delta y = \lim_{\Delta x \to 0} \left(\frac{\Delta y}{\Delta x} \cdot \Delta x \right) = \lim_{\Delta x \to 0} \frac{\Delta y}{\Delta x} \cdot \lim_{\Delta x \to 0} \Delta x = 0,$$

即函数 $f(x)$ 在点 x_0 处连续.

由例 6 知,定理的逆不真.

小资料　　　　　**处处连续函数可以处处不可导**

连续与可导之间到底是什么关系,在一段时期内人们很不清楚甚至认为是一回事.慢慢地,人们发现连续函数在个别点导数可以不存在(如例 6),到后来数学家们一直猜测:连续函数在其定义区间中,至多除去可列个点外都是可导的.也就是说,连续函数的不可导点至多是可列集.在当时,由于函数的表示手段有限,而仅仅从初等函数或从分段初等函数表示的角度出发去考虑,这个猜想是正确的,但不能提供有效的证明.直到 1872 年德国数学家维尔斯特拉斯(Weierstrass)利用函数项级数第一个构造出了一个处处连续而处处不可导的函数的例子:

$$f(x) = \sum_{n=0}^{\infty} a^n \cos(b^n \pi x),$$

其中,$0 < a < 1$,b 是奇整数,且 $ab > 1 + \dfrac{3\pi}{2}(1-a)$. 这个问题才得到彻底解决,即可导必连续,连续不一定可导,甚至可能处处连续而处处不可导.

知识点归纳

(1)导数概念是从实际问题中抽象出来的.这个抽象过程可以使我们学到很多东西.比如从平均速度到瞬时速度,是一个从量变到质变的过程,它是通过极限来完成的,也只有极限才能完成,否则即使时间区间再小,也是平均速度.

(2)导数是一种特殊形式的极限,即函数的改变量与自变量的改变量之比,当自变量的改变量趋于零时的极限.

(3)导数的几何意义.所谓几何意义,简单地说就是把概念直观化,从图像上来观察一下.函数 $y = f(x)$ 在点 x_0 的导数的几何意义,就是曲线 $y = f(x)$ 在点 (x_0, y_0) 处的切线的斜率.如果连续函数 $y = f(x)$ 在点 x_0 的导数为无穷大,则曲线 $y = f(x)$ 在点 (x_0, y_0) 处有垂直于 x 轴的切线.

(4)可导与连续的关系.直观地看,连续是曲线连绵不断,可导则不但要求连绵不断,还要求曲线光滑.所以在某点可导则必连续,反之不然,即连续不一定可导.但如果不连续则必不可导.

习 题 2.1

1. 求函数 $y = \cos x$ 的导数.

2. 在抛物线 $y = x^2$ 上依次取点 $M_1(1,1)$、$M_2(3,9)$, 过这两点作一割线, 问抛物线上哪一点的切线平行于割线.

3. 求 $y = \sin x$ 在点 $x = \dfrac{\pi}{4}$ 处的切线方程和法线方程.

4. 用导数定义求 $y = x|x|$ 在 $x = 0$ 处的导数.

2.2 导数的四则运算与反函数的求导法则

按定义求函数的导数, 一般来说都是比较复杂的. 在本节和下一节我们将介绍一些求导法则, 用以求函数的导数.

2.2.1 导数的四则运算法则

定理 1　设函数 $u = u(x)$, $v = v(x)$ 在点 x 处都可导, 则它们的和、差、积、商 (当分母不为零时) 在点 x 处也可导, 且有以下法则:

(1) $(cu)' = cu'$, 　(其中 c 为常数);

(2) $(u \pm v)' = u' \pm v'$;

(3) $(uv)' = u'v + uv'$;

(4) $\left(\dfrac{u}{v}\right)' = \dfrac{u'v - uv'}{v^2}$, 　$v \neq 0$.

法则 (2), (3) 可以推广到有限个函数的和或积的情形, 如

$$(u_1 + u_2 + \cdots + u_n)' = u_1' + u_2' + \cdots + u_n'.$$

$$(u \cdot v \cdot w)' = u'vw + uv'w + uvw'.$$

例 1　设 $y = 3x^2 + 7 - \log_2 x$, 求 y'.

解　$y' = (3x^2 + 7 - \log_2 x)'$

$\qquad = (3x^2)' + (7)' - (\log_2 x)'$

$\qquad = 6x + 0 - \dfrac{1}{x \ln 2}$

$\qquad = 6x - \dfrac{1}{x \ln 2}$.

例 2　设 $y = (x + 2)(x + \sin x)$, 求 y'.

解　$y' = (x + 2)'(x + \sin x) + (x + 2)(x + \sin x)'$

$$= (x + \sin x) + (x + 2)(1 + \cos x)$$

$$= x + \sin x + x + x\cos x + 2 + 2\cos x$$

$$= 2x + x\cos x + \sin x + 2\cos x + 2.$$

例 3　设 $y = \dfrac{1 - x^2}{1 + x^2}$，求 y'.

解　$y' = \dfrac{(1 - x^2)'(1 + x^2) - (1 - x^2)(1 + x^2)'}{(1 + x^2)^2}$

$$= \dfrac{-2x(1 + x^2) - (1 - x^2) \cdot 2x}{(1 + x^2)^2}$$

$$= \dfrac{-4x}{(1 + x^2)^2}.$$

例 4　设 $y = \tan x$，求 y'.

解　$y' = (\tan x)' = \left(\dfrac{\sin x}{\cos x} \right)'$

$$= \dfrac{(\sin x)'\cos x - \sin x(\cos x)'}{\cos^2 x}$$

$$= \dfrac{\cos^2 x + \sin^2 x}{\cos^2 x}$$

$$= \dfrac{1}{\cos^2 x} = \sec^2 x,$$

即
$$(\tan x)' = \sec^2 x.$$

同理
$$(\cot x)' = -\csc^2 x.$$

例 5　设 $y = \csc x$，求 y'.

解　$y' = (\csc x)' = \left(\dfrac{1}{\sin x} \right)' = \dfrac{0 - (\sin x)'}{\sin^2 x} = -\dfrac{\cos x}{\sin^2 x} = -\cot x \csc x.$

2.2.2　反函数的求导法则

定理 2　设函数 $y = f(x)$ 在点 x 处有不为零的导数，则其反函数 $x = f^{-1}(y)$ 在相应点处的导数 $[f^{-1}(y)]'$ 也存在，并且有

$$[f^{-1}(y)]' = \dfrac{1}{f'(x)}, \quad 或 \quad f'(x) = \dfrac{1}{[f^{-1}(y)]'}.$$

此定理的结论也可写成

$$y'_x = \dfrac{1}{x'_y}, \quad 或 \quad \dfrac{\mathrm{d}y}{\mathrm{d}x} = \dfrac{1}{\dfrac{\mathrm{d}x}{\mathrm{d}y}}.$$

证   因为当 $\Delta x \to 0$ 时,有 $\Delta y \to 0$,又有

$$\frac{\Delta y}{\Delta x} = \frac{1}{\dfrac{\Delta x}{\Delta y}},$$

所以,在上式中令 $\Delta x \to 0$ 即得结论.

利用反函数的导数公式,可以求出反三角函数及指数函数的导数.

例 6   当 $-1 < x < 1$ 时,计算 $y = \arcsin x$ 的导数.

解   因为 $y = \arcsin x$ $(-1 < x < 1)$ 的反函数是

$$x = \sin y \quad \left(-\frac{\pi}{2} < y < \frac{\pi}{2} \right).$$

所以根据反函数求导公式得

$$y'_x = \frac{1}{x'_y} = \frac{1}{(\sin y)'_y} = \frac{1}{\cos y} = \frac{1}{\sqrt{1 - \sin^2 y}} = \frac{1}{\sqrt{1 - x^2}},$$

即

$$(\arcsin x)' = \frac{1}{\sqrt{1 - x^2}}, \quad -1 < x < 1.$$

同样可求出其他反三角函数的导数公式

$$(\arccos x)' = -\frac{1}{\sqrt{1 - x^2}},$$

$$(\arctan x)' = \frac{1}{1 + x^2},$$

$$(\text{arccot } x)' = -\frac{1}{1 + x^2}.$$

在 2.1.3 节的例 2 中,我们证明了 $(x^2)' = 2x$. 在 2.3.2 节的导数的基本公式中,我们有更一般的幂函数求导公式:对任意的实数 α 有

$$(x^\alpha)' = \alpha x^{\alpha - 1}.$$

知识点归纳

(1)常数函数与基本初等函数的导数公式必须熟记.

(2)函数的和、差、积、商的求导法则,注意两点:

① 弄清积、商两个法则的含义,不可出现诸如 $(uv)' = u'v'$,$\left(\dfrac{u}{v} \right)' = \dfrac{u'}{v'}$ 的错误.

② 对于以商的形式出现的求导问题,要先分析所给函数的特点,如果能够化成便于求导的形式,就要先作恒等变形.如 $y = \dfrac{x^3 + x^2 + x + 1}{x}$,$y = \dfrac{1}{x - \sqrt{x^2 - 1}}$ 等.

习 题 2.2

一、填空题

1. 若 $y = 3x^2 + 2x + 5$，则 $y' = $ _____．

2. 若 $y = -2x^2\sqrt{x} + 3\sqrt[3]{x^2} - \dfrac{1}{x^2}$，则 $y' = $ _____．

3. 若 $S = \dfrac{\sqrt{t}+1}{\sqrt{t}-1}$，则 $S' = $ _____．

4. 若 $y = (3 + x^3)\sin x$，则 $y' = $ _____．

5. 若 $y = (x+1)\ln x$，则 $y' = $ _____．

二、求下列各函数的导数

1. $y = x^3 + \log_3 x + \ln x$．

2. $y = \dfrac{\arcsin x}{x}$．

3. $y = (x - \cot x)\cos x$．

4. $u = v^2 \arctan v - \text{arccot } v - v$．

三、解答题

求曲线 $y = (x^2 - 1)(x + 1)$ 在 $x = 0$ 的切线方程和法线方程．

2.3 复合函数和初等函数的导数

2.3.1 复合函数的求导法则

定理 设 $u = \varphi(x)$ 在 x 处可导，而函数 $y = f(u)$ 在对应的 $u = \varphi(x)$ 处可导，则 $y = f(\varphi(x))$ 在 x 处可导，且有

$$\frac{\mathrm{d}y}{\mathrm{d}x} = \frac{\mathrm{d}y}{\mathrm{d}u} \cdot \frac{\mathrm{d}u}{\mathrm{d}x}, \quad \text{或} \quad y'_x = y'_u \cdot u'_x, \quad y'_x = f'(u)u'(x).$$

证 给自变量 x 以增量 Δx，相应的函数 u 和 y 也有增量 Δu 和 Δy，下面仅在 $\Delta u \neq 0$ 的情况下给出证明．我们有

$$\frac{\Delta y}{\Delta x} = \frac{\Delta y}{\Delta u} \cdot \frac{\Delta u}{\Delta x}.$$

因为 $u = \varphi(x)$ 可导，所以当 $\Delta x \to 0$ 时，有 $\Delta u \to 0$．于是，在上式中令 $\Delta x \to 0$，得

$$\frac{\mathrm{d}y}{\mathrm{d}x} = \frac{\mathrm{d}y}{\mathrm{d}u} \cdot \frac{\mathrm{d}u}{\mathrm{d}x}.$$

复合函数的导数，等于函数对中间变量的导数乘以中间变量对自变量的导数．

例 1　设 $y = \sin 2x$，求 $\dfrac{\mathrm{d}y}{\mathrm{d}x}$.

解　$y = \sin 2x$ 是由 $y = \sin u$ 和 $u = 2x$ 复合而成的，从而有

$$\frac{\mathrm{d}y}{\mathrm{d}x} = \frac{\mathrm{d}y}{\mathrm{d}u} \cdot \frac{\mathrm{d}u}{\mathrm{d}x} = (\sin u)'_u \cdot (2x)'_x = (\cos u) \cdot 2 = 2\cos 2x.$$

例 2　设 $y = \ln(1 + x^2)$，求 y'.

解　$y = \ln(1 + x^2)$ 是由 $y = \ln u$ 和 $u = 1 + x^2$ 复合而成的，从而有

$$y' = y'_u \cdot u'_x = (\ln u)'_u \cdot (1 + x^2)'_x = \frac{1}{u} \cdot 2x = \frac{2x}{1 + x^2}.$$

对复合函数的求导法则熟练后，不必写出中间变量，而直接"由外往里，逐层求导"即可. 复合函数的求导法则可以推广到多个中间变量的情形. 例如，设由 $y = f(u)$，$u = \varphi(v)$，$v = \psi(x)$ 复合而成的函数 $y = f(\varphi(\psi(x)))$，有

$$\frac{\mathrm{d}y}{\mathrm{d}x} = \frac{\mathrm{d}y}{\mathrm{d}u} \cdot \frac{\mathrm{d}u}{\mathrm{d}v} \cdot \frac{\mathrm{d}v}{\mathrm{d}x}.$$

例 3　求下列函数的导数：

$(1)\, y = \mathrm{e}^{-x}$;　　　　　　　　　　$(2)\, y = \cos^2 x$;

$(3)\, y = \sin \sqrt{x^2 + 2}$;　　　　　　　$(4)\, y = \mathrm{e}^{\arctan x}$.

解　$(1)\, y' = (\mathrm{e}^{-x})' = \mathrm{e}^{-x}(-x)' = -\mathrm{e}^{-x}$;

$(2)\, y' = (\cos^2 x)' = 2\cos x(\cos x)' = -2\cos x \sin x = -\sin 2x$;

$(3)\, y' = \cos \sqrt{x^2 + 2} \cdot \left(\sqrt{x^2 + 2}\right)' = \cos \sqrt{x^2 + 2} \cdot \frac{1}{2\sqrt{x^2 + 2}}(x^2 + 2)'$

$$= \cos \sqrt{x^2 + 2} \cdot \frac{2x}{2\sqrt{x^2 + 2}} = \frac{x}{\sqrt{x^2 + 2}} \cos \sqrt{x^2 + 2};$$

$(4)\, y' = (\mathrm{e}^{\arctan x})' = \mathrm{e}^{\arctan x}(\arctan x)' = \frac{\mathrm{e}^{\arctan x}}{1 + x^2}.$

2.3.2　初等函数的求导问题

通过以上几节的讨论，我们已经介绍了常数和五种基本初等函数的导数公式，并且介绍了函数的和、差、积、商的求导法则、复合函数的求导法则及反函数的求导法则. 初等函数的求导问题已基本解决. 为了便于查阅，我们把基本的求导公式和求导法则归纳如下：

1. 基本初等函数的导数公式

$(1)\, (C)' = 0$;　　　　　　　　$(2)\, (x^\alpha)' = \alpha x^{\alpha - 1}$;

（3）$(a^x)' = a^x \ln a$；　　　　　　（4）$(e^x)' = e^x$；

（5）$(\log_a x)' = \dfrac{1}{x \ln a}$；　　　　（6）$(\ln x)' = \dfrac{1}{x}$；

（7）$(\sin x)' = \cos x$；　　　　　（8）$(\cos x)' = -\sin x$；

（9）$(\tan x)' = \dfrac{1}{\cos^2 x} = \sec^2 x$；　　（10）$(\cot x)' = -\dfrac{1}{\sin^2 x} = -\csc^2 x$；

（11）$(\sec x)' = \sec x \tan x$；　　　（12）$(\csc x)' = -\csc x \cot x$；

（13）$(\arcsin x)' = \dfrac{1}{\sqrt{1-x^2}}$；　　（14）$(\arccos x)' = -\dfrac{1}{\sqrt{1-x^2}}$；

（15）$(\arctan x)' = \dfrac{1}{1+x^2}$；　　（16）$(\operatorname{arccot} x)' = -\dfrac{1}{1+x^2}$.

基本初等函数的导数公式十分重要，读者务必熟记全部公式，同时记住以下公式：

$$\left(\frac{1}{x}\right)' = -\frac{1}{x^2}, \qquad\qquad (\sqrt{x})' = \frac{1}{2\sqrt{x}}.$$

2. 求导法则

（1）$(u \pm v)' = u' \pm v'$；

（2）$(uv)' = u'v + uv'$；

（3）$\left(\dfrac{u}{v}\right)' = \dfrac{u'v - uv'}{v^2}$；

（4）反函数求导法则：$y'_x = \dfrac{1}{x'_y}$；

（5）复合函数求导法则：$y'_x = y'_u \cdot u'_x \quad (y \to u \to x)$.

例 4　求下列函数的导数：

（1）$y = x^3 \sin 2x$；　　　（2）$y = \arctan \sqrt{x}$；　　　（3）$y = \ln \sqrt{\dfrac{1+x}{1-x}}$.

解　（1）$y' = (x^3)' \sin 2x + x^3 (\sin 2x)' = 3x^2 \sin 2x + 2x^3 \cos 2x$.

（2）$y' = \dfrac{1}{1 + (\sqrt{x})^2} (\sqrt{x})' = \dfrac{1}{2(1+x)\sqrt{x}}$.

（3）因为

$$y = \ln \sqrt{\frac{1+x}{1-x}} = \frac{1}{2}[\ln(1+x) - \ln(1-x)],$$

所以

$$y' = \frac{1}{2}\left(\frac{1}{1+x} + \frac{1}{1-x}\right) = \frac{1}{1-x^2}.$$

知识点归纳

(1)复合函数的导数.

复合函数求导是本章的一个难点,也是一个重点,必须给予足够的重视.

(2)复合函数求导,注意以下两点:

① 要分清所给函数是不是复合函数,如是,则要对此复合函数先进行正确的分解.

② 分解时遵循"由外往里、逐层求导"的原则.

(3)初等函数的导数.

把复合函数的求导问题弄清楚之后,初等函数求导问题就迎刃而解了.

习 题 2.3

一、选择题

1. 设 $f(x) = \cos x^3$,则 $f'(x) = ($).

(A)$3x^2 \sin x^3$ (B)$-3\sin x^3$ (C)$x^2 \sin x^3$ (D)$-3x^2 \sin x^3$

2. 设 $f(x) = 5\sec^7 x$,则 $f'(x) = ($).

(A)$5\sec^5 x \tan^3 x$ (B)$35\sec^5 x \tan^3 x$

(C)$35\sec^7 x \tan x$ (D)$7\sec^7 x \tan x$

3. 若 $f(x) = 2^{\frac{x}{\ln x}}$,则 $f'(e) = ($).

(A)0 (B)2^e (C)$2^e \ln 2$ (D)$2 \cdot \ln 2 \cdot 2^e$

二、填空题

1. 设 $y = (x^2 + 2x + 3)^3$,则 $y' = $ _____.

2. $(x^3 \cos x)' = $ _____.

3. $\left(\dfrac{2\ln x}{x^2 + 1}\right)' = $ _____.

4. 设 $y = \arctan x$,则 $y' = $ _____.

三、解答题

1. 求下列函数的导数:

(1)$y = (3x^3 + 2x - 5)^3$;

(2)$y = \cos\left(\dfrac{\pi}{4} + 2x\right)$;

(3)$y = \sqrt[3]{1 + \cos x}$

(4)$y = \ln(3x - 1)$;

(5)$y = e^{\frac{(x-1)^2}{2}}$;

(6)$y = \arcsin \dfrac{1 - x^2}{1 + x^2}$ $(x > 0)$;

（7）$y = \arctan \sqrt{x^2 - 1} - \dfrac{\ln x}{\sqrt{x^2 - 1}}$；　　　　　（8）$y = \ln\sec 3x$；

（9）$y = \dfrac{x \ln x}{1 + x} - \ln(1 + x)$；　　　　　（10）$y = \ln\arctan \dfrac{1}{1 + x}$.

2. 求曲线 $y = e^{2x} + x^2$ 在 $x = 0$ 的切线方程与法线方程.

2.4　隐函数和参数方程的导数

2.4.1　隐函数的求导方法

1. 隐函数求导法

由一个方程 $F(x,y) = 0$ 来确定 x 与 y 之间的函数关系,这样的函数称为由方程确定的**隐函数**. 例如,方程 $x + y^3 - 1 = 0, e^y + xy - e = 0$ 都能确定隐函数 $y = f(x)$.

在 $F(x,y) = 0$ 中,把 y 看作 x 的函数(即 $y = f(x)$),把以 x 为自变量的函数 $y(x)$ 看作以 y 为中间变量的 x 的复合函数,方程 $F(x, y(x)) = 0$ 两端同时对 x 求导(求导后两边仍相等),然后把 y' 解出来. 这种方法称**隐函数求导法**.

例 1　求由方程 $2x^2 + 7y^2 + 3xy = 0$ 所确定的隐函数 $y(x)$ 的导数 $\dfrac{dy}{dx}$.

解　方程两端同时对 x 求导,得

$$4x + 14yy' + 3(y + xy') = 0,$$

即
$$(14y + 3x)y' = -4x - 3y.$$

解出 y',得 $y' = -\dfrac{4x + 3y}{14y + 3x}$.

例 2　设 $e^y + xy - e = 0$,求 $\dfrac{dy}{dx}\Big|_{x=0}$.

解　将方程两端同时对 x 求导,得:

$$e^y \cdot y' + (y + xy') = 0,$$

解出 y',得

$$y' = -\frac{y}{x + e^y}.$$

把 $x = 0$ 代入原方程,解得 $y = 1$. 所以

$$\frac{dy}{dx}\Big|_{x=0} = \frac{-y}{x + e^y}\Big|_{x=0} = -\frac{1}{e}.$$

例 3　设方程 $x^2 + y^2 = R^2$ (R 为常数)确定函数 $y = y(x)$,求 y'.

解　在方程两边对 x 求导数

$$2x + 2y \cdot y' = 0,$$

所以 $y' = -\dfrac{x}{y}$(答案中允许出现 y).

例 4 求曲线 $x^2 + y^4 = 17$ 在 $x = 4$ 处对应于曲线上的点的切线方程.

解 方程两边对 x 求导得

$$2x + 4y^3 y' = 0,$$

$$y' = -\frac{x}{2y^3} \quad (x \neq 0).$$

将 $x = 4$ 代入方程,得 $x = \pm 1$. 即对应于 $x = 4$ 有两个纵坐标,说明曲线上有两个点 $P_1(4, 1)$ 和 $P_2(4, -1)$.

在 P_1 处的切线斜率 $y'|_{(4,1)} = -2$;

在 P_2 处的切线斜率 $y'|_{(4,-1)} = 2$.

所以,在点 P_1 处的切线方程为

$$y - 1 = -2(x - 4),$$

即
$$y + 2x - 9 = 0.$$

在点 P_2 处的切线方程为

$$y + 1 = 2(x - 4),$$

即
$$y - 2x + 9 = 0.$$

2. 对数求导法

所谓**对数求导法**,就是先对方程 $y = f(x)$ 两边取对数,然后再用隐函数求导法求出 y'.

例 5 求 $y = \sqrt{\dfrac{(x-1)(x-2)}{(x-3)(x-4)}}$ 的导数.

解 将等式两端取对数,得

$$\ln y = \frac{1}{2}[\ln(x-1) + \ln(x-2) - \ln(x-3) - \ln(x-4)].$$

两边对 x 求导,得

$$\frac{1}{y}y' = \frac{1}{2}\left(\frac{1}{x-1} + \frac{1}{x-2} - \frac{1}{x-3} - \frac{1}{x-4}\right).$$

于是

$$y' = \frac{1}{2}y\left(\frac{1}{x-1} + \frac{1}{x-2} - \frac{1}{x-3} - \frac{1}{x-4}\right)$$

$$= \frac{1}{2}\sqrt{\frac{(x-1)(x-2)}{(x-3)(x-4)}}\left(\frac{1}{x-1} + \frac{1}{x-2} - \frac{1}{x-3} - \frac{1}{x-4}\right).$$

例 6 设 $y = x^{\sin x}\ (x \geqslant 0)$，求 y'.

解 这是幂指函数，等式两端取对数得

$$\ln y = \sin x \ln x,$$

等式两端再对 x 求导，得

$$\frac{1}{y}y' = \cos x \ln x + \frac{\sin x}{x},$$

$$y' = y\left(\cos x \ln x + \frac{\sin x}{x}\right),$$

即

$$y' = x^{\sin x}\left(\cos x \ln x + \frac{\sin x}{x}\right).$$

2.4.2 由参数方程所确定的函数的导数

定理 设有参数方程

$$\begin{cases} x = \varphi(t) \\ y = \psi(t) \end{cases}, \tag{2-4-1}$$

其中 $t \in [\alpha, \beta]$ 为参数. 如果当 $t \in [\alpha, \beta]$ 时，函数 $x = \varphi(t)$ 和 $y = \psi(t)$ 可导，且 $\varphi'(t) \neq 0$（即严格单调），则由参数方程 (2-4-1) 可确定一个函数 $y = f(x)$，且有导数

$$y' = f'(x) = \frac{\psi'(t)}{\varphi'(t)}. \tag{2-4-2}$$

证 给 t 以增量 Δt，则 x 和 y 有相应的增量 Δx 和 Δy，且

$$\frac{\Delta y}{\Delta x} = \frac{\psi(t + \Delta t) - \psi(t)}{\varphi(t + \Delta t) - \varphi(t)} = \frac{\dfrac{\psi(t + \Delta t) - \psi(t)}{\Delta t}}{\dfrac{\varphi(t + \Delta t) - \varphi(t)}{\Delta t}}.$$

在上式中令 $\Delta t \to 0$ 即得

$$y' = f'(x) = \frac{\psi'(t)}{\varphi'(t)}.$$

例 7 求由摆线的参数方程 $\begin{cases} x = a(t - \sin t) \\ y = a(1 - \cos t) \end{cases}$ $(0 \leqslant x \leqslant 2\pi)$ 所确定的函数 $y = y(x)$ 的导数.

解 由参数方程的求导数公式 (2-4-2)，得

$$\frac{\mathrm{d}y}{\mathrm{d}x} = \frac{y_t'}{x_t'} = \frac{a\sin t}{a(1 - \cos t)} = \frac{\sin t}{1 - \cos t}.$$

例 8 已知椭圆的参数方程为 $\begin{cases} x = a\cos t \\ y = b\sin t \end{cases}$. 求这个椭圆在 $t = \dfrac{\pi}{4}$ 时相应的点处的

切线方程.

解　当 $t = \dfrac{\pi}{4}$ 时,椭圆上相应点 M_0 的坐标是 $\left(\dfrac{\sqrt{2}}{2}a, \dfrac{\sqrt{2}}{2}b \right)$,曲线在点 M_0 的切线的斜率为

$$k = \left. \frac{\mathrm{d}y}{\mathrm{d}x} \right|_{t=\frac{\pi}{4}} = \left. \frac{(b\sin t)_t}{(a\cos t)_t} \right|_{t=\frac{\pi}{4}} = \left. \frac{b\cos t}{-a\sin t} \right|_{t=\frac{\pi}{4}} = -\frac{b}{a}.$$

所以,所求椭圆在点 M_0 处的切线方程为

$$y - \frac{\sqrt{2}}{2}b = -\frac{b}{a}\left(x - \frac{\sqrt{2}}{2}a \right),$$

即

$$bx + ay - \sqrt{2}\,ab = 0.$$

知识点归纳

(1)隐函数概念.

由一个方程 $F(x,y) = 0$ 来确定 x 与 y 之间的函数关系,这样的函数称为由方程确定的隐函数.例如,方程 $\mathrm{e}^{xy} = x + y$ 能确定隐函数 $y = f(x)$.

(2)隐函数求导法.

在 $F(x,y) = 0$ 中,把 y 看作 x 的函数(即 $y = f(x)$),把以 x 为自变量的函数 $y(x)$ 看作以 y 为中间变量的 x 的复合函数,方程 $F(x,y(x)) = 0$ 两端同时对 x 求导,然后把 y' 解出来.这种方法称为隐函数求导法.

习　题　2.4

1. 求由下列方程所确定的隐函数 $y = y(x)$ 的导数.

(1) $2x^2 y - xy^2 + y^3 = 0$;　　　　　　　　(2) $(x + y)^2 = 5ax$;

(3) $\mathrm{e}^y = a\cos(x + y)$　(a 为常数);　　　(4) $\dfrac{x}{y} = \ln(xy)$.

2. 求曲线 $x^2 + y^5 - 2xy = 0$ 在点 $(1,1)$ 处的切线方程.

3. 用对数求导法求下列函数的导数:

(1) $y = \dfrac{\sqrt{x+1}\,(3-x)^4}{(x+1)^5}$;　　　　　　(2) $y = \sqrt{x\sin x \sqrt{1 - \mathrm{e}^x}}$.

4. 求下列参数方程所确定的函数 $y = y(x)$ 的导数 y':

(1) $\begin{cases} x = 1 - t^2 \\ y = t - t^3 \end{cases}$;　　　　　　　(2) $\begin{cases} x = a\cos^3 t \\ y = b\sin^3 t \end{cases}$　(a, b 为常数).

2.5　高阶导数

2.5.1　高阶导数的概念

由于函数 $y = f(x)$ 的导数 $y' = f'(x)$ 仍是 x 的函数,如果它还在 x 处可导,则称它的导数为函数 $y = f(x)$ 的**二阶导数**,记作 y'',$f''(x)$ 或 $\dfrac{\mathrm{d}^2 y}{\mathrm{d}x^2}$,即

$$y'' = (y')', \quad f''(x) = (f'(x))', \quad \frac{\mathrm{d}^2 y}{\mathrm{d}x^2} = \frac{\mathrm{d}}{\mathrm{d}x}\left(\frac{\mathrm{d}y}{\mathrm{d}x}\right).$$

类似地,函数 $y = f(x)$ 的二阶导数的导数称为函数 $y = f(x)$ 的**三阶导数**,$y = f(x)$ 的三阶导数的导数称为函数 $y = f(x)$ 的**四阶导数**,……,一般地,函数 $y = f(x)$ 的 $(n-1)$ 阶导数的导数称为函数 $y = f(x)$ 的 n **阶导数**,分别记作

$$y''',\, y^{(4)},\, \cdots,\, y^{(n)}, \quad \text{或} \quad \frac{\mathrm{d}^3 y}{\mathrm{d}x^3},\, \frac{\mathrm{d}^4 y}{\mathrm{d}x^4},\, \cdots,\, \frac{\mathrm{d}^n y}{\mathrm{d}x^n}.$$

二阶及二阶以上的导数统称为**高阶导数**. 求高阶导数,只需对函数 $y = f(x)$ "逐阶求导"即可.

例 1　求下列函数的二阶导数:

$(1)\, y = ax + b\quad (a \neq 0)$;　　　　　　$(2)\, y = x\ln x$.

解　$(1)\, y' = a, \quad y'' = 0$.

$(2)\, y' = (x)'\ln x + x(\ln x)' = \ln x + 1, \quad y'' = \dfrac{1}{x}$.

例 2　已知函数 $y = \ln(x+1)$,求 $y'(0)$,$y''(0)$.

解
$$y = \ln(x+1),$$
$$y' = \frac{1}{x+1},$$
$$y'' = \left(\frac{1}{x+1}\right)' = -\frac{1}{(x+1)^2},$$

所以
$$y'(0) = \frac{1}{0+1} = 1,$$
$$y''(0) = -\frac{1}{(0+1)^2} = -1.$$

例 3　求 $y = \mathrm{e}^x$ 和 $y = a^x\,(a > 0, a \neq 1)$ 的 n 阶导数.

解　$y' = \mathrm{e}^x, \quad y'' = \mathrm{e}^x, \quad \cdots, \quad y^{(n)} = \mathrm{e}^x$.

$$y' = a^x \ln a, \quad y'' = (a^x \ln a) \ln a = a^x \ln^2 a, \quad y''' = a^x \ln^3 a, \quad \cdots, \quad y^{(n)} = a^x \ln^n a.$$

例 4　求函数 $y = \sin x$ 的 n 阶导数.

解
$$y' = \cos x = \sin\left(x + \frac{\pi}{2}\right),$$

$$y'' = \cos\left(x + \frac{\pi}{2}\right) = \sin\left(x + \frac{2\pi}{2}\right),$$

$$y''' = \cos\left(x + \frac{2\pi}{2}\right) = \sin\left(x + \frac{3\pi}{2}\right),$$

……

$$y^{(n)} = \sin\left(x + \frac{n\pi}{2}\right),$$

即
$$(\sin x)^{(n)} = \sin\left(x + \frac{n\pi}{2}\right).$$

类似地,有
$$(\cos x)^{(n)} = \cos\left(x + \frac{n\pi}{2}\right).$$

2.5.2　二阶导数的物理意义

由导数引例 1 知一阶导数的物理意义是:变速直线运动的物体的速度 $v(t)$ 就是位移函数 $s(t)$ 对时间 t 的导数,即
$$v(t) = \frac{\mathrm{d}s}{\mathrm{d}t}, \quad \text{或} \quad v(t) = s'(t).$$

而物体的加速度 $a(t)$ 又是速度 $v(t)$ 对时间 t 的导数,即
$$a(t) = \frac{\mathrm{d}v}{\mathrm{d}t} = \frac{\mathrm{d}^2 s}{\mathrm{d}t^2}, \quad \text{或} \quad a(t) = v'(t) = s''(t).$$

也就是说,变速直线运动的物体的加速度 $a(t)$ 就是位移函数 $s(t)$ 的二阶导数,这就是二阶导数的**物理意义**.

例 5　设竖直上抛物体的运动规律为 $s = v_0 t - \frac{1}{2}gt^2 + s_0$,求这个物体在任意时刻 t 的速度 $v(t)$ 和加速度 $a(t)$.

解　物体在任意时刻 t 的速度是
$$v(t) = s'(t) = v_0 - gt.$$

加速度是
$$a(t) = s''(t) = (s'(t))' = (v_0 - gt)' = -g.$$

> **知识点归纳**
>
> 二阶导数是在一阶导数的基础上,再求一次导数,所以不论概念还是求法都与一阶导数类似.

习 题 2.5

1. 求下列函数的二阶导数:

(1) $y = \dfrac{1}{4}x^5 + 2x^3 - 8x + 5$;

(2) $y = e^{3x} + x^3$;

(3) $y = e^{-x^2}$;

(4) $y = (\arcsin x)^2$;

(5) $y = e^{-2x}\cos x$;

(6) $y = \sin^2 x$;

(7) $y = \ln(1 - x^2)$;

(8) $y = e^{-x}\cos 2x$.

2. 验证函数 $y = \sin x + \cos x$ 满足关系式 $y'' + y = 0$.

3. 已知两质点的运动规律分别为:$s_1 = 2t^3 - 4t^2 + 5t$,$s_2 = 2t^3 - 3t$. 问两质点的运动速度何时相等? 此时两质点的加速度分别为多少?

2.6 微 分

在实践活动中,经常遇到这样一类问题,对于给定的函数 $y = f(x)$,当 x 取得增量 Δx 时,要计算相应的函数增量 Δy,往往由 Δx 表示的 Δy 的关系式比较复杂,我们想找到一个计算 Δy 的近似公式,使得计算既简便结果又具有较好的精确度. 为此,我们引入微分学中另一重要概念——微分.

2.6.1 微分的概念

例 1 如图 2-6-1 所示,一正方形金属薄片的下边和右边固定后受热膨胀,其边长从 x_0 变到 $x_0 + \Delta x$,问此薄片的面积增加了多少?

解 当边长为 x_0 时,其面积为 $A = x_0^2$. 当边长由 x_0 伸长到 $x_0 + \Delta x$ 时,函数 A 相应增量为

$$\Delta A = (x_0 + \Delta x)^2 - x_0^2 = 2x_0\Delta x + (\Delta x)^2.$$

从上式可以看出,ΔA 由两项构成:第一项 $2x_0\Delta x$ 是 Δx 的线性函数,第二项 $(\Delta x)^2$ 当 $\Delta x \to 0$ 时是 Δx 的高阶无穷小. 当 $|\Delta x|$ 很小($|\Delta x| \ll x_0$)时,第二项比第一项小得多. 于是,ΔA 可以近似地表示为

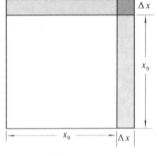

图 2-6-1

$$\Delta A \approx 2x_0 \Delta x.$$

又因为 $A'(x_0) = (x^2)'\big|_{x=x_0} = 2x_0$，所以 $\Delta A \approx 2x_0 \Delta x$ 又可写为

$$\Delta A \approx A'(x_0)\Delta x.$$

由此引入函数微分的概念.

定义 设函数 $y = f(x)$ 在某区间内有定义，点 x_0 及 $x_0 + \Delta x$ 在这个区间内. 如果函数的增量 $\Delta y = f(x_0 + \Delta x) - f(x_0)$ 可以表示为

$$\Delta y = A\Delta x + o(\Delta x), \tag{2-6-1}$$

其中，A 是与 Δx 无关的常数，而 $o(\Delta x)$ 是当 $\Delta x \to 0$ 时比 Δx 高阶的无穷小，则称函数 $y = f(x)$ 在点 x_0 处**可微**，并称 $A\Delta x$ 为函数 $y = f(x)$ 在点 x_0 处的**微分**，记作 $\mathrm{d}y$，即

$$\mathrm{d}y = A\Delta x. \tag{2-6-2}$$

因为函数 $y = x$ 在点 x_0 的增量为 $\Delta y = x_0 + \Delta x - x_0 = \Delta x$，所以 $\mathrm{d}y = \mathrm{d}x = \Delta x$. 于是我们把式（2-6-2）写成

$$\mathrm{d}y = A\mathrm{d}x. \tag{2-6-3}$$

定理 函数 $y = f(x)$ 在点 x_0 处可微 $\Leftrightarrow$ 函数 $y = f(x)$ 在点 x_0 处可导，且 $A = f'(x_0)$，即

$$\mathrm{d}y = f'(x_0)\mathrm{d}x. \tag{2-6-4}$$

在式（2-6-4）的两边除以 $\mathrm{d}x$ 得

$$\frac{\mathrm{d}y}{\mathrm{d}x} = f'(x_0). \tag{2-6-5}$$

所以导数也叫**微商**，这种符号在前面已引进，现在可以知道其真实的含义了.

由式（2-6-4），函数 $y = \sin x, y = \mathrm{e}^x$ 的微分分别为

$$\mathrm{d}(\sin x) = \cos x\mathrm{d}x, \quad \mathrm{d}(\mathrm{e}^x) = \mathrm{e}^x\mathrm{d}x.$$

例 2 求函数 $y = f(x) = x^3$ 在点 $x = 1$ 处的微分.

解 由于

$$f'(x) = 3x^2, \quad f'(1) = 3,$$

所以，由式（2-6-4），$y = x^3$ 在点 $x = 1$ 处的微分为

$$\mathrm{d}y\big|_{x=1} = f'(1)\mathrm{d}x = 3\mathrm{d}x.$$

2.6.2 微分的几何意义

设函数 $y = f(x)$ 的图像如图 2-6-2 所示，曲线 $y = f(x)$ 在点 $M(x_0, f(x_0))$ 处的切线 MT 的倾角为 α，则

$$\tan \alpha = f'(x_0),$$

当自变量 x 在 x_0 有增量 Δx 时，切线 MT 的纵坐标相应有增量

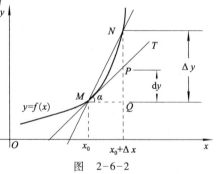

图 2-6-2

$$PQ = \tan \alpha \cdot \Delta x = f'(x_0)\Delta x = \mathrm{d}y.$$

因此,函数 $y = f(x)$ 在点 x_0 的微分就是曲线 $y = f(x)$ 上点 $M(x_0, y_0)$ 处切线 MT 的纵坐标的增量,这就是微分的几何意义.

2.6.3 微分公式与微分法则

由函数微分公式

$$\mathrm{d}y = f'(x)\mathrm{d}x$$

可以看出,要计算函数的微分,只要求出函数的导数,再乘以自变量的微分 $\mathrm{d}x$ 即可. 由此可得如下微分公式和微分法则.

1. 基本初等函数的微分公式

由基本初等函数的导数公式,可以直接得出基本初等函数的微分公式. 为了便于对照,列表 2-6-1 如下.

表 2-6-1

基本初等函数的导数公式	微 分 公 式
$(1)\quad (x^\alpha)' = \alpha x^{\alpha-1}$	$(1)\quad \mathrm{d}(x^\alpha) = \alpha x^{\alpha-1}\mathrm{d}x$
$(2)\quad (\sin x)' = \cos x$	$(2)\quad \mathrm{d}(\sin x) = \cos x\mathrm{d}x$
$(3)\quad (\cos x)' = -\sin x$	$(3)\quad \mathrm{d}(\cos x) = -\sin x\mathrm{d}x$
$(4)\quad (\tan x)' = \sec^2 x$	$(4)\quad \mathrm{d}(\tan x) = \sec^2 x\mathrm{d}x$
$(5)\quad (\cot x)' = -\csc^2 x$	$(5)\quad \mathrm{d}(\cot x) = -\csc^2 x\mathrm{d}x$
$(6)\quad (\sec x)' = \sec x\tan x$	$(6)\quad \mathrm{d}(\sec x) = \sec x\tan x\mathrm{d}x$
$(7)\quad (\csc x)' = -\csc x\cot x$	$(7)\quad \mathrm{d}(\csc x) = -\csc x\cot x\mathrm{d}x$
$(8)\quad (a^x)' = a^x\ln a$	$(8)\quad \mathrm{d}(a^x) = a^x\ln a\mathrm{d}x$
$(9)\quad (\mathrm{e}^x)' = \mathrm{e}^x$	$(9)\quad \mathrm{d}(\mathrm{e}^x) = \mathrm{e}^x\mathrm{d}x$
$(10)\quad (\log_a x)' = \dfrac{1}{x\ln a}$	$(10)\quad \mathrm{d}(\log_a x) = \dfrac{1}{x\ln a}\mathrm{d}x$
$(11)\quad (\ln x)' = \dfrac{1}{x}$	$(11)\quad \mathrm{d}(\ln x) = \dfrac{1}{x}\mathrm{d}x$
$(12)\quad (\arcsin x)' = \dfrac{1}{\sqrt{1-x^2}}$	$(12)\quad \mathrm{d}(\arcsin x) = \dfrac{1}{\sqrt{1-x^2}}\mathrm{d}x$
$(13)\quad (\arccos x)' = -\dfrac{1}{\sqrt{1-x^2}}$	$(13)\quad \mathrm{d}(\arccos x) = -\dfrac{1}{\sqrt{1-x^2}}\mathrm{d}x$
$(14)\quad (\arctan x)' = \dfrac{1}{1+x^2}$	$(14)\quad \mathrm{d}(\arctan x) = \dfrac{1}{1+x^2}\mathrm{d}x$
$(15)\quad (\operatorname{arccot} x)' = -\dfrac{1}{1+x^2}$	$(15)\quad \mathrm{d}(\operatorname{arccot} x) = -\dfrac{1}{1+x^2}\mathrm{d}x$

2. 函数和、差、积、商的微分法则

由函数和、差、积、商的求导法则,可以推出函数和、差、积、商的微分法则. 设有可

微函数 $u = u(x)$，$v = v(x)$，有下面的求导法则和微分法则（见表 2-6-2）.

表 2-6-2

函数和、差、积、商求导法则	函数和、差、积、商微分法则
（1） $(u \pm v)' = u' \pm v'$	（1） $\mathrm{d}(u \pm v) = \mathrm{d}u \pm \mathrm{d}v$
（2） $(Cu)' = Cu'$	（2） $\mathrm{d}(Cu) = C\mathrm{d}u$
（3） $(u \cdot v)' = u'v + uv'$	（3） $\mathrm{d}(u \cdot v) = v\mathrm{d}u + u\mathrm{d}v$
（4） $\left(\dfrac{u}{v}\right)' = \dfrac{u'v - uv'}{v^2}$	（4） $\mathrm{d}\left(\dfrac{u}{v}\right) = \dfrac{v\mathrm{d}u - u\mathrm{d}v}{v^2}$

对上面的微分公式，仅以公式（4）证明如下（其他读者自己证明）：

因为 $\mathrm{d}\left(\dfrac{u}{v}\right) = \left(\dfrac{u}{v}\right)'\mathrm{d}x$，$\left(\dfrac{u}{v}\right)' = \dfrac{u'v - uv'}{v^2}$，并注意到 $u'\mathrm{d}x = \mathrm{d}u$，$v'\mathrm{d}x = \mathrm{d}v$，所以有

$$\mathrm{d}\left(\frac{u}{v}\right) = \frac{u'v - uv'}{v^2}\mathrm{d}x = \frac{u'v\mathrm{d}x - uv'\mathrm{d}x}{v^2} = \frac{v\mathrm{d}u - u\mathrm{d}v}{v^2}.$$

3. 复合函数的微分法则

设两可微函数 $y = f(u)$ 和 $u = \varphi(x)$ 复合成的复合函数是 $y = f(\varphi(x))$. 下面讨论这个复合函数的微分形式.

由复合函数的求导法则

$$\frac{\mathrm{d}y}{\mathrm{d}x} = \frac{\mathrm{d}y}{\mathrm{d}u} \cdot \frac{\mathrm{d}u}{\mathrm{d}x} = f'(u)\varphi'(x),$$

可得复合函数的微分法则

$$\mathrm{d}y = f'(u)\varphi'(x)\mathrm{d}x.$$

又因为 $\varphi'(x)\mathrm{d}x = \mathrm{d}u$，所以复合函数 $y = f(\varphi(x))$ 的微分又可以写成

$$\mathrm{d}y = f'(u)\mathrm{d}u \quad 或 \quad \mathrm{d}y = y_u'\mathrm{d}u.$$

由此可见，无论 u 是自变量还是另一个变量的可微函数，微分的形式 $\mathrm{d}y = f'(u)\mathrm{d}u$ 均保持不变. 这一性质称为**微分形式的不变性**. 利用这一性质，对复合函数求微分时，可以采用"逐层微分"的方法逐层求出.

例 3 设 $y = \sin\sqrt{x}$，求 $\mathrm{d}y$.

解法 1 因为

$$y' = (\sin\sqrt{x})' = \cos\sqrt{x}(\sqrt{x})' = \cos\sqrt{x}\frac{1}{2\sqrt{x}},$$

所以
$$dy = \frac{1}{2\sqrt{x}}\cos\sqrt{x}\,dx.$$

解法 2　$dy = d(\sin\sqrt{x}) = \cos\sqrt{x}\,d(\sqrt{x}) = \cos\sqrt{x}\,\frac{1}{2\sqrt{x}}dx = \frac{\cos\sqrt{x}}{2\sqrt{x}}dx.$

由解法 2 知,对复合函数的微分计算,可类似复合函数求导运算,不必写出中间变量,而直接按照"逐层微分"的方法逐层计算.

例 4　设 $y = 3e^x - \tan x$,求 dy.

解　$dy = d(3e^x - \tan x) = d(3e^x) - d(\tan x) = 3e^x dx - \sec^2 x dx = (3e^x - \sec^2 x)dx.$

例 5　设 $y = e^x\cos x$,求 dy.

解　$dy = d(e^x\cos x) = e^x d(\cos x) + \cos x d(e^x)$

$\qquad = -e^x\sin x dx + e^x\cos x dx$

$\qquad = e^x(\cos x - \sin x)dx.$

例 6　设 $y = \ln(1 + e^{2x})$,求 dy.

解　$dy = d\ln(1 + e^{2x}) = \frac{1}{1+e^{2x}}d(1+e^{2x}) = \frac{1}{1+e^{2x}}e^{2x}d(2x) = \frac{2e^{2x}}{1+e^{2x}}dx.$

例 7　将下列等式中左端括号内填入适当的函数,使等式成立.

$(1)\,d(\qquad) = x dx;$　　　　　$(2)\,d(\qquad) = \cos\omega t dt.$

解　(1) 因为 $d(x^2) = 2x dx$,所以
$$x dx = \frac{1}{2}d(x^2) = d\left(\frac{x^2}{2}\right),$$

即
$$d\left(\frac{x^2}{2}\right) = x dx.$$

一般地,有 $d\left(\dfrac{x^2}{2} + C\right) = x dx$($C$ 为任意常数),所以填 $\dfrac{x^2}{2} + C.$

(2) 因为 $d(\sin\omega t) = \omega\cos\omega t dt$,所以
$$\cos\omega t dt = \frac{1}{\omega}d(\sin\omega t) = d\left(\frac{1}{\omega}\sin\omega t\right),$$

即
$$d\left(\frac{1}{\omega}\sin\omega t\right) = \cos\omega t dt.$$

一般地,有 $d\left(\dfrac{1}{\omega}\sin\omega t + C\right) = \cos\omega t dt$($C$ 为任意常数),所以填 $\dfrac{1}{\omega}\sin\omega t + C.$

知识点归纳

(1)微分概念也有其实际背景,联系这些实际例子,对于理解微分概念的实质——dy 是 Δy 的线性主部是很有好处的.

(2)对于"在点 x_0 的微分 $dy = f'(x_0)\Delta x$"与"在点 x 的微分 $dy = f'(x)\Delta x$",要注意弄清哪个是变量,哪个是常数.

① 当给定函数 $y = f(x)$ 及点 x_0 和 $\Delta x = \Delta x_0$ 时微分是确定的数值,记作 $dy\Big|_{\substack{x=x_0 \\ \Delta x = \Delta x_0}} = f'(x_0)\Delta x_0$.

② 当给定函数 $y = f(x)$ 及点 x_0 时,$f'(x_0)$ 是常数,微分 $dy = f'(x_0)\Delta x$ 依赖于 Δx.

③ 当给定函数 $y = f(x)$,在点 x 处的微分 $dy = f'(x)\Delta x$ 依赖于 x 和 Δx.

(3)微分的几何意义.

理解微分的几何意义要结合图像,它是曲线 $y = f(x)$ 在点 $M(x, y)$ 处的切线的纵坐标的改变量.

(4)导数与微分的关系.

导数与微分最本质的关系是:可导 $\Leftrightarrow$ 可微,即

$$f'(x_0) = \frac{dy}{dx}\bigg|_{x=x_0} \Leftrightarrow dy = f'(x_0)dx.$$

(5)微分的运算.

① 计算函数的微分只要先求出函数的导数,再乘以自变量的微分即可.

② 微分基本公式与微分运算法则必须熟记.

③ 由于有了微分形式的不变性,即 $dy = f'(u)du$ 中,不论 u 是自变量还是中间变量,总有这一结果,这就扩大了微分基本公式的应用范围,给运算带来了极大的方便.

习　题　2.6

一、选择题

1. 设函数 $y = f(x)$ 在 x_0 及其附近可导,则在 x_0 处,$dy = ($　　　$)$.

(A)Δy　　　　　　　　　　(B)$f(x_0 + \Delta x) - f(x_0)$

(C)$f'(x_0)\Delta x$　　　　　　　(D)$f(x_0)\Delta x$

2. 设 $y = \sin u, u = 2x + 1$,则 $dy = ($　　　$)$.

(A)$\cos u dx$　　　　　　　　　(B)$\cos x du$

(C)$\cos(2x + 1) \cdot 2dx$　　　(D)$\cos(2x + 1)dx$

3. $d($　　　$) = e^{x^3}dx^3$.

（A）e^{x^3} （B）$3e^{x^3}$ （C）$3e^{x^e} + C$ （D）$3x^2 e^{x^3}$

4. 若 $y = \arctan e^x$，则 $dy = ($ ）.

（A）$\dfrac{1}{1 + e^{2x}} dx$ （B）$\dfrac{e^x}{1 + e^{2x}} dx$ （C）$\dfrac{1}{1 + e^{2x}}$ （D）$\dfrac{e^x}{1 + e^{2x}} de^x$

二、填空题

1. d _____ $= 2x dx$；

2. d _____ $= \sqrt{x} dx$；

3. d _____ $= \dfrac{1}{1 + x} dx$；

4. d _____ $= \sin \omega t dt$.

三、求下列各函数的微分

1. $y = (2 + 4x - x^2)^2$；

2. $y = xe^{-x^2}$；

3. $y = \dfrac{1 + \sin x}{1 - \sin x}$；

4. $y = 3^{\ln \cos x}$；

5. $y = \ln x^2 + \ln^3 x$；

6. $y = e^{\cos 3x}$；

7. $y = e^x \cos x$；

8. $y = \arcsin \sqrt{1 - x^2}$；

9. $y = \ln \sqrt{1 + x^2}$；

10. $y = \sec e^x$.

小 结

一、本章主要内容

导数的定义和导数的几何意义,初等函数的导数公式和求导法则,二阶导数及其物理意义;微分的定义和微分的几何意义;微分的基本公式和微分法则.

二、需要注意的问题

1. 导数概念与复合函数求导法则既是本章重点又是难点.

2. 本章概念和公式较多,下图列出了主要内容之间的联系.

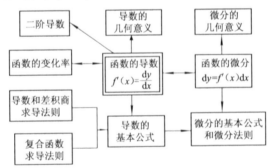

3. 求函数的导数与微分在计算方法上有着紧密的联系,它们通常统称为微分法. 但它们的概念却完全不同.

检 测 题

（时间:60 分钟）

一、选择题（每小题 8 分,共 16 分）

1. 设 $f(x) = \sin x$,则 $f'\left(\dfrac{\pi}{4}\right)$ 的值是（　　　）.

(A) $\dfrac{1}{2}$　　　　　(B) $\dfrac{\sqrt{2}}{2}$　　　　　(C) $\dfrac{\sqrt{3}}{2}$　　　　　(D) $-\dfrac{\sqrt{2}}{2}$

2. 下列各题中解答正确的是（　　　）.

(A) $(\arcsin x)' = \dfrac{1}{\sqrt{1+x^2}}$　　　　　　(B) $(\csc x)' = -\csc x \cot x$

(C) $(\sin x)' = -\cos x$　　　　　　(D) $(\log_a x)' = \dfrac{x}{\ln a}$

二、填空题（每题 5 分,共 30 分）

1. 设 $y = (2x+1)^3$,则 $y'' = $ _____.

2. 设 $y = x^5$,则 $y^{(5)} = $ _____.

3. 曲线 $y = x^2$ 在点 $(2,4)$ 处的切线斜率为 _____.

4. $(x^2 \cos x)' = $ _____ $x \cos x - x^2$ _____.

5. $[(1+\ln x)^2]' = 2(1+\ln x)$ _____.

6. $\left(\dfrac{1+x}{1-x}\right)' = $ _____.

三、求下列各题导数（每题 6 分,共计 54 分）

1. $y = 2x^3 + 3x^2 + x + 7$,求 y'.　　　　2. $y = [\ln(1-x)]^2$,求 y'.

3. $y = x^2 \cos x$,求 y'.　　　　4. $y = e^{2x}$,求 y''.

5. $y = x \sin x$,求 y''.　　　　6. $y = \arcsin\sqrt{1-x^2}$,求 y'.

7. $y = e^{\sin x}$,求 y'.　　　　8. $y = x^3 + 2x + 1$,求 y'''.

9. $y = \dfrac{e^x}{1+2x}$,求 y'.

第3章 导数和微分的应用

本章主要应用导数研究讨论函数的单调性、极值,描绘函数的图像等方面;主要应用微分研究讨论近似计算.

3.1 函数单调性的判定

实例 汽车在公路上向前行驶,其运动规律是 $s = s(t)$,随着时间的增加路程 $s(t)$ 越来越大,所以 $s(t)$ 是单调增加的;另外,$s'(t) = v(t)$ 必然大于零的. 由此看到:函数的单调性与导数的符号存在着某种联系.

我们再从图像上观察:

如果有两条连续的光滑曲线,一条是单调增加,一条是单调减少(见图 3-1-1). 我们来分析一下,看看哪些量能够刻画它们的这一区别.

先考察 $y = f(x)$. 我们在曲线上任取一点 A,过 A 点作切线,看到它的倾斜角是锐角;再取一点 B,过 B 作切线,它的倾斜角也是锐角;

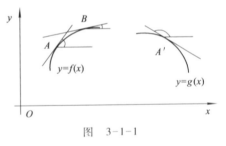

图 3-1-1

再取 $C, D, \cdots$,看到它们的倾斜角都是锐角,从而切线的斜率均大于零,即 $f'(x) > 0$.

再来看另一曲线 $y = g(x)$,在曲线上任取一点 A',过 A' 作切线,它的倾斜角是钝角,再取 $B', C', D', \cdots$,相应的切线的倾斜角也都是钝角,从而切线的斜率均小于零,即 $g'(x) < 0$.

由此看出函数的导数的正负决定了函数的增减性. 我们有一般的结论:

函数单调性判定定理 设函数 $y = f(x)$ 在 $[a, b]$ 上连续,在 (a, b) 内可导.

(1)如果在 (a, b) 内 $f'(x) > 0$,那么函数 $y = f(x)$ 在 $[a, b]$ 上单调增加.

(2)如果在 (a, b) 内 $f'(x) < 0$,那么函数 $y = f(x)$ 在 $[a, b]$ 上单调减少.

注意:(1)定理中的闭区间若为开区间 (a, b) 或无限区间,结论也同样成立.

(2)$f'(x) > 0$ 是函数单调增加的充分条件,因此,有的函数在某个区间内的个别点处,导数等于零,但函数在该区间内仍为单调增加. 例如,幂函数 $y = x^3$ 的导数为 $y' = 3x^2$,当 $x = 0$ 时,$y' = 0$,但它在 $(-\infty, +\infty)$ 内是单调增加的.

例1 判定函数 $f(x) = x^2$ 的单调性.

解 函数的定义域为 $(-\infty, +\infty)$,其导数 $f'(x) = 2x$. 当 $x < 0$ 时,$f'(x) < 0$,函数 $f(x)$ 在 $(-\infty, 0)$ 内单调减少;当 $x > 0$ 时,$f'(x) > 0$,函数 $f(x)$ 在 $(0, +\infty)$ 内单调增加;当 $x = 0$ 时,$f'(x) = 0$.

若用"↗"表示单调增加,用"↘"表示单调减少,根据上面的讨论,函数的单调性如表 3-1-1 所示.

表　3-1-1

x	$(-\infty, 0)$	0	$(0, +\infty)$
$f'(x)$	$-$	0	$+$
$f(x)$	↘		↗

从例1可以看出,函数 $f(x) = x^2$ 在其定义域内不是单调函数,但从表 3-1-1 可知,函数先是单调减少,经过 $x = 0$ 后变为单调增加,即函数在两个部分区间内都是单调的. $x = 0$ 称为函数 $y = x^2$ 单调的**分界点**. 显然分界点满足 $f'(x) = 0$. 因此要求函数的单调区间,可先求 $f'(x) = 0$ 的根,用根将函数定义域划分为若干部分区间,再讨论各个部分区间内 $f'(x)$ 的符号,从而确定函数的单调增加和单调减少区间.

例2 求函数 $y = \sin x$ 在 $[0, 2\pi]$ 内的单调区间.

解 先求函数的导数

$$y' = \cos x.$$

令 $y' = 0$,即 $\cos x = 0$. 求得 $x = \dfrac{\pi}{2}$,$x = \dfrac{3\pi}{2}$.

当 $x \in \left(0, \dfrac{\pi}{2}\right) \cup \left(\dfrac{3\pi}{2}, 2\pi\right)$ 时,$\cos x > 0$,即 $y' > 0$,故函数 $y = \sin x$ 单调增加. 当 $x \in \dfrac{\pi}{2}, \dfrac{3\pi}{2}$ 时,$\cos x < 0$,即 $y' < 0$,故函数 $y = \sin x$ 单调减少. 即函数的单调增加区间为 $\left(0, \dfrac{\pi}{2}\right) \cup \left(\dfrac{3\pi}{2}, 2\pi\right)$,单调减少区间为 $\left(\dfrac{\pi}{2}, \dfrac{3\pi}{2}\right)$.

单调性也可以用列表表示(见表 3-1-2).

表　3-1-2

x	$\left[0, \dfrac{\pi}{2}\right)$	$\dfrac{\pi}{2}$	$\left(\dfrac{\pi}{2}, \dfrac{3\pi}{2}\right)$	$\dfrac{3\pi}{2}$	$\left(\dfrac{3\pi}{2}, 2\pi\right]$
y'	$+$	0	$-$	0	$+$
y	↗		↘		↗

例 3　判定函数 $y = x - \sin x$ 在区间 $[0, 2\pi]$ 内的单调性.

解　因为在区间 $(0, 2\pi)$ 内

$$f'(x) = 1 - \cos x > 0,$$

所以函数在 $[0, 2\pi]$ 上单调增加.

例 4　讨论 $y = \sqrt[3]{x^2}$ 的单调性.

解　函数定义域为 $(-\infty, +\infty)$.

当 $x \neq 0$ 时, $y' = \dfrac{2}{3\sqrt[3]{x}}$;

当 $x = 0$ 时, 导数不存在.

又因为在 $(-\infty, 0)$ 内 $y' < 0$, 因此函数 $y = \sqrt[3]{x^2}$ 在 $(-\infty, 0)$ 上单调减少; 在 $(0, +\infty)$ 内 $y' > 0$, 因此函数 $y = \sqrt[3]{x^2}$ 在 $(0, +\infty)$ 上单调增加.

由上面几个例子看到, 函数单调区间的分界点满足 $f'(x) = 0$, 但使 $f'(x) = 0$ 的点 x 不一定是函数单调区间的分界点. 如 $y = x^3$, 在 $x = 0$ 时, $y' = 0$, 但 $x = 0$ 不是函数 $y = x^3$ 单调区间的分界点, $y = x^3$ 在其定义域内总是单调增加的.

从上面例子, 我们可总结出求函数 $y = f(x)$ 的单调区间的步骤:

(1) 求函数的定义域.

(2) 求导数 $f'(x)$. 令 $f'(x) = 0$, 解得实根, 用根或不可导点将函数定义域划分为若干部分区间.

(3) 列表, 考察 $f'(x)$ 在各个部分区间内的符号.

(4) 确定单调区间.

知识点归纳

(1) 要充分注意到函数单调性的判定定理的重要性. 它在研究函数的极值时要用到. 在判定函数的单调性时, 要掌握如何把定义域划分为几个单调区间, 以及如何考察导数 $f'(x)$ 在各个单调区间内的符号.

(2) 注意两点:

① 求函数的单调区间时, 使 $f'(x) = 0$ 的点不一定就是函数单调区间的分界点.

② 判断一阶导数在每个单调区间上的符号至关重要, 一定要小心谨慎. 可以在各个区间内取一个便于计算 $f'(x)$ 的点, 根据其正负, 决定 $f'(x)$ 在各个区间的符号.

习　题　3.1

一、选择题

1. 在区间 $(0,1)$ 内下列函数中单调增加的函数是（　　）.

(A) $y = -x^2$

(B) $y = \cos x$

(C) $y = e^x - x$

(D) $y = x^3 - x$

2. 函数 $f(x) = 2x + \sin x$ 的导函数在其定义域内是（　　）.

(A) 单调增加函数

(B) 单调减少函数

(C) 不是连续函数

(D) 不是单调函数

二、解答题

1. 判定函数 $f(x) = \arctan x - x$ 在区间 $(-\infty, +\infty)$ 内的单调性.

2. 确定函数 $f(x) = (x-1)(x+1)^3$ 的单调区间.

3.2　函数的极值及其求法

极值包括极大值与极小值. 在日常生活中, 还有最大值与最小值这两个概念. 那么, 它们之间到底有什么区别? 什么情况下应该用极大值(极小值)? 什么情况下应该用最大值(最小值)呢? 为此首先给出定义.

3.2.1　极大(小)值的定义和极值点

我们先从图像上直观地了解一下(见图 3-2-1).

图 3-2-1 中的曲线是一条连续的光滑曲线. 很明显, 曲线上有几个比较特殊的点 M_1, M_2, M_3, M_4, M_5. 其中 M_1, M_2, M_4, M_5 是函数 $y = f(x)$ 单调的分界点, 通俗地说曲线在这里"调头"了. 既然是"调头", 那么函数值在这里就有一些特点. 比如 M_1, 点 c_1 的函数值 $f(c_1)$ 比点 c_1 左右近旁的点的函数值都要大些; M_4 同样. 而在 M_2, 点 c_2 的函数值 $f(c_2)$ 比点 c_2 左右近旁的点的函数值都要小些; 点 M_5 同样.

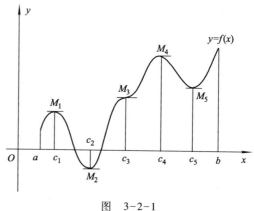

图　3-2-1

对于这种性质的点和对应的函数值, 我们给出如下定义:

定义 1　设函数 $f(x)$ 在区间 (a,b) 内有定义，x_0 是 (a,b) 内的一个点，如果对于点 x_0 近旁的任意点 $x(x \neq x_0)$，$f(x) < f(x_0)$ 均成立，那么就说 $f(x_0)$ 是函数 $f(x)$ 的一个**极大值**，点 x_0 称为 $f(x)$ 的一个**极大点**；如果对于点 x_0 近旁的任意点 $x(x \neq x_0)$，$f(x) > f(x_0)$ 均成立，那么就说 $f(x_0)$ 是函数 $f(x)$ 的一个**极小值**，点 x_0 称为函数 $f(x)$ 的一个**极小点**.

函数的极大值和极小值统称为**函数的极值**，使函数取得极值的极大点和极小点统称为**极值点**.

图 3-2-1 中，$f(c_1)$、$f(c_4)$ 是函数 $f(x)$ 的极大值，c_1、c_4 是函数 $f(x)$ 的极大点；$f(c_2)$、$f(c_5)$ 是函数 $f(x)$ 的极小值，c_2、c_5 是函数 $f(x)$ 的极小点.

对于极值应注意：

（1）定义中只要求对于 x_0 的近旁的点 x，有 $f(x_0) > f(x)$（或 $f(x_0) < f(x)$），它可以是一个很小的范围，而并不要求在整个区间内都有此不等式，所以极值这个概念是局部的. 由于它只是一个局部性的概念，所以极大与极小之间不存在大小关系，即极大值可能比极小值还小，正如一个学校的跳高冠军的成绩可能比不上奥运会的跳高成绩最差者.

（2）由定义可知，函数极值只在区间 (a,b) 内部取得，不可能在区间端点取得，而最大（小）值可能在区间内部，也可能在区间的端点处取得.

3.2.2　极值的求法

由图 3-2-1 可以看出，在函数取得极值处，曲线的切线是水平的，即在极值点，函数的导数为零. 反过来，曲线上有水平切线的地方，即在使导数为零的点处，函数不一定取得极值. 例如在点 c_3 处，曲线虽有水平的切线，这时 $f'(c_3) = 0$，但 $f(c_3)$ 并不是极值. 下面我们给出函数取得极值的必要条件：

定理 1　设函数 $f(x)$ 在点 x_0 可导，且在点 x_0 取得极值，则函数 $f(x)$ 在点 x_0 的导数 $f'(x_0) = 0$.

定理 1 虽然没有给出函数极值的求法，但把求函数极值点的范围缩小了，而且指出极值点只需从那些使导数等于零的点中去找，对于这种点我们给出定义：

定义 2　使导数为零的点（即方程 $f'(x) = 0$ 的实根），称为函数 $f(x)$ 的**驻点**.

显见，极值点必是驻点，但驻点不一定是极值点. 如图 3-2-1 中的 M_3 点处有水平切线，即 $f'(c_3) = 0$，点 c_3 是驻点，但 $f(c_3)$ 并不是极值，故点 c_3 不是极值点. 从图形上看，在点 M_3 的近旁函数的单调性没有改变.

那么，怎样从驻点中去辨别哪些是极值点呢？我们仍从图像上观察，从图 3-2-2 中，我们看到：函数 $f(x)$ 在点 x_0 有 $f'(x_0) = 0$，在 x_0 左侧 $f'(x) > 0$，函数单调增加；在 x_0 右侧 $f'(x) < 0$，函数单调减少，显然在 x_0 左右近旁有 $f(x) <$

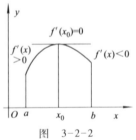

图　3-2-2

$f(x_0)$,故 $f(x)$ 在 x_0 点取极大值.

对于函数 $f(x)$ 在点 x_0 取得极小值的情况,读者可结合图 3-2-3,类似地进行讨论.

根据以上分析,我们得出关于函数取得极值的充分条件.

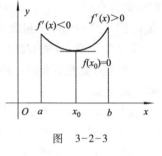

图　3-2-3

定理 2　设函数 $f(x)$ 在点 x_0 的近旁可导,且 $f'(x_0)=0$.

(1)如果当 x 取 x_0 左侧近旁的值时,$f'(x)$ 恒为正;当 x 取 x_0 右侧近旁的值时,$f'(x)$ 恒为负,那么函数 $f(x)$ 在点 x_0 取极大值 $f(x_0)$.

(2)如果当 x 取 x_0 左侧近旁的值时,$f'(x)$ 恒为负;当 x 取 x_0 右侧近旁的值时,$f'(x)$ 恒为正,那么函数 $f(x)$ 在点 x_0 取极小值 $f(x_0)$.

应当注意,当 x 渐增地经过 x_0 时,若 $f'(x)$ 的符号不改变,则 $f(x)$ 在 x_0 处不取得极值,如图 3-2-1 中函数 $f(x)$ 在点 c_3 不取得极值.

根据上面两个定理,我们得到求函数极值的步骤如下:

(1)确定函数 $f(x)$ 的定义域;

(2)求导数 $f'(x)$;

(3)令 $f'(x)=0$,求出 $f(x)$ 的全部驻点;

(4)用驻点把函数的定义域划分为若干部分区间,考察每个部分区间内 $f'(x)$ 的符号,用定理 2 确定驻点是否是极值点,若是极值点确定是极大点还是极小点;

(5)算出各极值点的函数值,得出函数 $f(x)$ 的全部极值.

做题时可借助列表,更能一目了然.

例 1　求函数 $f(x)=x^3-3x^2-9x+5$ 的极值.

解　(1)函数定义域为 $(-\infty,+\infty)$;

(2)$f'(x)=3x^2-6x-9=3(x+1)(x-3)$;

(3)令 $f'(x)=0$,得驻点 $x_1=-1$,$x_2=3$;

(4)列表考察 $f'(x)$ 的符号(见表 3-2-1).

表　3-2-1

x	$(-\infty,-1)$	-1	$(-1,3)$	3	$(3,+\infty)$
$f'(x)$	$+$	0	$-$	0	$+$
$f(x)$	↗	极大值 10	↘	极小值 -22	↗

由表 3-2-1 可知,函数的极大值是 $f(0)=10$,极小值是 $f(3)=-22$.

例 2　讨论 $f(x) = 1 - x^3$ 的极值.

解　(1)函数定义域为 $(-\infty, +\infty)$；

(2)$f'(x) = -3x^2$；

(3)令 $f'(x) = 0$，得驻点 $x = 0$；

(4)列表考察 $f'(x)$ 的符号(见表3-2-2).

表　3-2-2

x	$(-\infty, 0)$	0	$(0, +\infty)$
$f'(x)$	$-$	0	$-$
$f(x)$	↘		↘

由表3-2-2和图3-2-4，看出函数 $f(x) = 1 - x^3$ 在定义域范围内总是单调减少，故没有极值.

例 3　求函数 $f(x) = (x^2 - 1)^2 + 1$ 的极值.

解　(1)函数的定义域为 $(-\infty, +\infty)$；

(2)$f'(x) = 4x(x^2 - 1)$；

(3)令 $f'(x) = 0$，得驻点 $x_1 = -1, x_2 = 0, x_3 = 1$.

(4)列表考察 $f'(x)$ 的符号(见表3-2-3).

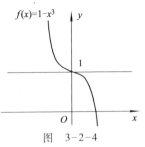

图　3-2-4

表　3-2-3

x	$(-\infty, -1)$	-1	$(-1, 0)$	0	$(0, 1)$	1	$(1, +\infty)$
$f'(x)$	$-$	0	$+$	0	$-$	0	$+$
$f(x)$	↘	极小值 1	↗	极大值 2	↘	极小值 1	↗

由表3-2-3可知，函数的极小值是 $f(-1) = f(1) = 1$，极大值是 $f(0) = 2$.

例 4　求函数 $f(x) = x^{\frac{2}{3}}$ 的极值.

解　(1)函数的定义域为 $(-\infty, +\infty)$；

(2)$f'(x) = \dfrac{2}{3\sqrt[3]{x}}(x \neq 0)$；

(3)$f'(0)$ 不存在，函数没有驻点；

(4)当 $x < 0$ 时，$f'(x) < 0$；当 $x > 0$ 时，$f'(x) > 0$，所以在 $x = 0$ 时，函数有极小值 $f(0) = 0$，如图3-2-5所示.

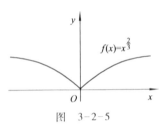

图　3-2-5

由此例可以看到：函数的极值不仅可在驻点处取得，也可在一阶导数不存在的点处出现.

知识点归纳

1. 关于极值的概念

（1）由定义可知，函数极值只在区间(a,b)内部取得，不可能在区间的端点取得.

（2）定义中只要求对x_0的近旁点x有$f(x_0)<f(x)$或$f(x)<f(x_0)$，所以它是一个很小范围内函数值大小的比较.不涉及定义域内其他范围的函数值，所以极值概念是局部的.因此，在一个区间内极值点可能有很多，而且极值没有可比性，有的极大值可能小于极小值.

2. 函数极值的判定

（1）找出驻点和不可导点.对于可导函数，极值点必定是驻点；对于在某点不可导的函数，该不可导点也可能是极值点.

（2）用驻点把函数的定义域划分为若干部分区间，考察各部分区间内$f'(x)$的符号，确定驻点是否是极值点.对于不可导点则直接比较该点函数值与其近旁点的函数值的大小.

（3）算出各极值点的函数值，得出函数$f(x)$的全部极值.

习　题　3.2

1. 求函数$f(x)=2x^3-3x^2-12x+1$的极值.

2. 求函数$f(x)=\sin x+\cos x$在区间$\left(-\dfrac{\pi}{2},\dfrac{\pi}{2}\right)$内的极值.

3. 求函数$f(x)=2x^3-9x^2+12x-3$的极值.

4. 求函数$f(x)=x^{\frac{2}{3}}(x-5)$的极值.

3.3　函数的最大值与最小值

在生产和科学研究中，往往要求在一定条件下，做到投资最少、回报最大、效率最高、用料最省、成本最低等.解决这一类问题，就需要用到函数的最大值和最小值知识.而上一节极值的知识，有助于最大（小）值的解决.下面我们来讨论如何求函数的最大值和最小值.

3.3.1　函数的最大值和最小值

设函数$y=f(x)$在闭区间$[a,b]$上连续，根据闭区间上连续函数最大值、最小值的性质,可知 $f(x)$ 在 $[a,b]$ 上一定有最大值和最小值.

　　观察图 3-3-1,可知函数 $f(x)$ 在闭区间 $[a,b]$ 上连续,如果函数最大(小)值在区间 $[a,b]$ 内部取得,那么最大值就是极大值,最小值就是极小值. 若 $f(x)$ 又在 $[a,b]$ 内可导,最大(小)值只能在驻点取得. 观察图 3-3-2 可知,函数 $f(x)$ 在闭区间 $[a,b]$ 上连续,函数的最大(小)值在区间 $[a,b]$ 端点取得. 观察图 3-3-3 和图 3-3-4 可知,函数 $f(x)$ 在闭区间 $[a,b]$ 连续,在 (a,b) 内可导,且只有唯一的极值点 x_0,则对应的极大(小)值 $f(x_0)$ 就是函数 $f(x)$ 的最大(小)值.

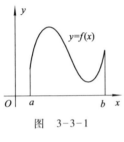

图　3-3-1

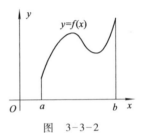

图　3-3-2

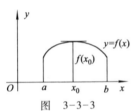

图　3-3-3

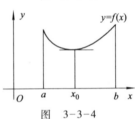

图　3-3-4

　　综合以上四图可知,求函数 $f(x)$ 在 $[a,b]$ 上的最大(小)值的步骤是:

　　(1)求驻点和导数不存在点的函数值;

　　(2)求端点处的函数值;

　　(3)比较驻点、不可导点和端点处的函数值,最大的就是函数的最大值,最小的就是函数的最小值.

　　例 1　求函数 $f(x)=x^3+1$ 在 $[-1,3]$ 上的最大值和最小值.

　　解　$f'(x)=3x^2$.

　　令 $f'(x)=0$,求得驻点 $x=0$.

　　相应的函数为 $f(0)=1$.

　　再计算该函数在区间端点的函数值

$$f(-1)=0,\quad f(3)=28.$$

　　比较三个函数值,$f(x)$ 在 $[-1,3]$ 上的最大值为 $f(3)=28$,最小值为 $f(-1)=0$.

　　例 2　求函数 $f(x)=2x^3+3x^2-12x$ 在 $[-3,4]$ 上的最大值和最小值.

　　解　$f'(x)=6x^2+6x-12$.

令 $f'(x)=0$,得驻点 $x_1=-2,x_2=1$.

由于 $f(-2)=20$, $f(1)=-7$, $f(-3)=9$, $f(4)=128$.

比较各值,可得 $f(x)$ 的最大值为 $f(4)=128$,最小值为 $f(1)=-7$.

下面讨论实际问题中的最大值和最小值.

在实际问题中,如果函数 $f(x)$ 在某区间内只有一个驻点,而且从实际问题本身又可以知道 $f(x)$ 在该区间内必定有最大值或最小值,那么 $f(x_0)$ 就是所求的最大值或最小值.

例3 有一 8 cm×5 cm 的矩形铁片,在各角剪去相同的小正方形,折成一个无盖的铁盒. 要使铁盒的容积最大,问剪去的小正方形的边长应为多少?

解 设剪去的小正方形边长为 x,铁盒的容积为 V,依题意有

$$V=x(8-2x)(5-2x)\quad\left(0<x<\frac{5}{2}\right).$$

下面求 x 在 $\left(0,\dfrac{5}{2}\right)$ 内取何值时,函数 V 的值最大.

$$V'=-2(5x-2x^2)+(8-2x)(5-4x)$$
$$=2\left[(4-x)(5-4x)-(5x-2x^2)\right].$$

令 $V'=0$,即 $(4-x)(5-4x)-(5x-2x^2)=0$. 求得驻点 $x=1$.

由于铁盒必有最大容积,而 V 在 $\left(0,\dfrac{5}{2}\right)$ 内只有一个驻点,故当 $x=1$ 时,V 取最大值.

即当剪去小正方形边长为 1 cm 时,铁盒的容积最大.

例4 某车间要靠墙盖一间矩形的小屋,现存有砖只够砌 20 m 长的墙,问应围成怎样的矩形,才能使小屋的面积最大?

解 设矩形小屋的长为 x,则宽为 $\dfrac{20-x}{2}$(见图 3-3-5).

又设小屋面积为 S,则

$$S=x\cdot\frac{20-x}{2}=10x-\frac{1}{2}x^2\quad(0<x<20).$$

下面求 x 在区间 $(0,20)$ 内取何值时,函数 S 的值最大.

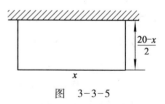

图 3-3-5

求导数:$S'=10-x$.

令 $S'=0$,得驻点 $x=10$.

由于小屋面积必有最大值,而 S 在区间 $(0,20)$ 内只有一个驻点 $x=10$. 故当 $x=10$ 时,S 取最大值,即小屋长为 10 m、宽为 5 m 时有最大面积,它的值为

$$S=10\times5\ \text{m}^2=50\ \text{m}^2.$$

例5 轮船用煤费用与其速度的立方成正比例,已知速度为 10 海里/h,每小时的用煤费用为 25 元,其余费用为 100 元,问轮船的速度为多少时,所需费用的总和为

最少?

解　设轮船速度为 x,每小时用煤费用为 L,则 $L = kx^3$,用 $x = 10$ 海里/h,$L = 25$ 元/小时代入得 $k = \dfrac{1}{40}$. 故速度为 x 时,每小时用煤费用为 $L = \dfrac{1}{40}x^3$.

又设轮船的总航程为 s,则共用时间 $\dfrac{s}{x}$.

再设总费用为 y,则

$$y = \left(\frac{1}{40}x^3 + 100\right) \cdot \frac{s}{x} = \frac{s}{40}x^2 + \frac{100s}{x} \quad (x > 0).$$

下面求 x 在区间 $(0, +\infty)$ 取何值时,函数 y 的值最小.

求导数

$$y' = \frac{s}{20}x - \frac{100s}{x^2} = \frac{sx^3 - 2\,000s}{20x^2}.$$

令 $y' = 0$,即 $sx^3 - 2\,000s = 0$. 解得驻点 $x = 10\sqrt[3]{2}$.

由于所需费用总和必存在最小值,而函数 y 在 $(0, +\infty)$ 内只有一个驻点 $x = 10\sqrt[3]{2}$,故当 $x = 10\sqrt[3]{2}$ 时,y 取最小值,即当轮船速度 $x = 10\sqrt[3]{2}$ 海里/h 时,所需费用总和最少.

例 6　设圆柱形有盖茶缸容积 V 为常数,求表面积为最小时底半径 x 与高 y 之比.

解　由圆柱体积公式,得茶缸容积 $V = \pi x^2 y$. 设表面积为 S,则 $S = \pi 2x^2 + 2\pi xy$.

由 $y = \dfrac{V}{\pi x^2}$ 得

$$S(x) = 2\pi x^2 + \frac{2\pi x V}{\pi x^2} = 2\pi x^2 + \frac{2V}{x} \quad (x > 0).$$

因为 $S'(x) = 4\pi x - \dfrac{2V}{x^2}$,令 $S = 0$ 得唯一驻点

$$x_0 = \sqrt[3]{\frac{V}{2\pi}}.$$

当 $x < x_0$ 时,$S'(x) < 0$;当 $x > x_0$ 时,$S'(x) > 0$,所以 x_0 是极大值点. 由于驻点唯一,所以极小值即是最小值.

由 $y = \dfrac{V}{\pi x^2}$ 和 $x = \sqrt[3]{\dfrac{V}{2\pi}}$ 得

$$y = \frac{V}{\pi \left(\sqrt[3]{\dfrac{V}{2\pi}}\right)^2} = \sqrt[3]{\frac{V}{2\pi}} \cdot 2 = 2x.$$

因此,当底半径与高之比为 $\dfrac{1}{2}$,即当其直径与高相等时,茶缸的表面积最小.

这是一个用料最省的问题,读者不妨去观察一下易拉罐,就会发现这个近似的圆柱体,它的底面直径与高之比大体是 1:1,这就是饮料公司为了节约原材料以降低成本. 至于为什么不是标准圆柱体,那是考虑了外形的美观以及便于加工等因素,这里又要辩证地看问题.

例7 某厂有一个圆柱形油罐,其直径为 6 m,高为 2 m. 想用吊臂长为 15 m 的吊车(车身高 1.5 m)把油罐吊到 6.5 m 高的平台上去,试问能吊上去吗?

分析 此题实际上是求吊车能把油罐吊起的最大高度.

解 设油罐吊起高度为 h,吊杆与水平线的夹角为 φ,由图 3-3-6 可知

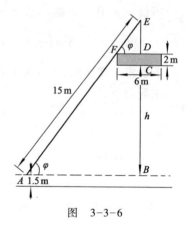

图 3-3-6

$$h = BC = BE - DE - CD,$$
$$BE = AE\sin \varphi,$$
$$DE = FD\tan \varphi.$$

因为 $AE = 15, FD = 3, CD = 2$,所以

$$h = 15\sin \varphi - 3\tan \varphi - 2 \qquad \left(0 < \varphi < \dfrac{\pi}{2}\right)$$

因为 $\qquad\qquad \dfrac{\mathrm{d}h}{\mathrm{d}\varphi} = 15\cos \varphi - 3\sec^2 \varphi,$

由 $\dfrac{\mathrm{d}h}{\mathrm{d}\varphi} = 0$,即 $\qquad\qquad 15\cos \varphi - 3\sec^2 \varphi = 0,$

得 $\quad \cos^3 \varphi = 0.2$,于是

$$\cos \varphi = \sqrt[3]{0.2} \approx 0.5848,$$
$$\varphi \approx 54°.$$

由实际问题可知 h 的最大值是存在的,而在 $\left(0, \dfrac{\pi}{2}\right)$ 内,函数 $h = f(\varphi)$ 的驻点只有一个,所以当 $\varphi \approx 54°$ 时,h 取得最大值,最大值为

$$h = 15\sin 54° - 3\tan 54° - 2 \approx 6 \text{ m}.$$

由于车身高 1.5 m,因此实际可以将油罐吊到约 7.5 m 的高度,因而肯定能将它吊到 6.5 m 高的平台上去.

通过上述例子可以知道,解决有关函数最大值或最小值的实际问题时,可采取以下步骤:

（1）根据题意建立函数关系式. 一般是将问题中能取得最大（小）值的变量设为函数 y, 而将问题中与函数 y 有关联的另一个变量设为自变量 x, 再利用变量之间的等量关系, 列出函数关系式 $y = f(x)$.

（2）确定函数的定义域.

（3）利用导数, 求出函数在定义域内的驻点, 如果驻点只有一个, 而且由题意可以判定函数在定义域内必定存在最大（小）值, 则该驻点所对应的函数值就是问题所求的最大（小）值.

（4）计算函数的最大（小）值.

3.3.2　最大值与最小值在经济问题中的应用举例

在生产和产品的经营活动中, 经营者总是千方百计以最小的成本获取最大的利润.

1. 最大利润问题

例 8　某厂生产某种产品, 其固定成本为 4 万元, 其可变成本为每生产 1 000 件产品成本增加 3 万元. 其收入函数 R（单位万元）与产量 q（单位: 千件）的函数关系为

$$R = 6q - \frac{1}{2}q^2.$$

求达到最大利润时的产量.

解　由题意总成本函数为　　$C = C_1 + C_2(q) = 4 + 3q.$

利润函数为　　$L = R - C = -4 + 3q - \frac{1}{2}q^2.$

则　　$L' = 3 - q.$

令 $L' = 0$, 得 $q = 3$.

因为 $L''(3) = -1 < 0$, 所以当 $q = 3$ 时, 函数取得极大值. 因为是唯一的极值点, 所以就是最大值.

2. 最小成本问题

例 9　设某厂每天生产某种产品 q 单位时的总成本函数为

$$C(q) = 0.5q^2 + 36q + 9\,800.$$

问每天生产多少单位的产品时, 其平均成本最低?

解　设平均成本为 y, 则

$$y = \frac{C(q)}{q} = 0.5q + 36 + \frac{9\,800}{q},$$

$$y' = 0.5 - 9\,800q^{-2}.$$

令 $y' = 0$，则　　　　　　　　　　$0.5q^2 - 9\,800 = 0.$

解得　　　　　　　　　　　　　　$q = 140.$

由于最低成本一定存在，而 y 在定义域内只有一个驻点，所以 $q = 140$ 时成本最低.

知识点归纳

（1）由于最大（小）值是在整个定义域上比较，所以最大（小）值概念是整体性的，因而它在整个定义域内是唯一的. 最小值也不可能大于最大值.

（2）由于最大（小）值的定义中，是大（小）于等于其他函数值，所以最大值点可以有很多. 如常数函数 $y = C$，它的最大值是 C，同时也是最小值，定义域内每一个点都是最大值点，同时也是最小值点. 这一点与最大（小）值唯一并不矛盾.

（3）最大（小）值可以在区间的端点取得.

（4）连续函数在闭区间 $[a,b]$ 上最大（小）值总是存在的，但在开区间 (a,b) 上不一定存在.

（5）最大（小）值与极值的关系：

① 若函数在某一区间内部取得最大（小）值，则这个最大（小）值一定是极值. 由此得出求最大（小）值的方法：找出全部极值点，再加上区间的两个端点和不可导点，比较它们的函数值，最大（小）者即为函数 $f(x)$ 在区间 $[a,b]$ 上的最大（小）值.

② 如果函数 $f(x)$ 在 (a,b) 内可导，且有唯一的极值点 x_0，则当 $f(x_0)$ 是极大值时，$f(x_0)$ 就是函数 $f(x)$ 在 (a,b) 上的最大值，当 $f(x_0)$ 是极小值时，$f(x_0)$ 就是最小值. 对于这个问题读者知道结论即可.

（6）在实际问题中，如果 $f(x)$ 在某区间内只有一个驻点 x_0，而且从实际问题本身能够肯定确实存在最大值或最小值，那么 $f(x_0)$ 就是所要求的最大值或最小值.

（7）函数最大（小）值应用问题.

在解应用题时，首先要建立函数关系式，这一步不但涉及一些相关的知识，而且要有一定的分析问题的能力. 所以这部分是本章的难点，读者不妨复习一下建立函数关系式和解应用题的有关知识.

习　题　3.3

一、填空题

1. 函数 $f(x) = -x^2 + 4x - 3$ 的最大值是_____.

2. 函数 $y = \sin 2x - x$ 在区间 $\left[-\dfrac{\pi}{2}, \dfrac{\pi}{2}\right]$ 上的最小值是_____.

3. 函数 $y = x + \sqrt[2]{x}$ 在区间 $[0,4]$ 上的最大值是_____，最小值是_____.

二、解答题

1. 在半径为 R 的圆中，求面积最大的内接矩形的长与宽.

2. 某车间要盖一间矩形小屋，要求预留下 $1\ \mathrm{m}$ 宽做门，现有砖只够砌 $20\ \mathrm{m}$ 长的墙壁，问应围成怎样的矩形，才能使小屋的面积最大？

3. 某地区防空洞的截面拟建成矩形加半圆的截面，其截面面积为 $5\ \mathrm{m}^2$，问底宽 x 为多少时，才能使截面的周长最小，从而使建成时所用的材料最省？

4. 已知某产品需求函数为 $p = 10 - \dfrac{q}{5}$，成本函数为 $C = 50 + 2q$，求产量为多少时，总利润 L 最大？此时总利润为多少？

5. 已知某商品的固定成本为 $C_1 = 100$，可变成本为 $C_2 = \dfrac{q^2}{4}$，q 为产量. 求总成本函数、平均成本函数. 当 q 为多少时，平均成本最小？

3.4　曲线的凹凸性与拐点

3.4.1　凹凸性概念

前面，我们研究了函数单调性的判定法. 函数的单调性反映在图形上，就是曲线的上升和下降. 但是在曲线的上升或下降的过程中，还有一个弯曲方向的问题. 例如，图 3-4-1 中的两条曲线弧，虽然都是上升的，但图形却有明显的不同，弧 $\overset{\frown}{ACB}$ 是向上凸的曲线弧，而弧 $\overset{\frown}{ADB}$ 是向上凹的曲线弧，它们的凹凸性是不同的. 那么怎么判定曲线的凹凸性呢？我们先给出凹凸性的定义：

定义　如果在某区间内的曲线弧位于其上任意一点切线的上方，则称此曲线弧在该区间内是**凹的**；如果在某区间内的曲线弧位于其上任意一点切线的下方，则称此曲线弧在该区间内是**凸的**. 并把连续曲线上凹凸部分的分界点称为此曲线的**拐点**，如图 3-4-2 所示.

注：拐点不仅是凹凸部分的分界点，而且必须是曲线的连续点，即它是一个有序实数对 $(x_0, f(x_0))$.

在判定函数的单调性时，我们知道，函数的单调性与一阶导数有关，那么函数的凹凸性与什么有关呢？先来看下面的例子：

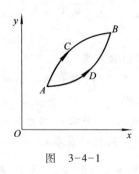

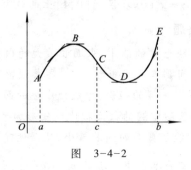

图　3-4-1　　　　　　　　　　图　3-4-2

设有函数 $y = x^3$，该函数图形在区间 $(-\infty, 0)$ 内是凸的，在区间 $(0, +\infty)$ 内是凹的，点 $(0,0)$ 就是曲线的拐点．该函数的二阶导数为 $y'' = 6x$，易知，在 $(-\infty, 0)$ 内，$y'' < 0$，曲线是凸的；在 $(0, +\infty)$ 内，$y'' > 0$，曲线是凹的．因此，曲线的凹凸性与二阶导数的正负有密切关系．实际上，当函数 $f(x)$ 在某区间 I 内具有二阶导数时，可以利用二阶导数的符号来判定曲线的凹凸性，这就是下面的定理：

3.4.2　凹凸性判断定理

定理（曲线凹凸性的判定定理）　设函数 $f(x)$ 在 $[a,b]$ 上连续，在 (a,b) 内具有一阶和二阶导数，那么：

（1）若在 (a,b) 内 $f''(x) > 0$，则函数 $f(x)$ 在 $[a,b]$ 上的图形是凹的；

（2）若在 (a,b) 内 $f''(x) < 0$，则函数 $f(x)$ 在 $[a,b]$ 上的图形是凸的．

例 1　判定曲线 $y = \dfrac{1}{x}$ 的凹凸性．

解　函数的定义域为 $(-\infty, 0) \cup (0, +\infty)$，$y' = -\dfrac{1}{x^2}$，$y'' = \dfrac{2}{x^3}$．当 $x < 0$ 时，$y'' < 0$；当 $x > 0$ 时，$y'' > 0$，所以曲线在 $(-\infty, 0)$ 内是凸曲线，在 $(0, +\infty)$ 内是凹曲线．

该曲线（在 $x = 0$ 处不连续）没有拐点，如图 3-4-3 所示．

由上述定理可知，利用二阶导数 $f''(x)$ 的符号可以判定曲线的凹凸性，因此，如果曲线 $f(x)$ 在连续点 x_0 处的左右两侧附近 $f''(x)$ 异号，那么点 $(x_0, f(x_0))$ 就是曲线的一个拐点．所以，要寻找拐点，只要找出 $f''(x)$ 符号发生变化的分界点即可．如果 $f(x)$ 在区间 (a,b) 内具有二阶连续导数，那么在这样的分界点处必有 $f''(x) = 0$．除此之外，$f(x)$ 的二阶导数 $f''(x)$ 不存在的点，也有可能是 $f''(x)$ 的符号发生变化的分界点．例如，图 3-4-4 中函数 $y = \sqrt[3]{x}$ 在区间 $(-\infty, 0)$ 内是凹的，在区间 $(0, +\infty)$ 内是凸的．点 $(0,0)$ 就是曲线的拐点，但在点 $(0,0)$ 处 $f''(x)$ 不存在．

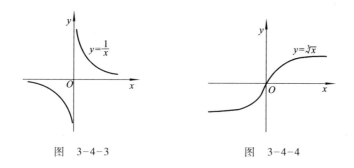

图　3-4-3　　　　　　　　　　图　3-4-4

综上所述,我们可以得到判定函数凹凸性及拐点的方法如下:

(1)求出函数 $y = f(x)$ 的定义域;

(2)求出 $f''(x)$,得到函数的所有 $f''(x) = 0$ 的点和 $f''(x)$ 不存在的点;

(3)用上面所得到的点将定义域划分为若干小区间;

(4)在各小区间上讨论 $f''(x)$ 的符号,并判断函数的凹凸性;

(5)由(2)中各点两侧 $f''(x)$ 的符号判定这些点是否为拐点.

例 2　求曲线 $y = 2x^3 + 3x^2 - 12x + 14$ 的拐点.

解　函数的定义域为 $(-\infty, +\infty)$,$y' = 6x^2 + 6x - 12$,$y'' = 12x + 6 = 12\left(x + \dfrac{1}{2}\right)$.

令 $y'' = 0$,得 $x = -\dfrac{1}{2}$.该函数只有一个二阶导数等于零的点,没有二阶导数不存在的点.所以只有点 $x = -\dfrac{1}{2}$ 可能是函数的拐点,列表考察如下(见表 3-4-1).

表　3-4-1

x	$\left(-\infty, -\dfrac{1}{2}\right)$	$-\dfrac{1}{2}$	$\left(-\dfrac{1}{2}, +\infty\right)$
y''	$-$	0	$+$
曲线 y	凸	拐点 $\left(-\dfrac{1}{2}, \dfrac{41}{2}\right)$	凹

由表 3-4-1 可知,曲线 $y = 2x^3 + 3x^2 - 12x + 14$ 的拐点是 $\left(-\dfrac{1}{2}, \dfrac{41}{2}\right)$.

例 3　问曲线 $y = x^4$ 是否有拐点?

解　函数的定义域为 $(-\infty, +\infty)$,$y' = 4x^3$,$y'' = 12x^2$.

显然,只有 $x = 0$ 是函数二阶导数等于零的点,没有二阶导数不存在的点.当 $x \neq 0$ 时,无论 $x < 0$ 或 $x > 0$ 都有 $y'' > 0$,因此,点 $(0,0)$ 不是曲线的拐点.曲线 $y = x^4$ 没有拐点,它在 $(-\infty, +\infty)$ 内是凹的.

知识点归纳

(1)凹凸性拐点的概念;

(2)凹凸性判定定理;

(3)掌握求曲线的拐点并判断凹凸性的方法.

习 题 3.4

1. 确定下列曲线的凹凸性:

(1)$y = \ln x$;　　　　(2)$y = 4x - x^2$;　　　　(3)$y = e^x$.

2. 选择题

(1)设在区间(a,b)内,$f'(x) > 0$,$f''(x) < 0$,则在区间(a,b)内,曲线$y = f(x)$的图形(　　).

(A)沿 x 轴正向下降且为凸的　　　　(B)沿 x 轴正向上升且为凸的

(C)沿 x 轴正向下降且为凹的　　　　(D)沿 x 轴正向上升且为凹的

(2)设函数 $y = f(x)$ 在区间 $[a,b]$ 内有二阶导数,则当(　　)时,曲线在区间(a,b)内是凹的.

(A)$f''(a) > 0$

(B)$f''(b) > 0$

(C)在区间(a,b)内 $f''(x) \neq 0$

(D)$f''(a) > 0$ 且 $f''(x)$ 在区间(a,b)内单调增加

(3)设函数 $y = f(x)$ 在区间(a,b)内有二阶导数,则当(　　)时,点$(c,f(c))$($a < c < b$)是曲线 $y = f(x)$ 的拐点.

(A)$f''(c) = 0$

(B)$f''(x)$ 在区间(a,b)内单调增加

(C)$f''(c) = 0$,$f''(x)$ 在区间(a,b)内单调增加

(D)$f''(x)$ 在区间(a,b)内单调减少

3. 确定下列曲线的凹凸性和拐点:

(1)$y = x^4 - 6x^2 - 5$;　　　　(2)$y = -x^2 + \dfrac{1}{x}$;　　　　(3)$y = xe^x$.

4. (1)设点$(1,3)$是曲线 $y = ax^3 + bx^2 + 1$ 的拐点,求 a,b.

(2)已知曲线 $y = ax^3 + bx^2 + cx + d$ 有极值点 $x_1 = 1$ 和 $x_2 = 3$,拐点$(2,4)$,在拐点处曲线的斜率等于 -3,试确定 a,b,c,d 的值.

3.5　洛必达法则

在求函数的极限时,常会遇到两个函数 $f(x)$,$g(x)$ 都是无穷小或都是无穷大时,求它们比值的极限. 例如,$f(x)$ 和 $g(x)$ 是无穷小时,比较这两个无穷小的阶,就是求极限 $\lim\limits_{\substack{x\to x_0 \\ (x\to\infty)}}\dfrac{f(x)}{g(x)}$. 这种极限可能存在也可能不存在,通常称这种比值的极限为不定式(或未定式). 当 $f(x)$,$g(x)$ 都是无穷小时,称 $\dfrac{f(x)}{g(x)}$ 为 $\dfrac{0}{0}$ 型不定式,比如重要极限 $\lim\limits_{x\to 0}\dfrac{\sin x}{x}$ 就是 $\dfrac{0}{0}$ 型不定式. 当 $f(x)$,$g(x)$ 都是无穷大时,称 $\dfrac{f(x)}{g(x)}$ 为 $\dfrac{\infty}{\infty}$ 型不定式,这种不定式(极限)即使存在也不能用"商的极限等于极限的商"运算法则来计算. 对于这种极限,我们来介绍一种重要而有效的方法,即洛必达法则. [洛必达(G. F. A. deL'Hospital, 1661—1704),法国数学家]

3.5.1　$\dfrac{0}{0}$ 型和 $\dfrac{\infty}{\infty}$ 型不定式

定理(洛必达法则)　设函数 $f(x)$,$g(x)$ 满足:

(1) $\lim\limits_{x\to x_0}f(x)=0$(或 ∞),$\lim\limits_{x\to x_0}g(x)=0$(或 ∞);

(2) 在点 x_0 的某邻域内,$f'(x)$ 与 $g'(x)$ 存在且 $g'(x)\neq 0$;

(3) $\lim\limits_{x\to x_0}\dfrac{f'(x)}{g'(x)}=A$(或 ∞).

则极限 $\lim\limits_{x\to x_0}\dfrac{f(x)}{g(x)}=\lim\limits_{x\to x_0}\dfrac{f'(x)}{g'(x)}=A$(或 ∞).

该定理说明当 $x\to x_0$ 时,$\dfrac{0}{0}$ 或 $\dfrac{\infty}{\infty}$ 型不定式的值在符合定理的条件下,可以通过分子、分母分别求导,再求极限而确定. 这种在一定条件下通过分子、分母分别求导再求极限的方法称为**洛必达法则**.

例 1　求 $\lim\limits_{x\to 0}\dfrac{\tan ax}{\tan bx}$　(a,b 为常量,$b\neq 0$).

解　$\lim\limits_{x\to 0}\dfrac{\tan ax}{\tan bx}=\lim\limits_{x\to 0}\dfrac{a\sec^2 ax}{b\sec^2 bx}=\dfrac{a}{b}$.

例 2　求 $\lim\limits_{x\to 0}\dfrac{\sqrt[3]{1+x^2}-1}{x^2}$.

解　这是 $x\to 0$ 时 $\dfrac{0}{0}$ 型不定式,由洛必达法则,得

$$\lim_{x\to 0}\frac{\sqrt[3]{1+x^2}-1}{x^2}=\lim_{x\to 0}\frac{\frac{1}{3}(1+x^2)^{-\frac{2}{3}}\cdot 2x}{2x}=\frac{1}{3}.$$

例 3　求 $\lim\limits_{x\to\infty}\dfrac{\dfrac{\pi}{2}-\arctan x}{\dfrac{1}{x}}$.

解　这是 $x\to\infty$ 时的 $\dfrac{0}{0}$ 型不定式，由洛必达法则得，

$$\lim_{x\to\infty}\frac{\frac{\pi}{2}-\arctan x}{\frac{1}{x}}=\lim_{x\to\infty}\frac{-\frac{1}{1+x^2}}{-\frac{1}{x^2}}=\lim_{x\to\infty}\frac{x^2}{1+x^2}=1.$$

例 4　求 $\lim\limits_{x\to+\infty}\dfrac{\ln x}{x^n}$　$(n>0)$.

解　这是 $x\to+\infty$ 时的 $\dfrac{\infty}{\infty}$ 型不定式，由洛必达法则得，

$$\lim_{x\to+\infty}\frac{\ln x}{x^n}=\lim_{x\to+\infty}\frac{\frac{1}{x}}{nx^{n-1}}=\lim_{x\to+\infty}\frac{1}{nx^n}=0.$$

例 5　求 $\lim\limits_{x\to+\infty}\dfrac{x^n}{e^x}$，其中 n 为正整数.

解　这是 $x\to+\infty$ 时的 $\dfrac{\infty}{\infty}$ 型不定式，我们可以连续 n 次施行洛必达法则，有

$$\lim_{x\to+\infty}\frac{x^n}{e^x}=\lim_{x\to+\infty}\frac{nx^{n-1}}{e^x}=\lim_{x\to+\infty}\frac{n(n-1)x^{n-1}}{e^x}=\cdots=\lim_{x\to+\infty}\frac{n!}{e^x}=0.$$

由以上以几例可以看出，用洛必达法则求不定式的极限是一种简便而有效的方法，应用这一法则时必须注意以下几点.

注 1　用洛必达法则时，如果 $\dfrac{f'(x)}{g'(x)}$ 仍为 $\dfrac{0}{0}$ 型或 $\dfrac{\infty}{\infty}$ 型不定式，且满足定理条件，则可继续使用洛必达法则.

例 6　$\lim\limits_{x\to 1}\dfrac{x^3-3x+2}{x^3-x^2-x+1}$.

解　$\lim\limits_{x\to 1}\dfrac{x^3-3x+2}{x^3-x^2-x+1}=\lim\limits_{x\to 1}\dfrac{3x^2-3}{3x^2-2x-1}=\lim\limits_{x\to 1}\dfrac{6x}{6x-2}=\dfrac{3}{2}.$

注 2　用洛必达法则时，必须检查所求极限是否为 $\dfrac{0}{0}$ 型或 $\dfrac{\infty}{\infty}$ 型不定式，特别是连

续使用洛必达法则时,必须每一次都做检查,如上例中出现的 $\lim\limits_{x\to 1}\dfrac{6x}{6x-2}$ 已不再是 $\dfrac{0}{0}$ 型不定式,这时不能再用洛必达法则.

注 3　洛必达法则并非万能,有少数情况洛必达法则的条件虽然满足,但不能用洛必达法则求极限.

例 7　求 $\lim\limits_{x\to+\infty}\dfrac{\sqrt{1+x^2}}{x}$.

解　$\lim\limits_{x\to+\infty}\dfrac{\sqrt{1+x^2}}{x}=\lim\limits_{x\to+\infty}\dfrac{\frac{2x}{2\sqrt{1+x^2}}}{1}=\lim\limits_{x\to+\infty}\dfrac{x}{\sqrt{1+x^2}}=\lim\limits_{x\to+\infty}\dfrac{1}{\frac{2x}{2\sqrt{1+x^2}}}=\lim\limits_{x\to+\infty}\dfrac{\sqrt{1+x^2}}{x}.$

用了两次洛必达法则后,又还原为原来的问题,因而不能用洛必达法则.事实上,有

$$\lim_{x\to+\infty}\frac{\sqrt{1+x^2}}{x}=\lim_{x\to+\infty}\sqrt{\frac{1}{x^2}+1}=1.$$

3.5.2　其他类型的不定式

除了上述 $\dfrac{0}{0}$ 型和 $\dfrac{\infty}{\infty}$ 型不定式外,还有其他类型的不定式,如 $0\cdot\infty$,$\infty-\infty$,1^{∞} ,0^0 ,∞^0 等类型,求这些不定式的值,通常是将其转化为 $\dfrac{0}{0}$ 型或 $\dfrac{\infty}{\infty}$ 型不定式,再用洛必达法则来计算.下面举几个简单的例子.

例 8　求 $\lim\limits_{x\to0^+}x^n\ln x\quad(n>0)$.

解　这是 $0\cdot\infty$ 型不定式,将其改写成 $x^n\ln x=\dfrac{\ln x}{\frac{1}{x^n}}$,

当 $x\to0^+$ 时,上式右端是 $\dfrac{\infty}{\infty}$ 型不定式,由洛必达法则得,

$$\lim_{x\to0^+}x^n\ln x=\lim_{x\to0^+}\frac{\ln x}{x^{-n}}=\lim_{x\to0^+}\frac{\frac{1}{x}}{-nx^{-n-1}}=\lim_{x\to0^+}\left(-\frac{x^n}{n}\right)=0.$$

例 9　求 $\lim\limits_{x\to0}\left(\dfrac{1}{x}-\dfrac{1}{e^x-1}\right)$.

解　这是 $\infty-\infty$ 型不定式,将其改写成

$$\lim_{x\to 0}\left(\frac{1}{x}-\frac{1}{e^x-1}\right)=\lim_{x\to 0}\frac{e^x-1-x}{x(e^x-1)}.$$

则等式右端为 $\dfrac{0}{0}$ 型不定式，由洛必达法则，得

$$\lim_{x\to 0}\frac{e^x-1-x}{x(e^x-1)}=\lim_{x\to 0}\frac{e^x-1}{e^x-1+xe^x}=\lim_{x\to 0}\frac{e^x}{2e^x+xe^x}=\lim_{x\to 0}\frac{1}{2+x}=\frac{1}{2}.$$

所以

$$\lim_{x\to 0}\left(\frac{1}{x}-\frac{1}{e^x-1}\right)=\frac{1}{2}.$$

例 10　求 $\lim\limits_{x\to 0^+}x^x$.

解　这是 0^0 型不定式，设 $y=x^x$，两边以 e 为底取对数得

$$\ln y=x\ln x.$$

当 $x\to 0^+$ 时，上式右端是 $0\cdot\infty$ 型不定式，应用例 8 的结果，得

$$\lim_{x\to 0^+}\ln y=\lim_{x\to 0^+}(x\ln x)=0.$$

因为 $y=e^{\ln y}$，从而 $\lim\limits_{x\to 0^+}y=\lim\limits_{x\to 0^+}e^{\ln y}=e^{\lim\limits_{x\to 0^+}\ln y}=e^0=1$，即

$$\lim_{x\to 0^+}x^x=\lim_{x\to 0^+}y=1.$$

知识点归纳

会运用洛必达法则求极限．

习　题　3.5

1. 求下列函数的极限：

（1）$\lim\limits_{x\to \pi}\dfrac{\sin 3x}{\tan 5x}$；

（2）$\lim\limits_{x\to 0}\dfrac{a^x-b^x}{x}$；

（3）$\lim\limits_{x\to 0^+}\dfrac{\ln\tan 7x}{\ln\tan 2x}$；

（4）$\lim\limits_{x\to 0}\dfrac{e^x-1}{x}$；

（5）$\lim\limits_{x\to 0}\left(\dfrac{1}{x}-\dfrac{1}{e^x-1}\right)$；

（6）$\lim\limits_{x\to +\infty}\dfrac{\ln x}{x^3}$；

（7）$\lim\limits_{x\to +\infty}(\sqrt[3]{x^3+x^2+x+1}-x)$；

（8）$\lim\limits_{x\to \infty}\dfrac{x+\sin x}{x}$；

（9）$\lim\limits_{x\to 1}(1-x)\tan\left(\dfrac{\pi}{2}x\right)$；

（10）$\lim\limits_{x\to 0}x\sin x$.

2. 验证极限 $\lim\limits_{x \to +\infty} \dfrac{\sqrt{1+x^2}}{x}$ 存在,但不能用洛必达法则得出.

3.6　函 数 图 像

利用函数的一阶导数和二阶导数,可以判定函数的单调性和曲线的凹凸性,从而对函数所表示的曲线的升降和弯曲情况有定性的认识.但当函数的定义域为无穷区间或有无穷类型的间断点(第二类间断点)时,还需了解曲线向无穷远处延伸的趋势,这里我们引出渐近线的概念,并用它来描述曲线的这种特点.

3.6.1　曲线的水平渐近线和竖直渐近线

极限 $\lim\limits_{x \to \infty} f(x) = A$ 表明当 $|x|$ 无限增大时,对应的函数值 $f(x)$ 与数值 A 无限接近.几何上描述为:当曲线 $y = f(x)$ 沿 x 轴正、负向延伸到无穷远时,曲线上的点与直线 $y = A$ 上的点无限接近,也就是直线 $y = A$ 为曲线 $y = f(x)$ 的**水平渐近线**.[见图 3-6-1(a)]

同理,若 $\lim\limits_{x \to +\infty} f(x) = A$ 或 $\lim\limits_{x \to -\infty} f(x) = A$,则直线 $y = A$ 也是曲线 $y = f(x)$ 的水平渐近线.与以上不同的是,这时的渐近线仅限于曲线 $y = f(x)$ 在 $x \to +\infty$ 的一侧或 $x \to -\infty$ 的一侧.

$\lim\limits_{x \to x_0} f(x) = \infty$ 表明当 x 充分接近 x_0 时,相应的函数值 $f(x)$ 的绝对值 $|f(x)|$ 无限增大.几何上描述为:当 x 接近 x_0 时,曲线 $y = f(x)$ 要延伸到无穷远;也就是直线 $x = x_0$ 是曲线 $y = f(x)$ 的**竖直渐近线**.[见图 3-6-1(b)]

同理,若 $\lim\limits_{x \to x_0^+} f(x) = \infty$ 或 $\lim\limits_{x \to x_0^-} f(x) = \infty$,则直线 $x = x_0$ 也是曲线 $y = f(x)$ 的竖直渐近线,与以上不同的是,这时的渐近线仅限于曲线 $y = f(x)$ 在 $x > x_0$ 的一侧或 $x < x_0$ 的一侧.

综合以上讨论知,若 $\lim\limits_{x \to \infty} f(x) = A$,则直线 $y = A$ 是曲线 $y = f(x)$ 的水平渐近线;若 $\lim\limits_{x \to x_0} f(x) = \infty$,则直线 $x = x_0$ 是曲线 $y = f(x)$ 的竖直渐近线.

例 1　求曲线 $y = \dfrac{1}{x-1}$ 的渐近线.

解　$\lim\limits_{x \to \infty} \dfrac{1}{x-1} = 0, \lim\limits_{x \to 1} \dfrac{1}{x-1} = \infty$.

所以 $y = 0$ 为曲线 $y = \dfrac{1}{x-1}$ 的水平渐近线,$x = 1$ 为竖直渐近线.(见图 3-6-2)

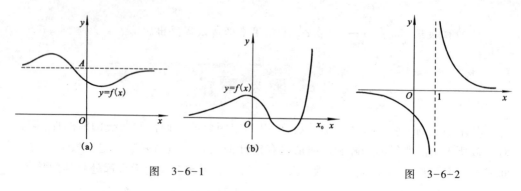

图 3-6-1   图 3-6-2

例 2 求曲线 $y = e^{\frac{1}{x}}$ 的渐近线.

解 $\lim\limits_{x \to \infty} e^{\frac{1}{x}} = 1, \lim\limits_{x \to 0} e^{\frac{1}{x}} = +\infty$.

故 $y = 1$ 为曲线 $y = e^{\frac{1}{x}}$ 的水平渐近线, $x = 0$ 为曲线 $y = e^{\frac{1}{x}}$ 的竖直渐近线.

例 3 求曲线 $y = \dfrac{e^x}{x^2 - 1}$ 的渐近线.

解 $\lim\limits_{x \to -\infty} \dfrac{e^x}{x^2 - 1} = 0, \lim\limits_{x \to 1} \dfrac{e^x}{x^2 - 1} = \infty, \lim\limits_{x \to -1} \dfrac{e^x}{x^2 - 1} = \infty$.

故 $y = 0$ 是曲线的水平渐近线, $x = 1$ 及 $x - 1$ 是曲线的两条竖直渐近线.

3.6.2 函数图形的描绘

利用导数描绘函数图形的一般步骤如下:

(1)确定函数的定义域,并求出函数的一阶导数 $f'(x)$ 和二阶导数 $f''(x)$;

(2)求出在函数定义域内使 $f'(x) = 0$ 和 $f''(x) = 0$ 的全部点以及导数不存在的点,用这些点把函数的定义域划分成若干小区间;

(3)确定这些小区间内 $f'(x)$ 和 $f''(x)$ 的符号,并由此确定函数图形的单调性和凹凸性,求出极值点和拐点;

(4)确定函数图形的水平渐近线和竖直渐近线以及其他变化趋势;

(5)求出使 $f'(x) = 0$ 和 $f''(x) = 0$ 的点对应的函数值,画出图形上相应的点;为了把图形描绘得准确些,有时还需要补充一些点;然后结合第(3)、(4)步中得到的结果,连接这些点画出函数的图形.

例 4 画出函数 $y = x^3 - x^2 - x + 1$ 的图形.

解 (1)所给函数 $y = f(x)$ 的定义域为 $(-\infty, +\infty)$,而

$$f'(x) = 3x^2 - 2x - 1 = (3x + 1)(x - 1),$$

$$f''(x) = 6x - 2 = 2(3x - 1).$$

（2）令 $f'(x)=0$，得 $x=-\dfrac{1}{3}$ 或 $x=1$；令 $f''(x)=0$，得 $x=\dfrac{1}{3}$. 函数没有不可导的点. 将点 $x=-\dfrac{1}{3}$，$x=1$ 和 $x=\dfrac{1}{3}$ 由小到大排列，依次把定义域 $(-\infty,+\infty)$ 划分成以下四个小区间：

$$\left(-\infty,-\frac{1}{3}\right],\quad\left[-\frac{1}{3},\frac{1}{3}\right],\quad\left[\frac{1}{3},1\right],\quad\left[1,+\infty\right).$$

（3）在 $\left(-\infty,-\dfrac{1}{3}\right)$ 内，$f'(x)>0$，$f''(x)<0$，所以在 $\left(-\infty,-\dfrac{1}{3}\right]$ 内的曲线弧是单调递增而且是凸的.

在 $\left(-\dfrac{1}{3},\dfrac{1}{3}\right)$ 内，$f'(x)<0$，$f''(x)<0$，所以在 $\left[-\dfrac{1}{3},\dfrac{1}{3}\right]$ 内曲线弧是单调减少而且是凸的.

同样可以讨论在区间 $\left[\dfrac{1}{3},1\right]$ 上及区间 $\left[1,+\infty\right)$ 上相应的曲线弧的单调性及凹凸性. 为了明确起见，我们把所得的结论列成下表（见表 3-6-1）.

表　3-6-1

x	$\left(-\infty,-\dfrac{1}{3}\right)$	$-\dfrac{1}{3}$	$\left(-\dfrac{1}{3},\dfrac{1}{3}\right)$	$\dfrac{1}{3}$	$\left(\dfrac{1}{3},1\right)$	1	$(1,+\infty)$
$f'(x)$	+	0	−	−	−	0	+
$f''(x)$	−	−	−	0	+	+	+
$y=f(x)$ 的图形	↗,凸	极大值	↘,凸	拐点	↘,凹	极小值	↗,凹

（4）当 $x\to+\infty$ 时，$y\to+\infty$；当 $x\to-\infty$ 时，$y\to-\infty$.

（5）算出 $x=-\dfrac{1}{3},\dfrac{1}{3},1$ 处的函数值

$$f\left(-\frac{1}{3}\right)=\frac{32}{27},\quad f\left(\frac{1}{3}\right)=\frac{16}{27},\quad f(1)=0.$$

从而得到函数 $y=x^3-x^2-x+1$ 图形上的三个点

$$\left(-\frac{1}{3},\frac{32}{27}\right),\quad\left(\frac{1}{3},\frac{16}{27}\right),\quad(1,0).$$

适当补充一些点. 例如，计算出

$$f(-1)=0,\quad f(0)=1,\quad f\left(\frac{3}{2}\right)=\frac{5}{8}.$$

就可补充描出点 $(-1,0)$、点 $(0,1)$ 和点 $\left(\dfrac{3}{2},\dfrac{5}{8}\right)$. 结合（3）、（4）中得到的结果，就可以

画出 $y = x^3 - x^2 - x + 1$ 的图形,如图 3-6-3 所示.

例 5 描绘函数 $y = 1 + \dfrac{36x}{(x+3)^2}$ 的图形.

解 (1)所给函数 $y = f(x)$ 的定义域为 $(-\infty,$
$-3), (-3, +\infty)$.

$$f'(x) = \frac{36(3-x)}{(x+3)^3}; \quad f''(x) = \frac{72(x-6)}{(x+3)^4}.$$

(2)令 $f'(x) = 0$,得 $x = 3$;令 $f''(x) = 0$,得 $x = 6$,点 $x = -3, x = 3$ 和 $x = 6$ 把定义域划分成四个小区间

$$(-\infty, -3), (-3, 3], [3, 6], [6, +\infty).$$

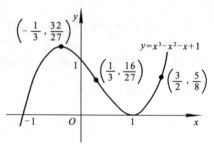

图 3-6-3

(3)在各个小区间内 $f'(x)$ 及 $f''(x)$ 的符号、相应曲线弧的单调性及凹凸性,以及极值点和拐点等列表如下(见表 3-6-2).

表 3-6-2

x	$(-\infty, -3)$	$(-3, 3)$	3	$(3, 6)$	6	$(6, +\infty)$
$f'(x)$	$-$	$+$	0	$-$	$-$	$-$
$f''(x)$	$-$	$-$	$-$	$-$	0	$+$
$y = f(x)$ 的图形	↘,凸	↗,凸	极大值	↘,凸	拐点	↘,凹

(4)由于 $\lim\limits_{x \to \infty} f(x) = 1$, $\lim\limits_{x \to -3} f(x) = -\infty$,所以图形有一条水平渐近线 $y = 1$ 和一条竖直渐近线 $x = -3$.

(5)算出 $x = 3, x = 6$ 处的函数值

$$f(3) = 4, \quad f(6) = \frac{11}{3}.$$

从而得到图形上的两个点

$$M_1(3, 4), \quad M_2\left(6, \frac{11}{3}\right).$$

又由于

$$f(0) = 1, f(-1) = -8, f(-9) = -8, f(-15) = -\frac{11}{4}.$$

得到图形上的四个点

$$M_3(0, 1), M_4(-1, -8), M_5(-9, -8), M_6\left(-15, -\frac{11}{4}\right).$$

因此,函数 $y = 1 + \dfrac{36x}{(x+3)^2}$ 的图形如图 3-6-4 所示.

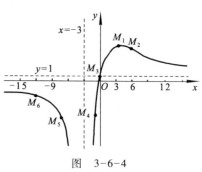

图 3-6-4

知识点归纳

（1）会求曲线的水平渐近线和竖直渐近线；

（2）掌握利用导数描绘函数图形．

习　题　3.6

1．求曲线 $y = x\sin\dfrac{1}{x}$ 的水平渐近线．

2．描绘下列函数的图形：

（1）$y = x^3 - 6x^2 + 9x - 4$；　　　　　（2）$y = \dfrac{x^2}{x^2 - 1}$．

*3.7　导数在经济分析中的应用

本节介绍在经济学中两个重要的分析方法．

3.7.1　边际分析

边际概念是经济学中的一个重要概念．通常是指经济函数 $y = f(x)$ 在 x 的某个值（或称边缘上）对 y 的变化情况，即 y 关于 x 的瞬时变化率．利用导数研究经济变量的边际变化的方法称为**边际分析法**．

1. 边际成本

定义 1　产量增加一个单位时所增加的成本称为**边际成本**．

设某产品产量为 q 单位时所需的总成本为 $C = C(q)$，则

$$C(q + 1) - C(q) = \Delta C(q) \approx dC(q) = \Delta'(q)\Delta q = C'(q).$$

所以边际成本就是总成本函数关于产量 q 的导数．

2. 边际收入

定义 2　多销售一个单位产品所增加的销售收入称为**边际收入**．

设某产品的销售量为 q 时的收入函数 $R = R(q)$，则收入函数关于销售量 q 的导数，就是该产品的边际收入 $R'(q)$．

3. 边际利润

定义 3　设 q 为销售量，利润函数为 $L = L(q)$，如果 $L(q)$ 可导，则称 $L'(q)$ 为**边际利润**．

边际利润近似等于销售量为 q 时，再多销售一个单位产品所增加（或减少）的

利润.

由 $$L(q) = R(q) - C(q),$$

可得 $$L'(q) = R'(q) - C'(q).$$

即边际利润为边际收入与边际成本之差.

例1 设某产品产量为 q(单位:t)时的总成本函数(单位:元)为

$$C = 900 + 6q + 40\sqrt{q} \quad (\Delta q = 1).$$

求:(1)产量为 100 t 时的总成本;

(2)产量为 100 t 时的平均成本;

(3)产量从 100 t 增加到 225 t 时总成本的平均变化率;

(4)产量为 100 t 时总成本的变化率(边际成本).

解 (1)产量为 100 t 时的总成本为

$$C(100) = 900 + 6 \times 100 + 40\sqrt{100} \ \text{元} = 1\ 900 \ \text{元};$$

(2)产量为 100 t 时的平均成本为

$$\bar{C}(100) = \frac{C(100)}{100} = 19 \ \text{元}/\text{t};$$

(3)产量从 100 t 增加到 225 t 时,总成本的平均变化率为

$$\frac{\Delta C}{\Delta g} = \frac{C(225) - C(100)}{225 - 100} = \frac{2\ 310 - 1\ 900}{125} \ \text{元}/\text{t} = 3.28 \ \text{元}/\text{t};$$

(4)产量为 100 t 时边际成本为

$$C'(100) = (900 + 6q + 40\sqrt{q})' \Big|_{q=100} = 6 + \frac{20}{\sqrt{q}} \Big|_{q=100}$$

$$= 8 \ \text{元}.$$

例2 设某产品的需求函数为 $q = 80 - 4p$,求边际收入函数及 $q = 10$、40、50 时的边际收入.

解 由 $q = 80 - 4p$ 得 $$p = \frac{1}{4}(80 - q).$$

代入收入函数 $$R(q) = pq,$$

得 $$R(q) = \frac{1}{4}(80 - q)q.$$

边际收入函数为

$$R'(q) = \frac{1}{4}(80 - 2q) = 20 - \frac{q}{2}.$$

$$R'(10) = 15, \quad R'(40) = 0, \quad R'(50) = -5.$$

由此可知,当销售量为 10 时,再增加销售一个单位产品,总收入可增加 15 个单位;当销售量为 40 个单位时,再增加销量总收入不会增加;当销售量为 50 时,再多销售一个单位产品,反而使总收入减少 5 个单位.

由此例看到,并不是销售量越大总收入越多,这与我们直观的想法是不符的. 其原因是总收入受到种种客观因素的制约,比如产量无限制增大时,产品可能充斥市场,从而造成价格下落,也就是在 $R(q) = pq$ 中,虽然 $R(q)$ 与 q 是正比例关系,但必须保持 p 是常数,否则收入就不是按比例增加.

由此也提出一个问题:如何求最大利润,这个问题对任何产品经营者来说都是最重要的问题. 这就是我们前面已解决的求函数的最大值问题.

3.7.2　弹性分析

弹性分析也是经济分析中常用的一种方法,这里先要弄清弹性这个概念.

弹性是经济学中另一个重要概念,用来定量地描述一个经济变量对另一个经济变量变化的反应程度.

实例　设函数 $y = x^3$,当 x 由 10 变到 11 时,y 由 1 000 变到 1 331. 这时自变量 x 的绝对改变量 $\Delta x = 1$,函数 y 的绝对改变量 $\Delta y = 331$. 自变量 x 的相对改变量为 $\dfrac{\Delta x}{x} = \dfrac{1}{10} = 10\%$,函数 y 的相对改变量为 $\dfrac{\Delta y}{y} = \dfrac{331}{1\,000} = 33.1\%$. 我们来考虑 $\dfrac{\Delta y}{y}$ 与 $\dfrac{\Delta x}{x}$ 之比,即

$$\frac{\Delta y / y}{\Delta x / x} = \frac{33.1\%}{10\%} = 3.31.$$

它表示 x 在区间 $[10,11]$ 内,从 $x = 10$ 起,当 x 改变 1% 时,y 平均改变了 3.31%,将此称为 x 从 10 到 11 时函数 $y = x^3$ 的平均相对变化率.

一般地有:

定义 4　对于函数 $y = f(x)$,如果极限 $\lim\limits_{\Delta x \to 0} \dfrac{\Delta y / y}{\Delta x / x}$ 存在,则

$$\lim_{\Delta x \to 0} \frac{\Delta y / y}{\Delta x / x} = \lim_{\Delta x \to 0} \frac{\Delta y}{\Delta x} \cdot \frac{x}{y} = \frac{x}{y} \frac{\mathrm{d}y}{\mathrm{d}x} = \frac{x}{y} \cdot f'(x)$$

称为函数 $f(x)$ 在点 x 处的**弹性**,记作 E. 即

$$E = \frac{x}{y} \cdot \frac{\mathrm{d}y}{\mathrm{d}x}.$$

由此可见,函数 $f(x)$ 的弹性是函数的相对改变量与自变量的相对改变量比值的极限.它是函数的相对变化率.通常人们就说,当自变量变化百分之一时,函数变化的

百分数.

特别地,当 $y = f(x)$ 选作需求函数时,可得需求弹性定义.

定义 5　设需求函数 $Q = Q(p)$,则

$$E_d = -\frac{p}{Q} \cdot \frac{dQ}{dp}$$

称为**需求弹性**.

根据经济学理论,需求函数是单调减少函数,所以需求弹性一般取负值.

同样有:

定义 6　设供给函数 $S = S(p)$,则

$$E_S = \frac{p}{S} \cdot \frac{dS}{dp}$$

称为**供给弹性**.

例 3　设某商品的需求函数为 $Q = 2\,500\mathrm{e}^{-0.03p}$,求价格为 100 时的需求弹性并解释其经济含义.

解　$E_d(p) = \dfrac{p \cdot Q'(p)}{q} = \dfrac{p \cdot (-0.03)2\,500\mathrm{e}^{-0.03p}}{2\,500 \cdot \mathrm{e}^{-0.03p}}$.

$E_d(100) = -3$.

它的经济意义是:当价格为 100 时,若价格增加 1% ,则需求减少 3% .

知识点归纳

将数学用于经济学,可以深入揭示仅靠定性分析难以表达的现代经济错综复杂的相互关系及其变动趋势,从而把握经济决策的方向. 由于是为经济分析服务,所以要保证经济概念的严谨无误. 由于涉及很多经济学中的概念,所以增加了学习的难度. 本节首先要弄清"边际"和"弹性"这两个经济学中的重要概念.

对于"边际"把握住它本质上是"函数的改变量". 由于函数的改变量近似等于微分,以边际成本为例

$$C(q+1) - C(q) = \Delta C(q) \approx dC(q) = C'(q)\Delta q = C'(q),$$

所以边际成本就是总成本函数关于产量 q 的导数.

一般地,边际概念指经济函数的变化率.

对于"弹性"把握住它本质上是"当自变量变化百分之一时,函数变化的百分数".

习　题　3.7

1. 设某厂每月生产的产品,固定成本为 1 000 元,生产 x 个单位产品的可变成本为 $0.01x^2 + 10x$(元).如果每单位产品的售价为 30 元,试求:总成本函数、收入函数、利润函数、边际成本、边际收入及边际利润为零时的产量.

2. 设某产品的需求函数为 $x = 100 - 50p$,其中 p 为价格,x 为需求量.求边际收入函数以及 $x = 30$、50 和 80 时的边际收入,并解释所得结果的经济意义.

3. 设某商品的需求函数为 $Q = 3\,000\mathrm{e}^{-0.02p}$.求价格为 100 时的需求弹性,并解释其经济意义.

4. 已知某商品的需求函数 $Q = \dfrac{1\,200}{p}$.求:

(1) $p = 30$ 到 $p = 20$ 两点间的需求弹性;

(2) 求 $p = 30$ 处需求弹性.

3.8　微分的应用

从微分的定义,我们知道微分就是用来近似地替代函数的增量.由于 $\mathrm{d}y$ 较 Δy 容易计算,所以这种替代很有实用价值.下面我们就来讨论微分在近似计算上的应用.

3.8.1　计算函数的增量的近似值

因为 $\Delta y = f(x_0 + \Delta x) - f(x_0)$,$\mathrm{d}y = f'(x_0)\Delta x$.由 $\Delta y \approx \mathrm{d}y$,得

$$\Delta y \approx f'(x_0)\Delta x.$$

所以计算 Δy 转化为计算 $f'(x_0)$ 与 Δx.当然这里 $|\Delta x|$ 要相对比较小,否则误差可能很大.

例 1　一个充好气的气球,半径为 4 m.升空后,因外部气压降低气球半径增大了 10 cm.问气体的体积近似增加多少?

解　设球的体积为 V,半径为 r,则

$$V = \frac{4}{3}\pi r^3.$$

当 r 由 4m 增加到 $4 + 0.1$m 时,V 的增加为 ΔV,$\Delta V \approx \mathrm{d}V$.

$$\mathrm{d}V = V'\mathrm{d}r = 4\pi r^2 \mathrm{d}r.$$

此时 $\mathrm{d}r = 0.1$,$V = 4$.

所以　　　　　　　　$\Delta V \approx 4 \times 3.14 \times 4^2 \times 0.1 \mathrm{m}^3 \approx 20\ \mathrm{m}^3.$

即体积约增加了 20 m^3.

3.8.2 计算函数值的近似值

分以下两种情况讨论.

1. 计算函数 $f(x)$ 在点 $x = x_0$ 附近的近似值

由 $\Delta y \approx f'(x)\Delta x$ 得 $f(x_0 + \Delta x) \approx f(x_0) + f'(x_0)\Delta x$.

表面上看,计算一个 $f(x + \Delta x)$ 转化为要计算三个量: $f(x_0)$、$f'(x_0)$、Δx,反而麻烦了. 其实不一定,因为很多情况下,这三个量容易计算得多. 由此也看出它的应用范围: $f(x_0)$、$f'(x_0)$ 要比较容易计算,另外同样要求 $|\Delta x|$ 比较小.

例 2 计算 arctan 1.05 的近似值(精确到 0.000 1).

解 设 $f(x) = \arctan x$ 得

$$\arctan(x_0 + \Delta x) \approx \arctan x_0 + \frac{1}{1 + x_0^2}\Delta x.$$

因为 $1.05 = 1 + 0.05$,取 $x_0 = 1, \Delta x = 0.05$.

求得 $\qquad f(1) = \arctan 1 = \frac{\pi}{4}, \quad f'(1) = \frac{1}{1 + 1^2} = \frac{1}{2}.$

此时 $|\Delta x| = 0.05$ 比较小,所以得

$$\arctan(1 + 0.05) \approx \arctan 1 + \frac{1}{1 + 1^2}(0.05),$$

即 $\qquad \arctan 1.05 \approx \frac{\pi}{4} + \frac{0.05}{2} \approx 0.810\ 4.$

例 3 计算 sin 30°30′ 的近似值(精确到 0.000 1).

解 把 30°30′ 写成弧度为 $\frac{\pi}{6} + \frac{\pi}{360}$.

设 $f(x) = \sin x$,求得

$$f'(x) = \cos x.$$

取 $x_0 = \frac{\pi}{6}, \Delta x = \frac{\pi}{360}$,易得

$$f\left(\frac{\pi}{6}\right) = \sin\frac{\pi}{6} = \frac{1}{2}, \quad f'\left(\frac{\pi}{6}\right) = \cos\frac{\pi}{6} = \frac{\sqrt{3}}{2}.$$

由于 $\Delta x = \frac{\pi}{360} \approx 0.008\ 727$ 也比较小,所以得

$$\sin\left(\frac{\pi}{6} + \frac{\pi}{360}\right) \approx \sin\frac{\pi}{6} + \cos\frac{\pi}{6} \times \frac{\pi}{360}.$$

$$\sin 30°30′ \approx \frac{1}{2} + \frac{\sqrt{3}}{2} \times 0.008\ 727 \approx 0.507\ 6.$$

2. 计算函数 $f(x)$ 在 $x=0$ 附近的近似值

在 $f(x+\Delta x) \approx f(x_0) + f'(x_0)\Delta x$ 中令 $x_0 = 0, \Delta x = x$ 得

$$f(x) = f(0) + f'(0)x.$$

当 $|x|$ 很小时,可以用此公式求函数 $f(x)$ 在点 $x=0$ 附近的近似值.

应用此公式可以推得以下几个工程技术上常用的近似公式:(下面都假定 $|x|$ 是很小的数值)

(1) $\sqrt[n]{1+x} \approx 1 + \dfrac{1}{n}x$;   (2) $\sin x \approx x$;

(3) $\tan x \approx x$;   (4) $\ln(1+x) \approx x$;

(5) $e^x \approx 1 + x$.

证 (1) 设 $f(x) = \sqrt[n]{1+x}$, 则 $f'(x) = \dfrac{1}{n \cdot \sqrt[n]{(1+x)^{n-1}}}$.

而 $f(0) = \sqrt[n]{1+0} = 1, f'(0) = \dfrac{1}{n}$ 代入公式 $f(x) = f(0) + f'(0)x$ 得

$$f(x) \approx 1 + \dfrac{1}{n}x,$$

即

$$\sqrt[n]{1+x} \approx 1 + \dfrac{1}{n}x.$$

(2) 设 $f(x) = \sin x$. 则 $f'(x) = \cos x$.

由 $f(0) = \sin 0 = 0, f'(0) = \cos 0 = 1$ 代入公式 $f(x) = f(0) + f'(0)x$,得

$$f(x) \approx 0 + 1 \cdot x = x.$$

即

$$\sin x \approx x.$$

其他几个近似公式,读者可用类似方法自行证明.

例 4 计算 $\sqrt[3]{1.03}$ 的近似值.

解 显见,应该用公式(1),此时 $n=3$,所以

$$\sqrt[3]{1+x} \approx 1 + \dfrac{x}{3}.$$

于是

$$\sqrt[3]{1.03} = \sqrt[3]{1+0.03} \approx 1 + \dfrac{0.03}{3} = 1.01.$$

例 5 计算 $\sqrt[4]{9\,991.6}$ 的近似值.

解 用近似公式(1),因为 $n=4$,所以

$$\sqrt[4]{1+x} \approx 1 + \dfrac{x}{4}.$$

由于 $9\,991.6$ 表示成 $1 + 9\,990.5$. 此时 $|x| = 9\,990.5$ 不是很小,所以不能直接用

公式,必须先把 $\sqrt[4]{9\,991.6}$ 变成 $\sqrt[4]{1+x}$ 的形式,其中 $|x|$ 比较小,

$$\sqrt[4]{9\,991.6} = \sqrt[4]{10\,000 - 8.4} = \sqrt[4]{10\,000\left(1 - \frac{8.4}{10\,000}\right)} = 10 \cdot \sqrt[4]{1 - 0.000\,84},$$

所以

$$\sqrt[4]{9\,991.6} \approx 10 \cdot \left(1 - \frac{0.000\,84}{4}\right) = 9.997\,9.$$

例 6　计算 $\ln 0.997$ 的近似值.

解　$\ln 0.997 = \ln(1 - 0.003)$,应用公式(4)得

$$\ln 0.997 \approx -0.003.$$

例 7　设某市的国民经济消费模型为

$$y = 9 + 0.35x + 0.01x^{\frac{1}{2}}.$$

其中 y 为总消费(单位:亿元),x 为可支配收入(单位:亿元). 当 $x = 100.05$ 时,问总消费是多少?

解　令 $x_0 = 100$,$\Delta x = 0.05$,因为 Δx 相对较小,可用有关的近似公式来求值

$$f(x_0 + \Delta x) \approx f(x_0) + f'(x_0)\Delta x$$

$$= (9 + 0.35 \times 100 + 0.01) \times \sqrt{100} + \left(0.35 + \frac{0.01}{20}\right) \times 0.05 \text{ 亿元}$$

$$= 45 + 0.017\,525 \text{ 亿元} = 45.017\,525 \text{ 亿元}.$$

知识点归纳

微分在近似计算上的应用,我们主要讲两方面:计算函数增量的近似值与计算函数值的近似值,其中计算函数值的近似值是微分应用的重点.

1. 计算函数增量的近似值

基本公式:$\Delta y \approx dy = f'(x_0)\Delta x$.

应用公式时要注意:

(1)Δx 可正可负,可与自变量的初值结合起来考虑. 比如物体受热膨胀,要计算增加的体积,此时既可以把加热前的体积作为 $f(x_0)$,Δx 为正,也可以把加热后的物体作为 $f(x_0)$,此时 Δx 为负.

(2)$|\Delta x|$ 要相对比较小.

2. 计算函数值的近似值.

主要公式:$f(x_0 + \Delta x) \approx f(x_0) + f'(x_0)\Delta x$.

运用此公式要注意,$f(x_0)$ 和 $f'(x_0)$ 要容易计算,且 $|\Delta x|$ 要相对比较小.

习　题　3.8

一、填空题

1. 微分概念的实质: dy 是 _____ 的线性主部.

2. 应用近似公式 $\Delta y \approx f'(x_0)\Delta x$ 和 $f(x_0 + \Delta x) \approx f(x_0) + f'(x_0)\Delta x$ 时, 应注意 _____ 相对较小.

二、近似计算(精确到 0.000 1)

1. $\sqrt{2}$.　　　　　　　　　 2. $\sin 29°$.　　　　　　　　　 3. $e^{1.01}$.

三、解答题

设某国的国民经济消费模型为 $y = 10 + 0.4x + 0.01x^{\frac{1}{2}}$, 其中 y 为总消费(单位:亿元), x 为可支配收入(单位:亿元). 当 $x = 100.05$ 时, 问总消费是多少?

小　　结

一、本章主要内容

函数单调性的判定、函数的极值、函数的最大值和最小值.导数在经济分析中的应用.

二、本章注意事项

本章用导数作工具,研究了更深刻的函数性质.

函数的单调性、极值的判定方法归纳如下表所示.

函数单调性与极值的判定

	x	$(x_0 - \Delta x, x_0)$	x_0	$(x_0, x_0 + \Delta x)$
有极大值	$f'(x)$	$+$	0	$-$
	$f(x)$	↗	极大值 $f(x_0)$	↘
有极小值	$f'(x)$	$-$	0	$+$
	$f(x)$	↘	极小值 $f(x_0)$	↗
无极值	$f'(x)$	$+(-)$	0	$+(-)$
	$f(x)$	↗(↘)	无极值	↗(↘)

检　测　题

(时间:60 分钟)

一、选择题(每小题 4 分, 共 16 分)

1. 如右图所示, $y = f(x)$ 在 (a, b) 内有(　　　).

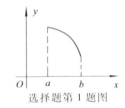

选择题第 1 题图

(A)$y'>0,y''>0$　　　　　　　　　　(B)$y'<0,y''<0$

(C)$y'>0,y''<0$　　　　　　　　　　(D)$y'<0,y''>0$

2. 设 $y=f(x)$ 在 $[a,b]$ 上可导,则以下结论正确的是(　　).

(A)$f(x)$ 在 $[a,b]$ 上不能同时有最大值和最小值

(B)$f(x)$ 在 $[a,b]$ 上的最小值一定是极小值

(C)$f(x)$ 在 $[a,b]$ 上一定有最大值和最小值

(D)$f(x)$ 在 $[a,b]$ 上的最小值一定是 $f(a)$ 或 $f(b)$

3. 已知 x_1 和 x_2 分别是函数 $f(x)$ 的极小点和极大点,则(　　).

(A)$f'(x_1)<f'(x_2)$　　　　　　　　(B)$f(x_1)<f(x_2)$

(C)$x_1<x_2$　　　　　　　　　　　(D)x_1,x_2 是函数的驻点或不可导点

4. 函数 $f(x)=|2x|+1$ 在 $(-2,2)$ 内的最小值是(　　).

(A)3　　　　　(B)1　　　　　(C)-1　　　　　(D)不存在

二、填空题(每空 3 分,共 45 分)

1. 函数 $y=(x-1)\sqrt[3]{x^2}$ 的导数 $y'=$ _____;当 $x=$ _____ 时 $y'=0$,当 $x=0$ 时 y' _____;在区间 _____ 内 $y'>0$,在区间 _____ 内 $y'<0$. 由此知 $x=$ _____ 时,函数的极大值 $y=$ _____;在 $x=$ _____ 时,函数的极小值 $y=$ _____.

2. 已知函数 $y=x^3+ax^2+bx+2$ 在 $x_1=1$ 和 $x_2=2$ 处有极值,则 $a=$ _____,$b=$ _____,这时 x_1、x_2 分别是极 _____ 点和极 _____ 点.

3. $\sin 30.5°\approx$ _____

4. 边际利润为边际收入与边际成本之 _____.

三、解答题(每题 13 分,共 39 分)

1. 已知函数 $y=\dfrac{1}{3}x^3-x$,试讨论其单调性并求出其极值.

2. 设总收入和总成本(以元为单位),分别由下列两式给出

$$R(q)=5q-0.003q^2,\quad C(q)=300+1.1q.$$

其中 $0\leqslant q\leqslant 1\ 000$. 求获得最大利润时 q 的数量,以及最大利润.

3. 一艘轮船在航行中的燃料费和它的速度立方成正比,已知速度为 10 km/h 时,燃料费是 6 元/h. 而其他与速度无关的费用是 96 元/h. 问轮船以什么样的速度航行时,航行 1 km 所需费用总和为最小?

第4章 不定积分

我们在第 2 章已经讨论研究了已知一个函数,求这个函数导数的问题.本章我们主要讨论研究已知一个函数的导数,求出这个函数的问题,也就是讨论研究不定积分的概念及其相关性质与不定积分的求法.

4.1 不定积分的概念

4.1.1 原函数的概念

数学中有许多运算都是互逆的,初等数学中有加法与减法、乘法与除法、乘方与开方,那么高等数学中有没有呢? 我们先看下面的两个实例.

例 1 已知函数 $f(x)$ 的导数 $f'(x) = \cos x$,求函数 $f(x)$.

解 因为 $\cos x = (\sin x)'$,对于任意的常数 C,都有

$$\cos x = (\sin x + C)',$$

所以 $f(x) = \sin x + C$(其中 C 为任意常数).

例 2 已知某物体的运动速度 $v(t) = at$(a 是加速度,t 是时间),求该物体的运动方程.

解 设物体的运动方程为 $s = s(t)$.因为 $v(t) = s'(t) = at$,又

$$at = \left(\frac{1}{2}at^2 + C\right)',$$

其中 C 为任意常数,所以有 $s(t) = \frac{1}{2}at^2 + C$.

以上两个例子实际上就是:已知某函数的导数,求这个函数.这是一个与求导数(或微分)相反的问题,我们称之为**求原函数**.

我们称这类由给定函数导数 $f'(x)$ 求原函数的运算为积分法.

定义 1 设在区间 I 上,如果对 $\forall x \in I$,都有

$$F'(x) = f(x), \quad \text{或} \quad \mathrm{d}F(x) = f(x)\mathrm{d}x,$$

则称函数 $F(x)$ 是函数 $f(x)$ 在该区间 I 上的一个**原函数**.

例如:例 1 中的 $\sin x$ 是函数 $\cos x$ 的一个原函数,$\sin x$,$\sin x + 2$,$\sin x - 8$,$\sin x + C$(其中 C 为任意常数)都是 $\cos x$ 的原函数. 我们想知道是不是普遍有这个结论:即一个已知函数,如果有一个原函数,它是否就有无穷多个原函数,并且任意两个原函数之间只差一个常数. 下面的定理可解决这个问题.

定理 1   假设在区间 I 上 $F(x)$ 是 $f(x)$ 的一个原函数,则 $F(x) + C$(其中 C 为任意常数)也是 $f(x)$ 的原函数.

证   设 C 为任意常数,由 $F'(x) = f(x) \Rightarrow [F(x) + C]' = f(x)$,即 $F(x) + C$ 也是 $f(x)$ 的原函数.

定理 2   假设在区间 I 上 $F(x)$ 和 $G(x)$ 都是 $f(x)$ 的原函数,则 $F(x) - G(x) = C$(其中 C 为任意常数).

证   由 $F'(x) = f(x)$,$G'(x) = f(x) \Rightarrow [F(x) - G(x)]' = F'(x) - G'(x) \equiv 0$,所以 $F(x) - G(x) = C$(其中 C 为任意常数).

那么是不是所有的函数一定有一个原函数,或者说在什么条件下一定有原函数呢? 下面的定理可解决这个问题.

定理 3   如果函数 $f(x)$ 在 $[a,b]$ 上连续,则函数 $f(x)$ 在该区间上的原函数必定存在.

上述定理又叫**原函数存在定理**. 该定理简单地说就是:连续函数一定有原函数.

证明在此略去.

4.1.2   不定积分的概念

定义 2   在区间 I 上函数 $f(x)$ 的全体原函数称为 $f(x)$ 的**不定积分**,记为

$$\int f(x) \, dx .$$

其中符号 $\int$ 称为**积分号**,$f(x)$ 称为**被积函数**,x 称为**积分变量**,$f(x) \, dx$ 称为**被积表达式**.

如果 $f(x) = [F(x) + C]'$(其中 C 为任意常数),则 $\int f(x) \, dx = F(x) + C$.

由此可见,求不定积分的问题实质上就是求原函数的问题. 如求已知函数 $f(x)$ 的不定积分,只需求出它的一个原函数 $F(x)$,然后再加上任意常数 C 即可. 在不至造成混淆的情况下,以后总是把 C 作为常数的符号,不再另加说明.

例 3   求下列不定积分:

(1) $\int x^3 \, dx$;   (2) $\int \cos x \, dx$;

$(3) \displaystyle\int e^x dx$;
$\qquad\qquad (4) \displaystyle\int \dfrac{1}{1+x^2} dx$.

解 (1) 因为 $x^3 = \left(\dfrac{x^4}{4} \right)'$，所以 $\dfrac{x^4}{4}$ 是 x^3 的一个原函数. 因此

$$\int x^3 dx = \frac{x^4}{4} + C.$$

(2) 因为 $\cos x = (\sin x)'$，所以 $\sin x$ 是 $\cos x$ 的一个原函数，因此

$$\int \cos x dx = \sin x + C.$$

(3) 因为 $e^x = (e^x)'$，所以 $\displaystyle\int e^x dx = e^x + C.$

(4) 因为 $\dfrac{1}{1+x^2} = (\arctan x)'$，所以 $\displaystyle\int \dfrac{1}{1+x^2} dx = \arctan x + C.$

例 4 求不定积分 $\displaystyle\int \dfrac{1}{x} dx$.

解 被积函数在 $x = 0$ 处没有定义.

当 $x > 0$ 时，因为 $\dfrac{1}{x} = (\ln x)'$，所以 $\displaystyle\int \dfrac{1}{x} dx = \ln x + C.$

当 $x < 0$ 时，因为 $\dfrac{1}{x} = [\ln(-x)]'$，所以 $\displaystyle\int \dfrac{1}{x} dx = \ln(-x) + C.$

综合上面的讨论，得

$$\int \frac{1}{x} dx = \ln |x| + C.$$

4.1.3 不定积分的几何意义

例 5 已知某曲线在点 (x,y) 的切线斜率为 $2x$，且曲线经过点 $(0,1)$. 求该曲线方程.

解 由题意得 $k = y' = 2x$，又因为 $2x = (x^2)'$，所以 $\displaystyle\int 2x dx = x^2 + C$，即 $y = x^2 + C$.
又由于曲线经过点 $(0,1)$，所以 $1 = 0^2 + C$，即 $C = 1$. 故所求曲线方程为 $y = x^2 + 1$.

一般地，函数 $f(x)$ 的任意一个原函数 $F(x)$ 的图形称为 $f(x)$ 的**积分曲线**，它的方程是 $y = F(x)$. 由于对于任意常数 C，$F(x) + C$ 都是 $f(x)$ 的原函数，故 $f(x)$ 的积分曲线有无穷多条，它们中的任一条都可通过把积分曲线 $y = F(x)$ 沿 y 轴的方向平行移动而得到. $f(x)$ 的全部积分曲线构成一个曲线簇. 这个积分曲线簇的每一条在相同的横坐标 x_0 处的切线的斜率是 $f'(x_0)$，故这些切线都是彼此平行的 (见图 4-1-1). 这就是不定积分的几何意义.

如例 5,积分曲线 $y = x^2 + 1$ 就是将积分曲线 $y = x^2$ 沿 y 轴正方向平行移动 1 个单位而得到的. 且过点 $(0,1)$ 处的切线和 x 轴平行(见图 4-1-2).

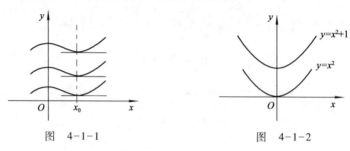

图　4-1-1   图　4-1-2

知识点归纳

(1)原函数和不定积分是两个崭新的概念,而且比较抽象,应结合实际问题并联系导数来理解.

(2)若在某区间上有 $F_1'(x) = f(x)$,又有 $F_2'(x) = f(x)$,则 $F_1(x)$ 与 $F_2(x)$ 的差是一个常数,不要误认为一定有 $F_1(x) = F_2(x)$.

(3)原函数与不定积分的关系:函数 $f(x)$ 的全部原函数称为 $f(x)$ 的不定积分.

习　题　4.1

一、选择题

1. 在区间 (a,b) 内的任一点 x,总有 $f'(x) = g'(x)$. 则下列各式中必定成立的是(　　).

(A)$f(x) = g(x)$ (B)$f(x) = g(x) + 1$

(C)$f(x) = g(x) + C$ (D) $\left[\int f(x)\,\mathrm{d}x \right]' = \left[\int g(x)\,\mathrm{d}x \right]'$

2. 设 $f(x)$ 的一个原函数是 $F(x) = 2x^3 - 1$,则 $f(x)$ 为(　　).

(A)$\dfrac{3}{2}x^3 - x$ (B)$x^3 - x + C$ (C)$6x - 1$ (D)$6x$

3. 甲、乙两人计算 $\int \left(-\dfrac{1}{\sqrt{1 - x^2}} \right)\mathrm{d}x$,甲得答案 $\arcsin x + C$,乙得答案 $-\arcsin x + C$. 则(　　).

(A)甲正确乙错误   (B)乙正确甲错误   (C)都正确   (D)都错误

二、填空题

1. 一个已知函数,如果有一个原函数,那么它就有_____个原函数,并且其中任意两个原函数之间的差为＿＿＿＿＿＿．

2. $\sin x = ($＿＿＿＿＿＿$)'$；$\dfrac{1}{x^2} = ($＿＿＿＿＿＿$)'$；$\dfrac{1}{x^2+1} = ($＿＿＿＿＿＿$)'$．

三、解答题

1. 已知某曲线通过点$(1,2)$，且在任一点的切线斜率等于该点横坐标的 2 倍，求该曲线方程．

2. 设物体的运动速度为 $v(t) = 1 + \sin t$．若 $t = 0$ 时，物体所经过的路程为 5 m，求物体的运动规律．

4.2　不定积分的性质和基本积分公式

4.2.1　不定积分的性质

下面给出的几个性质都是明显的，我们不再写出证明．

性质 1　$\displaystyle\int \big[f(x) \pm g(x) \big]\,\mathrm{d}x = \int f(x)\,\mathrm{d}x \pm \int g(x)\,\mathrm{d}x$．

性质 2　$\displaystyle\int kf(x)\,\mathrm{d}x = k\int f(x)\,\mathrm{d}x$，其中 k 为不等于零的常数．

性质 3　$\left[\displaystyle\int f(x)\,\mathrm{d}x \right]' = f(x)$，或 $\mathrm{d}\left[\displaystyle\int f(x)\,\mathrm{d}x \right] = f(x)\,\mathrm{d}x$．

性质 4　$\displaystyle\int F'(x)\,\mathrm{d}x = F(x) + C$，或 $\displaystyle\int \mathrm{d}F(x) = F(x) + C$．

请注意性质 3、性质 4 的"运算"顺序，若先求积分后求微分，则两者的作用互相抵消；反过来，先求微分后求积分，则在两者作用抵消后，再加上任意常数 C．由此也可看到"求不定积分"和"求导数"或"求微分"互为逆运算．

例　用不定积分的性质填空．

$(1)\left(\displaystyle\int 4x^3\,\mathrm{d}x \right)' = ($　　　$)$；　　　　$(2)\,\mathrm{d}\left(\displaystyle\int 4x^3\,\mathrm{d}x \right) = ($　　　$)$；

$(3)\displaystyle\int (4x^3)'\,\mathrm{d}x = ($　　　$)$；　　　　$(4)\displaystyle\int \mathrm{d}(4x^3) = ($　　　$)$．

解　(1) 由性质 3，得 $\left(\displaystyle\int 4x^3\,\mathrm{d}x \right)' = 4x^3$；

(2) 由性质 3，得 $\mathrm{d}\left(\displaystyle\int 4x^3\,\mathrm{d}x \right) = (4x^3\,\mathrm{d}x)$；

(3) 由性质 4，得 $\displaystyle\int (4x^3)'\,\mathrm{d}x = 4x^3 + C$；

（4）由性质 4，得 $\int \mathrm{d}(4x^3) = 4x^3 + C$.

4.2.2　基本积分公式

例如，由 $\left(\dfrac{x^{\alpha+1}}{\alpha+1}\right)' = x^\alpha$ 可知 $\dfrac{x^{\alpha+1}}{\alpha+1}$ 是 x^α 的一个原函数，即有

$$\int x^\alpha \mathrm{d}x = \frac{x^{\alpha+1}}{\alpha+1} + C.$$

由此可见，根据积分运算是微分运算的逆运算，我们可以很自然地从导数（或微分）公式得到相应的不定积分公式：

（1）$\int 0\mathrm{d}x = C$.

（2）$\int x^\alpha \mathrm{d}x = \dfrac{x^{\alpha+1}}{\alpha+1} + C\ (\alpha \neq -1)$.

（3）$\int 1\mathrm{d}x = x + C$.

（4）$\int \dfrac{1}{x}\mathrm{d}x = \ln|x| + C$.

（5）$\int a^x \mathrm{d}x = \dfrac{a^x}{\ln a} + C,\ a>0, a\neq 1$.

（6）$\int \mathrm{e}^x \mathrm{d}x = \mathrm{e}^x + C$.

（7）$\int \sin x\mathrm{d}x = -\cos x + C$.

（8）$\int \cos x\mathrm{d}x = \sin x + C$.

（9）$\int \sec^2 x\mathrm{d}x = \tan x + C$.

（10）$\int \csc^2 x\mathrm{d}x = -\cot x + C$.

（11）$\int \sec x\tan x\mathrm{d}x = \sec x + C$.

（12）$\int \csc x\cot x\mathrm{d}x = -\csc x + C$.

（13）$\int \dfrac{1}{\sqrt{1-x^2}}\mathrm{d}x = \arcsin x + C$.

（14）$\int \dfrac{1}{1+x^2}dx = \arctan x + C.$

以上 14 个公式是求不定积分的基础,读者必须熟记. 用这些公式,可以很快求出一些简单的不定积分.

4.3 直接积分法

直接积分法是直接应用不定积分的性质和基本积分公式求不定积分的一种方法. 当然有时也需要对被积函数进行适当的恒等变形(包括代数和三角的恒等变形).

例 1 求不定积分 $\int (3x^2 + e^x - \sin x)dx$.

解 原式 $= \int 3x^2 dx + \int e^x dx - \int \sin x dx$

$\qquad = x^3 + C_1 + e^x + C_2 + \cos x + C_3$

$\qquad = x^3 + e^x + \cos x + C.$

其中 $C = C_1 + C_2 + C_3$,即任意常数经过四则运算后依旧是任意常数,所以只写一个 C.

例 2 求不定积分 $\int 4^x e^x dx$.

解 原式 $= \int (4e)^x dx = \dfrac{(4e)^x}{\ln(4e)} + C = \dfrac{4^x e^x}{1 + \ln 4} + C.$

例 3 求不定积分 $\int \dfrac{1}{x^2}dx$.

解 原式 $= \int x^{-2} dx = \dfrac{1}{-2+1}x^{-2+1} + C = -\dfrac{1}{x} + C.$

例 4 求不定积分 $\int \dfrac{x^4 + 1}{1 + x^2}dx$.

解 原式 $= \int \left(x^2 - 1 + \dfrac{2}{x^2 + 1} \right) dx = \int \dfrac{1}{3}x^3 - x + 2\arctan x + C.$

例 5 求不定积分 $\int \tan^2 x dx$.

分析 不能直接运用基本积分公式,就找比较接近的,发现对于函数 $\sec^2 x$ 可利用公式(9),再去寻找 $\tan^2 x$ 与 $\sec^2 x$ 的联系即得.

解 原式 $= \int (\sec^2 x - 1)dx = \int \sec^2 x dx - \int dx = \tan x - x + C.$

以上的例 4、例 5 表明,在求不定积分时,根据被积函数的情况,先要将被积函数进行代数或三角恒等变换后,再应用公式和性质进行积分.

知识点归纳

(1)积分和微分互为逆运算.

① 先积分后微分时,有 $\left[\int f(x)\,\mathrm{d}x\right]' = f(x)$,即积分与微分正好抵消.

② 先微分后积分时,有 $\int F'(x)\,\mathrm{d}x = F(x) + C$.这时多出了一个任意常数,千万不可丢掉.

(2)积分基本公式和运算法则是求不定积分的重要工具,学习时必须熟记,并用相应的导数公式和法则与之对比和验证.应该注意,求积分的运算要比求导数的运算困难,技巧性也较强.经常把求积分与求导联系起来是有好处的.

(3)直接积分法是求不定积分的最基本方法,它是其他积分法的基础,因为只要进行积分运算,一般最终总要归结为用直接积分法求出结果.

(4)注意分析被积函数的特点,经过适当的恒等变形(如代数和三角恒等变形)往往可简化计算.

习　题　4.3

一、选择题

1. 下列各式中,正确的是(　　　).

(A) $\int x^{\frac{2}{3}}\,\mathrm{d}x = \dfrac{2}{3}x^{\frac{5}{3}} + C$　　　　　　(B) $\int x^{\frac{2}{3}}\,\mathrm{d}x = \dfrac{3}{2}x^{\frac{5}{3}} + C$

(C) $\int x^{\frac{2}{3}}\,\mathrm{d}x = \dfrac{5}{3}x^{\frac{5}{3}} + C$　　　　　　(D) $\int x^{\frac{2}{3}}\,\mathrm{d}x = \dfrac{3}{5}x^{\frac{5}{3}} + C$

2. 下列各式中,正确的是(　　　).

(A) $\int a^x\,\mathrm{d}x = a^x\ln a + C$　　　　　　(B) $\int x^{\frac{5}{2}}\,\mathrm{d}x = \dfrac{7}{2}x^{\frac{7}{2}} + C$

(C) $\int \sec^2 x\,\mathrm{d}x = \tan x + C$　　　　　　(D) $\int \dfrac{1}{x^2 - 1}\,\mathrm{d}x = \arctan x + C$

3. 下列各式中,正确的是(　　　).

(A) $\int \sec^2 x\,\mathrm{d}x = -\tan x + C$　　　　　　(B) $\int \sec x\tan x\,\mathrm{d}x = \sec x + C$

(C) $\int \csc x\cot x\,\mathrm{d}x = \csc x + C$　　　　　　(D) $\int \sin x\,\mathrm{d}x = \cos x + C$

二、解答题

1. 求下列各式的不定积分:

(1) $\int (2x^3 + 3x + 3)\,\mathrm{d}x$；

(2) $\int \dfrac{x - 4}{\sqrt{x} - 2}\,\mathrm{d}x$；

(3) $\int 2^x \mathrm{e}^x \mathrm{d}x$；

(4) $\int \dfrac{x + 1}{\sqrt{x}}\,\mathrm{d}x$；

(5) $\int \dfrac{\cos^2 x}{\cos x - \sin x}\,\mathrm{d}x$；

(6) $\int (1 + \sin x + \cos x)\,\mathrm{d}x$.

2. 已知函数 $f(x) = 2x + 3$ 的一个原函数，且满足条件 $y|_{x=1} = 2$，求此函数 y.

4.4　换元积分法

在实际计算中，能够用直接积分法计算的不定积分是非常有限的. 例如看似很简单的一个积分 $\int \cos 2x \mathrm{d}x$，我们就无能为力了，因为它是一个复合函数，没有直接的积分公式用. 本节我们把复合函数求导公式反过来用于求不定积分，利用中间变量的代换，得到复合函数的积分法，称为**换元积分法**. 并按其应用的侧重面不同还可分为第一类换元积分法与第二类换元积分法.

4.4.1　第一类换元积分法（凑微分法）

例 1　求 $\int \cos 2x \mathrm{d}x$.

分析　已知 $\int \cos u \mathrm{d}u = \sin u + C$，若将 $2x$ 变为 u，则由 $\mathrm{d}x = \dfrac{1}{2}\mathrm{d}(2x) = \dfrac{1}{2}\mathrm{d}u$ 便可将原积分变出 $\int \cos u \mathrm{d}u$ 这种可套用公式的形式. 这种方法就叫**凑微分法**.

解　令 $u = 2x$，则 $x = \dfrac{u}{2}$，$\mathrm{d}x = \dfrac{u'}{2}\mathrm{d}u = \dfrac{1}{2}\mathrm{d}u$，于是有

$$\int \cos 2x \mathrm{d}x = \frac{1}{2}\int \cos u \mathrm{d}u = \frac{1}{2}\sin u + C = \frac{1}{2}\sin 2x + C.$$

上例表明，变量替换可将一些不能直接用积分公式的积分转化为可利用公式计算的积分，于是有：

定理 1（第一类换元积分法，也叫凑微分法）　设 $F(u)$ 是 $f(u)$ 的一个原函数，函数 $u = \varphi(x)$ 可微，则

$$\int f(\varphi(x))\varphi'(x)\,\mathrm{d}x = \int f(\varphi(x))\,\mathrm{d}\varphi(x) = \int f(u)\,\mathrm{d}u = F(u) + C$$
$$= F(\varphi(x)) + C.$$

证　利用复合函数求导公式验证，因为

$$[F(\varphi(x)) + C]' = F'(\varphi(x))\varphi'(x) = f(\varphi(x))\varphi'(x),$$

所以

$$\int f(\varphi(x))\varphi'(x)\mathrm{d}x = F(\varphi(x)) + C.$$

例 2 求 $\int (3x + 2)^{88}\mathrm{d}x$.

解 设 $u = 3x + 2$, 则 $x = \dfrac{1}{3}u - \dfrac{2}{3}$, $\mathrm{d}x = \dfrac{1}{3}\mathrm{d}u$, 于是

$$原式 = \int u^{88} \cdot \frac{1}{3}\mathrm{d}u = \frac{1}{3}\int u^{88}\mathrm{d}u = \frac{u^{89}}{267} + C = \frac{(3x + 2)^{89}}{267} + C.$$

在对变量代换熟练后,可以不写出中间变量,直接"凑成"公式形状,求出积分结果. 即不必写出"令 u"和"回代"的过程.

例 3 求 $\int x^2 \mathrm{e}^{x^3}\mathrm{d}x$.

解 原式 $= \dfrac{1}{3}\int \mathrm{e}^{x^3}\mathrm{d}(x^3) = \dfrac{1}{3}\mathrm{e}^{x^3} + C$.

例 4 求 $\int \dfrac{\mathrm{e}^x}{1 + \mathrm{e}^x}\mathrm{d}x$.

解 原式 $= \int \dfrac{1}{1 + \mathrm{e}^x}\mathrm{d}(\mathrm{e}^x + 1) = \ln(\mathrm{e}^x + 1) + C$.

例 5 求 $\int \cos^2 x \sin x \mathrm{d}x$.

解 原式 $= \int -\cos^2 x \mathrm{d}(\cos x) = -\dfrac{1}{3}\cos^3 x + C$.

由以上例题知道,用第一换元法求不定积分时,关键的一步是凑一个函数的微分 $\mathrm{d}\varphi(x)$. 因此第一换元积分法又称凑微分法. 下面的一些微分式(其中 a, b 为常数, $a \neq 0$)要熟练记住,将有助于我们使用凑微分法求不定积分.

$(1)\mathrm{d}x = \dfrac{1}{a}\mathrm{d}(ax) = \dfrac{1}{a}\mathrm{d}(ax + b)$. $\qquad$ $(2)x\mathrm{d}x = \dfrac{1}{2}\mathrm{d}x^2 = \dfrac{1}{2a}\mathrm{d}(ax^2 + b)$

$(3)\dfrac{1}{x^2}\mathrm{d}x = \mathrm{d}\left(-\dfrac{1}{x}\right)$. $\qquad$ $(4)\dfrac{1}{\sqrt{x}}\mathrm{d}x = 2\mathrm{d}(\sqrt{x})$.

$(5)\dfrac{1}{x}\mathrm{d}x = \mathrm{d}\ln x = \mathrm{d}(\ln x + b)$. $\qquad$ $(6)\mathrm{e}^{ax}\mathrm{d}x = \dfrac{1}{a}\mathrm{d}(\mathrm{e}^{ax})$.

$(7)\cos x\mathrm{d}x = \mathrm{d}(\sin x)$. $\qquad$ $(8)\sin x\ \mathrm{d}x = \mathrm{d}(-\cos x) = -\mathrm{d}(\cos x)$.

$(9)\sec^2 x\mathrm{d}x = \mathrm{d}(\tan x)$. $\qquad$ $(10)\csc^2 x\mathrm{d}x = -\mathrm{d}(\cot x)$.

$(11)\sec x\tan x\mathrm{d}x = \mathrm{d}(\sec x)$. $\qquad$ $(12)\csc x\cot x\mathrm{d}x = -\mathrm{d}(\csc x)$.

（13）$\dfrac{1}{\sqrt{1-x^2}}\mathrm{d}x = \mathrm{d}(\arcsin x)$.

（14）$\dfrac{1}{1+x^2}\mathrm{d}x = \mathrm{d}(\arctan x)$.

例 6　求 $\displaystyle\int \dfrac{\arctan^2 x}{1+x^2}\mathrm{d}x$.

解　原式 $= \displaystyle\int \mathrm{arc}^2\tan x\,\mathrm{d}(\arctan x) = \dfrac{1}{3}\arctan^3 x + C$.

例 7　求 $\displaystyle\int \cot x\,\mathrm{d}x$.

解　原式 $= \displaystyle\int \dfrac{\cos x}{\sin x}\mathrm{d}x = \int \dfrac{1}{\sin x}\mathrm{d}(\sin x) = \ln|\sin x| + C$.

例 8　求 $\displaystyle\int \dfrac{\ln x}{x}\mathrm{d}x$.

解　原式 $= \displaystyle\int \ln x\,\mathrm{d}(\ln x) = \dfrac{1}{2}\ln^2 x + C$.

例 9　求 $\displaystyle\int \dfrac{1}{x^2}\cos\dfrac{1}{x}\mathrm{d}x$.

解　原式 $= -\displaystyle\int \cos\dfrac{1}{x}\mathrm{d}\left(\dfrac{1}{x}\right) = -\sin\dfrac{1}{x} + C$.

例 10　求 $\displaystyle\int \dfrac{1}{a^2+x^2}\mathrm{d}x$.

解　$\displaystyle\int \dfrac{1}{a^2+x^2}\mathrm{d}x = \int \dfrac{1}{a^2\left(1+\dfrac{x^2}{a^2}\right)}\mathrm{d}x = \dfrac{1}{a}\int \dfrac{1}{1+\left(\dfrac{x}{a}\right)^2}\mathrm{d}\left(\dfrac{x}{a}\right) = \dfrac{1}{a}\arctan\left(\dfrac{x}{a}\right) + C$.

例 11　求 $\displaystyle\int \dfrac{1}{a^2-x^2}\mathrm{d}x$.

解　$\displaystyle\int \dfrac{1}{a^2-x^2}\mathrm{d}x = \int \dfrac{1}{(a+x)(a-x)}\mathrm{d}x = \dfrac{1}{2a}\int\left(\dfrac{1}{a+x}+\dfrac{1}{a-x}\right)\mathrm{d}x$

$\qquad = \dfrac{1}{2a}\displaystyle\int \dfrac{1}{a+x}\mathrm{d}(a+x) - \dfrac{1}{2a}\int \dfrac{1}{a-x}\mathrm{d}(a-x)$

$\qquad = \dfrac{1}{2a}(\ln|a+x| - \ln|a-x|) + C$

$\qquad = \dfrac{1}{2a}\ln\left|\dfrac{a+x}{a-x}\right| + C$.

例 12　求 $\displaystyle\int \cos^2 x\,\mathrm{d}x$.

解　$\displaystyle\int \cos^2 x\,\mathrm{d}x = \int \dfrac{1+\cos 2x}{2}\mathrm{d}x$

$$= \frac{1}{2} \left(\int dx + \int \cos 2x dx \right)$$

$$= \frac{1}{2} \int dx + \frac{1}{4} \int \cos 2x d(2x)$$

$$= \frac{x}{2} + \frac{\sin 2x}{4} + C.$$

例 13　求 $\int \dfrac{dx}{x^2 - 5x + 4}$.

解　原式 $= \int \dfrac{dx}{(x - 4)(x - 1)}$

$$= \frac{1}{3} \int \frac{(x - 1) - (x - 4)}{(x - 4)(x - 1)} dx$$

$$= \frac{1}{3} \left(\int \frac{dx}{x - 4} - \int \frac{dx}{x - 1} \right)$$

$$= \frac{1}{3} \left(\frac{d(x - 4)}{x - 4} - \int \frac{d(x - 1)}{x - 1} \right)$$

$$= \frac{1}{3} (\ln|x - 4| - \ln|x - 1|) + C$$

$$= \frac{1}{3} \ln \left| \frac{x - 4}{x - 1} \right| + C.$$

例 14　求 $\int \sec x dx$.

解　$\displaystyle\int \sec x dx = \int \frac{\sec x(\sec x + \tan x)}{\sec x + \tan x} dx = \int \frac{1}{\sec x + \tan x} d(\sec x + \tan x)$

$$= \ln \left| \sec x + \tan x \right| + C.$$

4.4.2　第二类换元积分法

例 15　求 $\int \dfrac{\sqrt{x}}{1 + \sqrt{x}} dx$.

分析　该例题既不能用直接积分法,也不能用凑微分法积分.分母含有根号,且被开方数是二次的,不妨设法代换掉根号,然后化简再积分.

解　令 $t = \sqrt{x}$,则 $x = t^2$, $dx = 2t dt$.则有

$$\int \frac{\sqrt{x}}{1 + \sqrt{x}} dx = \int \frac{t}{1 + t} 2t dt = 2 \int \frac{t^2}{1 + t} dt = 2 \int \frac{(t^2 - 1) + 1}{1 + t} dt$$

$$= 2 \int \left(t - 1 + \frac{1}{1 + t} \right) dt = t^2 - 2t + 2\ln|1 + t| + C$$

$$= x - 2\sqrt{x} + 2\ln(1 + \sqrt{x}) + C.$$

此种积分方法称为第二类换元积分法,有如下的定理.

定理 2(第二类换元积分法)　设 $x = \varphi(t)$ 是单调可导的函数,且 $\varphi'(t) \neq 0$. 又设 $f(\varphi(t))\varphi'(t)$ 具有原函数 $G(t)$,则

$$\int f(x)\mathrm{d}x = \int f(\varphi(t))\varphi'(t)\mathrm{d}t = G(t) + C$$
$$= G(\varphi^{-1}(x)) + C.$$

其中,$t = \varphi^{-1}(x)$ 是 $x = \varphi(t)$ 的反函数.

证　由于 $x = \varphi(t)$ 是单调可导的函数,且 $\varphi'(t) \neq 0$,所以 $x = \varphi(t)$ 存在反函数 $t = \varphi^{-1}(x)$,且

$$\frac{\mathrm{d}t}{\mathrm{d}x} = \frac{1}{\varphi'(t)}\bigg|_{t = \varphi^{-1}(x)},$$

于是,有

$$\frac{\mathrm{d}}{\mathrm{d}x}\left[G(\varphi^{-1}(x)) + C \right] = G'(t) \cdot \frac{1}{\varphi'(t)}$$
$$= f(\varphi(t))\varphi'(t) \cdot \frac{1}{\varphi'(t)}$$
$$= f(\varphi(t)) = f(x).$$

对第二类换元积分法,下面的根式代换法和三角代换法是必须熟练掌握的.

1. 根式代换法

例 16　求 $\displaystyle\int \frac{\sqrt{x-1}}{x}\mathrm{d}x$.

解　令 $t = \sqrt{x-1}$,则 $x = 1 + t^2$,$\mathrm{d}x = 2t\mathrm{d}t$,则有

$$\int \frac{\sqrt{x-1}}{x}\mathrm{d}x = 2\int \frac{t^2}{1+t^2}\mathrm{d}t = 2\int \frac{(t^2+1)-1}{1+t^2}\mathrm{d}t$$
$$= 2\int \left(1 - \frac{1}{1+t^2}\right)\mathrm{d}t$$
$$= 2(t - \arctan t) + C$$
$$= 2(\sqrt{x-1} - \arctan\sqrt{x-1}) + C.$$

2. 三角代换法

例 17　求 $\displaystyle\int \sqrt{a^2 - x^2}\,\mathrm{d}x$,$a > 0$.

解　令 $x = a\sin t$,$t \in \left(-\dfrac{\pi}{2}, \dfrac{\pi}{2}\right)$,则 $t = \arcsin\dfrac{x}{a}$,$\mathrm{d}x = a\cos t\mathrm{d}t$. 于是,

$$\int \sqrt{a^2 - x^2}\,\mathrm{d}x = \int \sqrt{a^2 - a^2\sin^2 t} \cdot a\cos t\,\mathrm{d}t = a^2\int \cos^2 t\,\mathrm{d}t$$

$$= a^2\int \frac{1 + \cos 2t}{2}\,\mathrm{d}t = \frac{1}{2}a^2 t + \frac{a^2}{4}\int \cos 2t\,\mathrm{d}(2t) = \frac{1}{2}a^2 t + \frac{a^2}{4}\sin 2t + C$$

$$= \frac{1}{2}a^2 t + \frac{a^2}{2}\sin t\cos t + C.$$

t 只是中间变量,需要变回到 x. 由 $\sin t = \dfrac{x}{a}$,作辅助三角形,如图 4-4-1 所示,有

$$\cos t = \frac{\sqrt{a^2 - x^2}}{a},$$

因而有

$$\int \sqrt{a^2 - x^2}\,\mathrm{d}x = \frac{a^2}{2}\arcsin\frac{x}{a} + \frac{1}{2}x\sqrt{a^2 - x^2} + C.$$

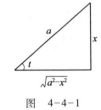

图　4-4-1

例 18　求 $\displaystyle\int \frac{1}{\sqrt{a^2 + x^2}}\,\mathrm{d}x, a > 0$.

解　令 $x = a\tan t, t \in \left(-\dfrac{\pi}{2}, \dfrac{\pi}{2}\right)$,则 $\tan t = \dfrac{x}{a}, \mathrm{d}x = \dfrac{a}{\cos^2 t}\,\mathrm{d}t$. 于是,有

$$\int \frac{1}{\sqrt{a^2 + x^2}}\,\mathrm{d}x = \int \frac{1}{a\sec t}\cdot\frac{a}{\cos^2 t}\,\mathrm{d}t = \int \frac{1}{\cos t}\,\mathrm{d}t = \int \sec t\,\mathrm{d}t = \ln|\sec t + \tan t| + C_1.$$

由 $\tan t = \dfrac{x}{a}$,作辅助三角形,如图 4-4-2 所示,则有 $\sec t = \dfrac{\sqrt{a^2 + x^2}}{a}$. 所以,有

$$\int \frac{1}{\sqrt{a^2 + x^2}}\,\mathrm{d}x = \ln\left|\frac{\sqrt{a^2 + x^2}}{a} + \frac{x}{a}\right| + C_1 = \ln\left|x + \sqrt{a^2 + x^2}\right| + C,$$

其中 $C = C_1 - \ln a$.

对于三角代换,常用的有以下三种:

(1)被积函数中含有 $\sqrt{a^2 - x^2}$ 时,令 $x = a\sin t$;

(2)被积函数中含有 $\sqrt{a^2 + x^2}$ 时,令 $x = a\tan t$;

(3)被积函数中含有 $\sqrt{x^2 - a^2}$ 时,令 $x = a\sec t$.

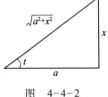

图　4-4-2

通过换元积分法的学习,使积分公式在原有的基本积分公式(见 4.2.2 节)的基础上得以扩充,以下的结论可以当公式用:

(15) $\displaystyle\int \tan x\,\mathrm{d}x = -\ln|\cos x| + C$.

(16) $\displaystyle\int \cot x\,\mathrm{d}x = \ln|\sin x| + C$.

（17）$\int \sec x\mathrm{d}x = \ln\left|\sec x + \tan x\right| + C.$

（18）$\int \csc x\mathrm{d}x = \ln\left|\csc x - \cot x\right| + C.$

（19）$\int \dfrac{1}{a^2 + x^2}\mathrm{d}x = \dfrac{1}{a}\arctan\left(\dfrac{x}{a}\right) + C.$

（20）$\int \dfrac{1}{a^2 - x^2}\mathrm{d}x = \dfrac{1}{2a}\ln\left|\dfrac{a + x}{a - x}\right| + C.$

（21）$\int \dfrac{1}{\sqrt{a^2 + x^2}}\mathrm{d}x = \ln\left|x + \sqrt{a^2 + x^2}\right| + C.$

（22）$\int \dfrac{1}{\sqrt{a^2 - x^2}}\mathrm{d}x = \arcsin\left(\dfrac{x}{a}\right) + C.$

例 19　求 $\int \dfrac{1}{4 - 25x^2}\mathrm{d}x.$

解　$\int \dfrac{1}{4 - 25x^2}\mathrm{d}x = \int \dfrac{1}{2^2 - (5x)^2}\mathrm{d}x = \dfrac{1}{5}\int \dfrac{1}{2^2 - (5x)^2}\mathrm{d}(5x).$

由积分公式（20）得

$$原式 = \dfrac{1}{4}\ln\left|\dfrac{2 + x}{2 - x}\right| + C.$$

知识点归纳

（1）第一类换元积分法和第二类换元积分法统称为换元积分法，因为它们都是通过适当的变量代换来求积分的. 这两类积分法的区别在于积分变量 x 所处的地位不同：第一类换元积分法中令 $u = \varphi(x)$，其中 x 是自变量；而第二类换元积分法是令 $x = x(t)$，其中 x 是函数. 在进行第一类换元积分法时，通过凑微分，新变量 u 可不明显地标出；而进行第二类换元法时，新变量 t 则必须明显地引进和退出，即"令"和"回代"这两个步骤是不可省略的.

（2）运用第一类换元积分法的关键是将被积函数凑成两部分的积，一部分是 $\varphi(x)$ 的函数 $f(\varphi(x))$，另一部分是 $\varphi(x)$ 的微分 $\varphi'(x)\mathrm{d}x$. 令 $\varphi(x) = u$，使原积分变为 $\int f(u)\mathrm{d}u$ 形式.

常见的凑微分形式有：

① $\int f(ax + b)\mathrm{d}x = \dfrac{1}{a}\int f(ax + b)\mathrm{d}(ax + b);$

② $\int f(ax^n)x^{n-1}\mathrm{d}x = \dfrac{1}{a \cdot n}\int f(ax^n)\mathrm{d}(ax^n)\ (n \neq 0);$

③ $\int f(\ln x)\dfrac{1}{x}dx = \int f(\ln x)d(\ln x)$;

④ $\int f(e^x)e^x dx = \int f(e^x)de^x$;

⑤ $\int f(\sin x)\cos x dx = \int f(\sin x)d(\sin x)$;

⑥ $\int f(\tan x)\dfrac{dx}{\cos^2 x} = \int f(\tan x)d(\tan x)$;

⑦ $\int f(\arcsin x)\dfrac{dx}{\sqrt{1-x^2}}dx = \int f(\arcsin x)d(\arcsin x)$;

⑧ $f(\arctan x)\dfrac{1}{1+x^2}dx = \int f(\arctan x)d(\arctan x)$.

（3）第二类换元积分法.

运用该方法的关键是恰当地选择换元 $x = \varphi(t)$，这里有一定的技巧，可通过适当数量的练习题来取得经验. 下表所列的换元可供参考.

被积函数	换　元
含有 $\sqrt[n]{x}$	令 $x = t^n$，$dx = nt^{n-1}dt$
含有 $\sqrt[m]{x}$ 和 $\sqrt[n]{x}$	设 p 是 m、n 的最小公倍数，令 $x = t^p$，$dx = pt^{p-1}dt$
含有 $\sqrt{a^2-x^2}$	令 $x = a\sin t$，$dx = a\cos t dt$
含有 $\sqrt{a^2+x^2}$	令 $x = a\tan t$，$dx = a\sec^2 t dt$
含有 $\sqrt{x^2-a^2}$	令 $x = a\sec t$，$dx = a\sec t\tan t dt$

习　题　4.4

求下列各题的不定积分：

1. $\int \sqrt{3+4x}\,dx$.

2. $\int (3x+1)^{\frac{3}{2}}dx$.

3. $\int \dfrac{1}{3x+5}dx$.

4. $\int e^{-2x+1}dx$.

5. $\int \dfrac{e^x}{1+e^x}dx$.

6. $\int \tan(2x-5)dx$.

7. $\int \dfrac{x}{1+x^2}dx$.

8. $\int e^{\sin x}\cos x dx$.

9. $\int \dfrac{\ln(\ln x)}{x\ln x}\mathrm{d}x.$

10. $\int \dfrac{\cos\sqrt{x}}{\sqrt{x}}\mathrm{d}x.$

11. $\int \dfrac{a^{\frac{1}{x}}}{x^2}\mathrm{d}x.$

12. $\int 10^{-3x+2}\mathrm{d}x.$

13. $\int \cos^4 x\mathrm{d}x.$

14. $\int \dfrac{1}{1+\cos x}\mathrm{d}x.$

15. $\int \dfrac{\mathrm{d}x}{1+\sqrt{x}}.$

16. $\int \dfrac{1}{1+\sqrt[3]{x+2}}\mathrm{d}x.$

17. $\int \dfrac{1}{\sqrt{2x-3}+1}\mathrm{d}x.$

18. $\int \dfrac{1}{\sqrt{1-4x^2}}\mathrm{d}x.$

19. $\int \dfrac{\mathrm{d}x}{\sqrt{4x^2+9}}.$

20. $\int t\sqrt{25-t^2}\mathrm{d}t.$

4.5　分部积分法

上节我们将复合函数求导公式反过来应用,得到了换元积分法,可以求许多函数的不定积分. 然而还是有一些看似很简单的不定积分,如 $\int\ln x\mathrm{d}x,\int x\mathrm{e}^x\mathrm{d}x,\int x\cos x\mathrm{d}x$ 等,用换元积分法积不出来. 下面我们还是从微分法那里寻找解决问题的办法,将函数乘积的求导(或微分)公式反过来用,可以得到另一种很重要的积分方法——**分部积分法**. 这种方法适用于求解两类不同性质的函数乘积的不定积分.

若 $u=u(x)$ 和 $v=v(x)$ 均为 x 的可导函数,则由两个函数乘积的微分法得

$$\mathrm{d}(uv)=v\mathrm{d}u+u\mathrm{d}v.$$

对等式两边积分,得

$$\int\mathrm{d}(uv)=\int v\mathrm{d}u+\int u\mathrm{d}v,$$

即

$$uv=\int v\mathrm{d}u+\int u\mathrm{d}v.$$

移项得

$$\int u\mathrm{d}v=uv-\int v\mathrm{d}u.$$

这个公式称为**分部积分公式**. 该公式说明,若积分 $\int f(x)\mathrm{d}x$ 能写成 $\int u\mathrm{d}v$ 的形式,但 $\int u\mathrm{d}v$ 难求,而 $\int v\mathrm{d}u$ 容易算出时,分部积分公式就起到化难为易的作用.

　　例 1　求 $\int x\mathrm{e}^x\mathrm{d}x.$

解　$\displaystyle\int x\mathrm{e}^x\mathrm{d}x = \int x\mathrm{d}\mathrm{e}^x = x\mathrm{e}^x - \int \mathrm{e}^x\mathrm{d}x = x\mathrm{e}^x - \mathrm{e}^x + C.$

值得注意的是,到底先把被积函数中的哪一个因子移到微分号后面去,是有讲究的.事实上,如果在解例 1 时,按下面的方法计算将使积分变得越来越复杂:

$$\int x\mathrm{e}^x\mathrm{d}x = \frac{1}{2}\int \mathrm{e}^x\mathrm{d}x^2 = \frac{1}{2}x^2\mathrm{e}^x - \frac{1}{2}\int x^2\mathrm{e}^x\mathrm{d}x,$$

其中的 $\displaystyle\int x^2\mathrm{e}^x\mathrm{d}x$ 比原积分更为复杂,由此说明这种做法不可取.

例 2　求 $\displaystyle\int x^2\sin x\mathrm{d}x.$

解　$\displaystyle\int x^2\sin x\mathrm{d}x = \int x^2\mathrm{d}(-\cos x) = -x^2\cos x + \int \cos x\mathrm{d}(x^2)$

$$= -x^2\cos x + 2\int x\cos x\mathrm{d}x$$

$$= -x^2\cos x + 2\int x\mathrm{d}(\sin x)$$

$$= -x^2\cos x + 2x\sin x - 2\int \sin x\mathrm{d}x$$

$$= -x^2\cos x + 2x\sin x + 2\cos x + C.$$

由以上两个例题可知,形如 $\displaystyle\int x^n\mathrm{e}^{kx}\mathrm{d}x,\int x^n\sin(ax)\mathrm{d}x$ 和 $\displaystyle\int x^n\cos(ax)\mathrm{d}x$ 的积分,都应选择 e^{kx}(或 $\sin ax$、$\cos ax$)部分"凑"到微分中去,而不能将 x^n"凑"到微分中.

运用分部积分法的关键就是 u,v' 的选择,在这里我们介绍一种常用的选择方法,如果被积函数是两种函数之积,按"反对幂指三"的顺序,前者为 u 后者为 v',即将后者凑到微分中去.其中:

反:反三角函数;

对:对数函数;

幂:幂函数;

指:指数函数;

三:三角函数.

例 3　求 $\displaystyle\int x\ln x\mathrm{d}x.$

解　$\displaystyle\int x\ln x\mathrm{d}x = \frac{1}{2}\int \ln x\mathrm{d}(x^2) = \frac{1}{2}x^2\ln x - \frac{1}{2}\int x^2\mathrm{d}(\ln x)$

$$= \frac{1}{2}x^2\ln x - \frac{1}{2}\int x\mathrm{d}x = \frac{1}{2}x^2\ln x - \frac{1}{4}x^2 + C.$$

例 4　求 $\displaystyle\int x\arctan x\mathrm{d}x.$

解　$\displaystyle\int x\arctan x\mathrm{d}x = \frac{1}{2}\int\arctan x\mathrm{d}(x^2) = \frac{1}{2}x^2\arctan x - \frac{1}{2}\int x^2\cdot\frac{1}{1+x^2}\mathrm{d}x$

$\displaystyle\qquad\qquad\qquad = \frac{1}{2}x^2\arctan x - \frac{1}{2}\int\frac{x^2+1-1}{1+x^2}\mathrm{d}x$

$\displaystyle\qquad\qquad\qquad = \frac{1}{2}x^2\arctan x - \frac{1}{2}\int\left(1 - \frac{1}{1+x^2}\right)\mathrm{d}x$

$\displaystyle\qquad\qquad\qquad = \frac{1}{2}x^2\arctan x - \frac{1}{2}x + \frac{1}{2}\arctan x + C.$

例 5　求 $\displaystyle\int \mathrm{e}^x\cos x\mathrm{d}x$.

解　$\displaystyle\int \mathrm{e}^x\cos x\mathrm{d}x = \int\cos x\mathrm{d}\mathrm{e}^x = \mathrm{e}^x\cos x + \int\mathrm{e}^x\sin x\mathrm{d}x$

$\displaystyle\qquad\qquad\qquad = \mathrm{e}^x\cos x + \int\sin x\mathrm{d}\mathrm{e}^x = \mathrm{e}^x\cos x + \mathrm{e}^x\sin x - \int\mathrm{e}^x\cos x\mathrm{d}x.$

这样就出现了循环公式

$$\int \mathrm{e}^x\cos x\mathrm{d}x = \mathrm{e}^x\cos x + \mathrm{e}^x\sin x - \int\mathrm{e}^x\cos x\mathrm{d}x.$$

移项合并,得

$$2\int\mathrm{e}^x\cos x\mathrm{d}x = \mathrm{e}^x\cos x + \mathrm{e}^x\sin x + C_1 = \mathrm{e}^x(\cos x + \sin x) + C_1.$$

于是,有

$$\int\mathrm{e}^x\cos x\mathrm{d}x = \frac{1}{2}\mathrm{e}^x(\cos x + \sin x) + C.$$

　　例 5 的解法告诉我们,分部积分法可在求积分的过程中重复使用多次,还可能出现循环公式,类似的还有 $\displaystyle\int\mathrm{e}^x\sin x\mathrm{d}x = \mathrm{e}^x\sin x - \mathrm{e}^x\cos x - \int\mathrm{e}^x\sin x\mathrm{d}x$. 另外,此例亦可用"反对幂指三"的原则选取 u 及 v' 来做.

　　例 6　求 $\displaystyle\int\mathrm{e}^{\sqrt{x}}\mathrm{d}x$.

　　解　作变换 $u = \sqrt{x}$,则 $x = u^2,\mathrm{d}x = 2u\mathrm{d}u$. 于是

$$\int\mathrm{e}^{\sqrt{x}}\mathrm{d}x = \int\mathrm{e}^u\cdot 2u\mathrm{d}u = \int 2u\mathrm{d}\mathrm{e}^u = 2u\mathrm{e}^u - 2\int\mathrm{e}^u\mathrm{d}u$$

$$= 2u\mathrm{e}^u - 2\int\mathrm{e}^u\mathrm{d}u = 2u\mathrm{e}^u - 2\mathrm{e}^u + C = 2\mathrm{e}^u(u-1) + C$$

$$= 2\mathrm{e}^{\sqrt{x}}(\sqrt{x} - 1) + C.$$

此例说明在计算积分时,有时需要同时使用换元积分法与分部积分法.

　　例 7　求 $\displaystyle\int\frac{\sqrt{x}}{1+\sqrt{x}}\mathrm{d}x$.

解　在 4.4.2 的例 15 中，我们是令 $t = \sqrt{x}$ 来计算，得出

$$\int \frac{\sqrt{x}}{1 + \sqrt{x}} \mathrm{d}x = x - 2\sqrt{x} + 2\ln(1 + \sqrt{x}) + C.$$

现设 $t = 1 + \sqrt{x}$，则 $x = (t - 1)^2$，$\mathrm{d}x = 2(t - 1)\mathrm{d}t$. 所以，

$$\int \frac{\sqrt{x}}{1 + \sqrt{x}} \mathrm{d}x = \int \frac{2(t - 1)^2}{t} \mathrm{d}t = \int \left(2t + \frac{2}{t} - 4 \right) \mathrm{d}t = t^2 + 2\ln|t| - 4t + C$$

$$= (1 + \sqrt{x})^2 + 2\ln(1 + \sqrt{x}) - 4(1 + \sqrt{x}) + C.$$

显然两种不同的换元得到的结果形式不一样，但是它们只差一个常数 -3.

例 6、例 7 说明，同一个不定积分，可能用几种不同积分法计算，它们的结果的表达形式可能不一样，但它们只能相差一个常数. 其实判断积分结果是否正确，最好的验证办法就是对积分的结果求导，看看它们的导数是否等于被积函数.

例 8　求 $\int \ln x \mathrm{d}x$.

分析　在这种题型中，我们可以直接把它看成是现成的 $\int u \mathrm{d}v$ 的形式，即把 $\ln x$ 看作 u，把 x 看作 v，直接用分部积分公式即可.

解　$\displaystyle\int \ln x \mathrm{d}x = x\ln x - \int x \mathrm{d}(\ln x) = x\ln x - \int x \cdot \frac{1}{x} \mathrm{d}x = x\ln x - x + C.$

小结：

（1）选择 u、$\mathrm{d}v$ 的原则是：使 v 易求得且新积分 $\int v \mathrm{d}u$ 要比原积分 $\int u \mathrm{d}v$ 容易积出，为此我们推荐一种常用的方法，如果被积函数是两种函数之积，可按"反对幂指三"的原则，前者为 u 后者为 v'，将后者凑到微分中去，再按照分部积分公式即可求得.

（2）有 $\ln x$，$x \mathrm{e}^x$ 等的不定积分只能用分部积分法求解.

（3）一般说来，下列函数的不定积分要用分部积分法，如 $x^k \mathrm{e}^{ax}$，$x^k \ln x$，$x^k \sin ax$，$x^k \cos ax$，$x^k \arcsin ax$，$x^k \arctan ax$，$\mathrm{e}^{ax} \sin bx$，$\mathrm{e}^{ax} \cos bx$.

知识点归纳

（1）由于分部积分法的应用范围较窄，所以解题时一般都先用其他方法，其他方法无效时才使用. 其实当被积函数是幂函数与指数函数、对数函数、正弦函数、余弦函数或反三角函数的乘积时，就可考虑使用.

（2）分部积分法的关键是恰当地将被积表达式分成 u 和 $\mathrm{d}v$ 两部分，一般应考虑 v 要容易求得，且 $\int v \mathrm{d}u$ 要比 $\int u \mathrm{d}v$ 容易积出. 为此可以采用"反对幂指三"原则，前者为 u，后者为 v'.

习　题　4.5

求下列不定积分:

1. $\int x \sin x \mathrm{d}x.$

2. $\int x^2 \ln x \mathrm{d}x.$

3. $\int \ln^2 x \mathrm{d}x.$

4. $\int x \cos \dfrac{x}{2} \mathrm{d}x.$

5. $\int \arccos x \mathrm{d}x.$

6. $\int \sec^3 x \mathrm{d}x.$

7. $\int x^2 \cos x \mathrm{d}x.$

8. $\int x^2 \mathrm{e}^{3x} \mathrm{d}x.$

9. $\int \sin(\ln x) \mathrm{d}x.$

10. $\int (x^2 + 2) \cos x \mathrm{d}x.$

4.6　简易积分表的使用

前面我们介绍了求不定积分的一些方法,可以看出积分计算要比导数计算灵活、复杂得多,因此要把实际问题中所遇到的函数积分都一一计算,那将是很困难的事情. 为了使用的方便,往往把常用的一些函数的积分汇集成表,这种表称为**积分表**,本书附录 A 列出的"积分表"是按被积函数的类型来排列的. 求积分时,可根据被积函数的类型直接地或经过简单的变形后,在表内查得所需的结果. 下面举例说明积分表的查法.

例 1　求 $\displaystyle\int \frac{1}{x^2(2+3x)} \mathrm{d}x.$

解　被积函数为有理函数,由附录 A 积分表(一)类中的公式 6,有

$$\int \frac{1}{x^2(a+bx)} \mathrm{d}x = -\frac{1}{ax} + \frac{b}{a^2} \ln \left| \frac{a+bx}{x} \right| + C.$$

这里令 $a=2, b=3$,于是

$$\int \frac{1}{x^2(2+3x)} \mathrm{d}x = -\frac{1}{2x} + \frac{3}{4} \ln \left| \frac{2+3x}{x} \right| + C.$$

例 2　求 $\displaystyle\int \frac{\mathrm{d}x}{x\sqrt{x^2+4}}.$

解　被积函数为无理函数,由积分表(五)类中的公式 38,有

$$\int \frac{\mathrm{d}x}{x\sqrt{x^2+a^2}} = \frac{1}{a} \ln \frac{|x|}{a+\sqrt{x^2+a^2}} + C,$$

这里令 $a=2$,于是

$$\int \frac{\mathrm{d}x}{x\sqrt{x^2+4}} = \frac{1}{2}\ln\frac{|x|}{2+\sqrt{x^2+4}} + C.$$

例3 求 $\displaystyle\int \frac{1}{5-4\cos x}\mathrm{d}x.$

解 被积函数中含有三角函数,可用积分表(十一)类中的公式 105 或 106,这里令 $a=5, b=-4, a^2>b^2$,所以用公式 105,于是得

$$\int \frac{1}{5-4\cos x}\mathrm{d}x = \frac{2}{5-(-4)}\sqrt{\frac{5-(-4)}{5+(-4)}}\arctan\left(\sqrt{\frac{5-(-4)}{5+(-4)}}\tan\frac{x}{2}\right) + C$$

$$= \frac{2}{3}\arctan\left(3\tan\frac{x}{2}\right) + C.$$

例4 求 $\displaystyle\int x^2\sqrt{1-9x^2}\,\mathrm{d}x.$

解 令 $3x=u, x=\dfrac{u}{3}, \mathrm{d}x=\dfrac{1}{3}\mathrm{d}u,$ 则

$$\int x^2\sqrt{1-9x^2}\,\mathrm{d}x = \frac{1}{3^3}\int u^2\sqrt{1-u^2}\,\mathrm{d}u = \frac{1}{27}\int u^2\sqrt{1-u^2}\,\mathrm{d}u,$$

再令 $a=1,$ 由积分表(七)中的公式 65,得

$$\int u^2\sqrt{1-u^2}\,\mathrm{d}u = \frac{u}{8}(2u^2-1)\sqrt{1-u^2} + \frac{1}{8}\arcsin u + C,$$

再把 $u=3x$ 代回还原得

$$\int x^2\sqrt{1-9x^2}\,\mathrm{d}x = \frac{1}{27}\left[\frac{3x}{8}(18x^2-1)\sqrt{1-9x^2} + \frac{1}{8}\arcsin 3x\right] + C.$$

一般说来,查积分表可以节省计算积分的时间,但是只有掌握了前面学过的基本积分方法才能灵活地使用积分表,而且对一些较简单的积分,应用基本积分方法来计算比查表更快些.所以求积分时究竟是直接计算,还是查表,或是两者结合使用,应作具体分析,不能一概而论.另外我们还要指出,对初等函数来说,在其定义区间上,它的原函数一定存在,但原函数不一定是初等函数,如 $\displaystyle\int \mathrm{e}^{-x^2}\mathrm{d}x, \int \frac{\sin x}{x}\mathrm{d}x, \int \frac{\mathrm{d}x}{\ln x}, \int \frac{\mathrm{d}x}{\sqrt{1+x^4}}$

等,它们的原函数都不能用初等函数来表达,因此我们常说,这些积分是"积不出来"的.

$\boxed{\text{小资料}}$ **微积分发展简史**

微积分的发明在数学发展史上是一个伟大的成就.它的创立不仅解决了当时的一些重大的科学问题,而且由此产生了数学的一些重要分支,如微分方程、无穷级数、微分几何、变分法、复变函数等.这个伟大的成就当然首先应该归功于牛顿和莱布尼

茨. 但是在他们创立微积分之前,微积分问题至少被 17 世纪十几位大数学家和其他几十位数学家探讨过,得出了一些很漂亮的结果,且具很大的启发性. 牛顿和莱布尼茨在前人的基础上,将微积分发展到了高峰.

17 世纪的科学问题主要有四类:第一类是速度和加速度问题,即由常速变为变速时,如何求速度与加速度;第二类是切线问题;第三类是最大值和最小值问题,如炮弹的最大射程如何求等;第四类是求曲线的长、曲线围成的面积、物体的重心、引力等. 这些问题在 17 世纪之前个别地解决过,但必须有较好的技巧,所以方法缺乏一般性.

在牛顿、莱布尼茨之前,尝试解决这四类问题已有不少知名数学家,并积累了不少经验,比较有名的有罗贝瓦尔、巴罗(牛顿的老师)、开普勒、费马、卡瓦列利、格利哥利等,他们都有一些具体的结果. 在原则性的问题上,如微积分的主要特征——积分与微分的互逆性,也早为人们所遇到. 但他们不是没有看到其普遍意义,就是没有引起重视. 17 世纪的前三分之二的时间内,微积分的工作被困扰在一些细节问题里. 作用不大的细枝末节的推理,使数学家们精疲力竭.

在微积分的大量知识已经积累起来的时代里,牛顿和莱布尼茨认识到了微分与积分这种互逆关系的重要性和普遍性,建立起成熟的方法,并且提出了前面叙述的几个主要问题的内在联系,从而创立了微积分.

但是不论牛顿还是莱布尼茨,在创立微积分时都并未弄清微积分的逻辑基础,他们对于极限和无穷小量的概念是含混不清的. 以致在一些推导过程中,常常出现逻辑矛盾,比如有时将无穷小量当作非零因子,作约分运算,有时又将无穷小量当作真正的零将其省略去. 这种逻辑混乱,必然会引起一些人对微积分的批评和指责,其中最著名的要数主观唯心论哲学家、爱尔兰主教贝克莱,他更多地从宗教的偏见出发批评微积分. 他说牛顿的微积分的无穷小是"已死量的幽灵",微积分中的"原则、推理与论断不比宗教的教义说得更为清晰",但他的批评并非完全无理,辩论进行了相当长的一段时间. 也由于他们的挑战,促使数学家们奋力去"自圆其说".

终于到 1821 年大数学家柯西在他的《分析教程》,以及此后的《无穷小计算讲义》中,给出了微积分中一系列基本概念的严格定义,从而澄清了历史上微积分的逻辑基础. 但在柯西时代,实数理论尚未完备,因而柯西的极限定义尚有不足之处. 现在的极限定义是大数学家维尔斯特拉斯加工完成的.

知识点归纳

一般说来查积分表可以节省计算积分的时间,但应注意,只有掌握了基本积分方法,才能灵活地使用积分表.

习 题 4.6

查表求下列不定积分：

1. $\int \dfrac{x\mathrm{d}x}{\sqrt{3+x}}$.

2. $\int \dfrac{\mathrm{d}x}{\sqrt{2-4x^2}}$.

3. $\int \ln^3 x\mathrm{d}x$.

4. $\int \dfrac{1}{x(2+3x)^2}\mathrm{d}x$.

5. $\int \sin^4 x\mathrm{d}x$.

6. $\int \sqrt{4x^2+3}\,\mathrm{d}x$.

7. $\int x \arcsin \dfrac{x}{3}\mathrm{d}x$.

8. $\int \sqrt{\dfrac{1-x}{1+x}}\mathrm{d}x$.

小 结

一、本章主要内容

本章解决积分学的第一个基本问题，主要内容是不定积分的概念与计算.

1. 原函数和不定积分的概念，这是本章的理论基础.

2. 积分法问题：主要包括积分基本公式、直接积分法、换元积分法和分部积分法，这是本章的中心内容.

二、本章注意事项

1. 原函数和不定积分的概念是积分学中最基本的概念.

在概念上不定积分是微分的逆运算. 两种运算的一个重要区别是：一个函数的微分是一个确定的函数，而一个函数的不定积分得到的是一族函数，其中每一个都是被积函数的原函数.

2. 不定积分运算远比微分运算复杂得多.

要掌握常用的积分法、熟记积分基本公式和积分运算法则，注意分析被积函数的特点.

解题时首选哪种方法，没有固定模式，通常按下列次序试探：

直接积分法→第一类换元积分法→第二类换元积分法→分部积分法.

如果有积分表，也可查表计算.

检 测 题

（时间：60 分钟）

一、选择题（每小题 5 分，共 20 分）

1. 下列等式成立的是（　　　）.

(A) $\int \sin \omega x\mathrm{d}x = -\dfrac{1}{\omega}\cos \omega x + C$

(B) $\int x^n \mathrm{d}x = (n+1)x^{n+1} + C$

（C）$\int a^x \mathrm{d}x = a^x \ln a + C$　　　　（D）$\int \sec x \mathrm{d}x = \tan x + C$

2. 下列等式中错误的是（　　）．

（A）$\int \cos x \mathrm{d}x = \sin x + C$　　　　（B）$\int \dfrac{1}{\sqrt{1-x^2}}\mathrm{d}x = \arcsin x + C$

（C）$\int a^x \mathrm{d}x = \dfrac{a^x}{\ln a} + C$　　　　（D）$\int \csc x \cdot \cot x \mathrm{d}x = \csc x + C$

3. $\int \dfrac{\mathrm{e}^{\frac{x}{2}}}{1+\mathrm{e}^x}\mathrm{d}x =$ （　　）．

（A）$\dfrac{1}{2}\arctan \mathrm{e}^{\frac{x}{2}} + C$　（B）$\dfrac{1}{2}\arctan \mathrm{e}^x + C$　（C）$2\arctan \mathrm{e}^{\frac{x}{2}} + C$　（D）$2\arctan \mathrm{e}^x + C$

4. $\int \sqrt{x\sqrt{x\sqrt{x}}}\,\mathrm{d}x =$ （　　）．

（A）$\dfrac{8}{9}x^{\frac{9}{8}} + C$　　　（B）$\dfrac{8}{15}x^{\frac{15}{8}} + C$　　　（C）$\dfrac{7}{8}x^{\frac{8}{7}} + C$　　　（D）$\dfrac{15}{8}x^{\frac{8}{15}} + C$

二、填空题（每题 5 分，共 20 分）

1. $\int\left(\dfrac{5}{3}x + 2\right)\mathrm{d}x =$ _____．

2. $\dfrac{\mathrm{d}}{\mathrm{d}x}\left(\int \dfrac{1}{12+11\sin x}\mathrm{d}x\right) =$ _____；$\int \mathrm{d}\left(\dfrac{1}{12+11\sin x}\right) =$ _____．

3. 求积分 $\int \dfrac{x^2}{2+x}\mathrm{d}x$ 时，应先将被积函数化为_____，然后再积分．

4. 求积分 $\int \cos x f'(\sin x)\mathrm{d}x =$ _____．

三、解答题（每题 6 分，共 60 分）

1. $\int x\mathrm{e}^{-x}\mathrm{d}x$.　　　　　　　　　2. $\int x\sin x\mathrm{d}x$.

3. $\int \mathrm{e}^{\sqrt{x}}\mathrm{d}x$.　　　　　　　　　4. $\int \dfrac{1}{x(5+\ln x)}\mathrm{d}x$.

5. $\int \dfrac{1+\cot x}{1-\cot x}\mathrm{d}x$.　　　　　　6. $\int 2^{2x+3}\mathrm{d}x$.

7. $\int \dfrac{x}{4+x^4}\mathrm{d}x$.　　　　　　　8. $\int \dfrac{x^4}{(1-x^5)^3}\mathrm{d}x$.

9. $\int \dfrac{1}{\mathrm{e}^x+\mathrm{e}^{-x}}\mathrm{d}x$.　　　　　　10. $\int \mathrm{e}^{2x}\sin 3x\mathrm{d}x$.

第5章 定积分及其应用

定积分是积分学的另一部分,是高等数学中的重要概念之一,它在工程和科学技术领域中有着广泛的应用.本章主要内容是介绍定积分的概念、性质及应用.

5.1 定积分的概念

5.1.1 引例:曲边梯形的面积

曲边梯形是指由曲线 $y=f(x)(f(x)\geqslant 0)$,x 轴及直线 $x=a,x=b$(其中 $0<a\leqslant x\leqslant b$)围成的平面图形,如图 5-1-1 所示.现在计算它的面积 A.

对于一般的曲边梯形,其高度 $f(x)$ 在 $[a,b]$ 上是变化的,因而不能直接按矩形面积公式来计算.然而,由于 $f(x)$ 在 $[a,b]$ 上是连续变化的,在很小的一段区间上它的变化很小,因此,如果通过分割曲边梯形的底边 $[a,b]$ 将整个曲边梯形分成若干小曲边梯形(见图 5-1-2),再用每个小矩形的面积来近似代替小曲边梯形的面积,将所有的

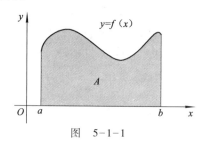

图 5-1-1

小矩形的面积求和,就是梯形的面积 A 的近似值.显然,底边 $[a,b]$ 分割得越细,近似程度就越高(见图 5-1-3).因此,无限地细分 $[a,b]$,使每个小区间的长度趋于零,面积的近似值就转化为精确值.

根据上面的分析,曲边梯形的面积可按如下四步计算:

(1)分割.

在区间 $[a,b]$ 内任意插入 $n-1$ 个点:

$$a=x_0<x_1<\cdots<x_{n-1}<x_n=b.$$

即把区间 $[a,b]$ 分成 n 个小区间,每个小区间的长度记为 $\Delta x_i=x_i-x_{i-1}(i=1,2,\cdots,n)$.过各点作 x 轴的垂线,这些直线把曲边梯形分割成 n 个小的长条曲边梯形.设第 i 个长条曲边梯形的面积为 $\Delta A_i,i=1,2,\cdots,n$.

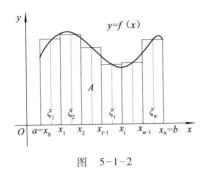

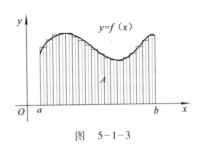

图 5-1-2   图 5-1-3

（2）近似代替.

对于第 i 个小曲边梯形,在小区间 $[x_{i-1},x_i]$ 上任取一点 ξ_i,得到以 $[x_{i-1},x_i]$ 为底,$f(\xi_i)$ 为高的小矩形,用小矩形的面积 $f(\xi_i)\Delta x_i$ 近似代替小曲边梯形的面积 ΔA_i,即

$$\Delta A_i = f(\xi_i)\Delta x_i \quad (i=1,2,\cdots,n).$$

（3）求和.

把 n 个小矩形的面积相加,就得到所求曲边梯形面积 A 的一个近似值,为

$$A \approx f(\xi_1)\Delta x_1 + f(\xi_2)\Delta x_2 + \cdots + f(\xi_n)\Delta x_n = \sum_{i=1}^{n} f(\xi_i)\Delta x_i.$$

（4）取极限.

显然,分点越多,每个长条曲边梯形越窄,所求得的近似值就越接近 A 的精确值.因此,要求曲边梯形面积 A 的精确值,只需使每个小曲边梯形的宽度趋于零.

记 $\lambda = \max(\Delta x_1,\Delta x_2,\cdots,\Delta x_n)$. 于是当 $\lambda \to 0$ 时,每个长条曲边梯形的宽度便趋于零.所以曲边梯形的面积定义为

$$A = \lim_{\lambda \to 0} \sum_{i=1}^{n} f(\xi_i)\Delta x_i.$$

至此,通过以上方法,我们很好地解决了曲边梯形面积的计算问题.事实上在物理学中,计算变速直线运动的质点在一段时间内走过的路程,也可以用上述办法解决.在自然科学和工程技术中,有许多问题的解决都需要用这种数学处理方法.因此,我们对上述方法加以归纳,抛开上述问题的具体意义,抓住它们在数量关系上共同的本质与特性加以概括,就抽象出下述定积分的定义.

5.1.2 定积分的定义

定义 设函数 $f(x)$ 在区间 $[a,b]$ 上连续,在区间 $[a,b]$ 内任意插入 $n-1$ 个点:

$$a = x_0 < x_1 < \cdots < x_{n-1} < x_n = b.$$

即把区间 $[a,b]$ 分成 n 个小区间.记每个小区间的长度为

$$\Delta x_i = x_i - x_{i-1}, \quad i = 1,2,\cdots,n.$$

在每个小区间 $[x_{i-1},x_i]$ 上任取一点 ξ_i（$i = 1,2,\cdots,n$），作和式

$$f(\xi_1)\Delta x_1 + f(\xi_2)\Delta x_2 + \cdots + f(\xi_n)\Delta x_n = \sum_{i=1}^{n}f(\xi_i)\Delta x_i.$$

令 $\lambda = \max\{\Delta x_1,\Delta x_2,\cdots,\Delta x_n\}$. 当 $\lambda \to 0$ 时，如果上式的极限存在，且极限值与区间 $[a,b]$ 的分法和 ξ_i 的取法任意，则称该极限值为 $f(x)$ 在区间 $[a,b]$ 上的**定积分**，记为

$$\int_a^b f(x)\,\mathrm{d}x = \lim_{\lambda \to 0}\sum_{i=1}^{n}f(\xi_i)\Delta x_i.$$

其中，$\int$ 称为**积分号**，x 称为**积分变量**，$f(x)$ 称为**被积函数**，$f(x)\mathrm{d}x$ 称为**积分表达式**，$[a,b]$ 称为**积分区间**，b 和 a 分别称为**积分上限**和**积分下限**.

关于定积分的定义的几点说明：

(1) 定积分的值只与被积函数及积分区间有关，而与积分变量的记法无关，即

$$\int_a^b f(x)\,\mathrm{d}x = \int_a^b f(t)\,\mathrm{d}t = \int_a^b f(u)\,\mathrm{d}u.$$

(2) 和式 $\sum_{i=1}^{n}f(\xi_i)\Delta x_i$ 通常称为 $f(x)$ 的积分和.

(3) 如果函数 $f(x)$ 在 $[a,b]$ 上的定积分存在，我们就说 $f(x)$ 在区间 $[a,b]$ 上可积.

定积分的存在定理

(1) 若函数 $f(x)$ 在区间 $[a,b]$ 上连续，则 $f(x)$ 在 $[a,b]$ 上可积.

(2) 若函数 $f(x)$ 在区间 $[a,b]$ 上有界，且只有有限个第一类间断点，则 $f(x)$ 在 $[a,b]$ 上可积.

很显然，利用定义计算定积分是非常烦琐的事情，我们需要寻求相对简便的计算方法来解决定积分的计算问题，后面介绍的牛顿 – 莱布尼茨公式很好地解决了这个问题.

5.1.3　定积分的几何意义

设 $f(x)$ 在 $[a,b]$ 上连续.

(1) 若在 $[a,b]$ 上 $f(x) \geqslant 0$，则定积分 $\int_a^b f(x)\,\mathrm{d}x$ 表示由曲线 $y = f(x)$，直线 $x = a$、$x = b$、$y = 0$（即 x 轴）所围成的曲边梯形的面积 A（见图 5-1-4），即

$$\int_a^b f(x)\,\mathrm{d}x = A.$$

(2) 若在 $[a,b]$ 上 $f(x) \leqslant 0$，则定积分 $\int_a^b f(x)\,\mathrm{d}x$ 表示由曲线 $y = f(x)$，直线 $x = a$、$x = b$、$y = 0$ 所围成的曲边梯形的面积 A 的相反数（见图 5-1-5），即 $\int_a^b f(x)\,\mathrm{d}x = -A$.

（3）若在 $[a,b]$ 上 $f(x)$ 有时正有时负（见图 5-1-6），则 $y = f(x)$，直线 $x = a$、$x = b$ 及 x 轴所围成的图形是由三个曲边梯形组成. 这时

$$\int_a^b f(x)\,\mathrm{d}x = A_1 - A_2 + A_3 .$$

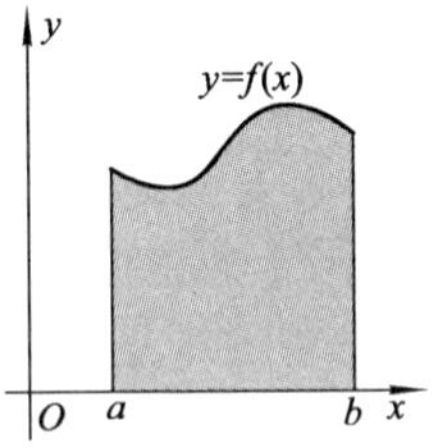

图　5-1-4 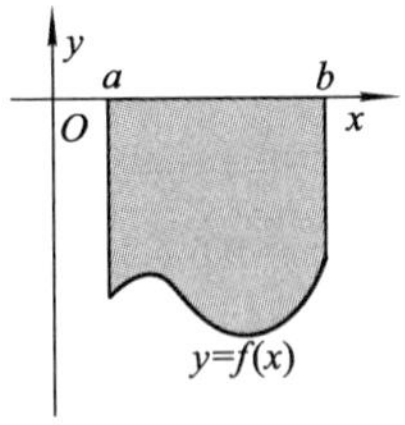　　　　　　　　图　5-1-5 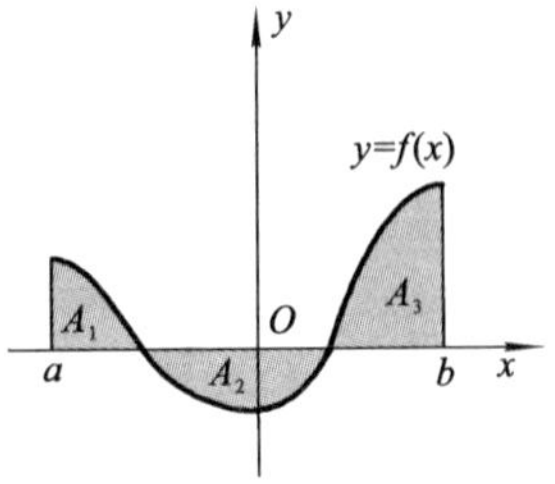　　　　　　　　图　5-1-6

总之，尽管定积分 $\int_a^b f(x)\,\mathrm{d}x$ 在各种实际问题中所代表的实际意义不同，但它的值在几何上都可以用曲边梯形面积的代数和来表示，这就是定积分的几何意义.

| 小资料 |

微积分学的建立

从微积分成为一门学科来说，是在 17 世纪，但是，微分和积分的思想在古代就已经产生了.

公元前 3 世纪，古希腊的阿基米德在研究解决抛物弓形的面积、球和球冠面积、螺线下面积和旋转双曲体的体积的问题中，就隐含着近代积分学的思想. 作为微分学基础的极限理论来说，早在古代已有比较清楚的论述. 比如我国的庄周所著的《庄子》一书的"天下篇"中，记有"一尺之棰，日取其半，万世不竭". 三国时期的刘徽在他的割圆术中提到"割之弥细，所失弥小，割之又割，以至于不可割，则与圆周合体而无所失矣". 这些都是朴素的、也是很典型的极限概念.

到了 17 世纪，有许多科学问题需要解决，这些问题也就成了促使微积分产生的因素. 归结起来，大约有四种主要类型的问题：第一类是研究运动的时候直接出现的，也就是求即时速度的问题. 第二类问题是求曲线的切线的问题. 第三类问题是求函数的最大值和最小值问题. 第四类问题是求曲线长、曲线围成的面积、曲面围成的体积、物体的重心、一个体积相当大的物体作用于另一物体上的引力. 17 世纪的许多著名的数学家、天文学家、物理学家都为解决上述几类问题作了大量的研究工作，如法国的费尔马、笛卡儿、罗伯瓦、笛沙格，英国的巴罗、瓦里士，德国的开普勒，意大利的卡瓦列利等人都提出许多很有建树的理论，为微积分的创立做出了贡献.

微积分是与应用联系着发展起来的，最初牛顿应用微积分学及微分方程为了从万有引力定律导出开普勒行星运动三定律. 此后，微积分学极大地推动了数学的发展，

同时也极大地推动了天文学、力学、物理学、化学、生物学、工程学、经济学等自然科学、社会科学及应用科学各个分支的发展.并在这些学科中有越来越广泛的应用,特别是计算机的出现更有助于这些应用的不断发展.

知识点归纳

(1)定积分的概念也是从实际问题中抽象出来的.同样这个抽象过程可以使我们学到很多东西.首先,曲边梯形不同于梯形,求其面积是一类崭新的问题,通过分割、近似代替、求和、取极限,引出了一种新方法,它既在旧的基础上(小矩形面积),又加进了新的处理方法,从而解决了新的问题.其次,在思维方式上也有所启迪:把整体分割成细小的局部,以直代曲,以不变代变,以近似代精确,最后取极限,又恢复到整体,得到精确值,实现了量变到质变,近似到精确的转化.

(2)定积分 $\int_a^b f(x)\,dx$ 是客观存在的,不能由于区间 $[a,b]$ 的不同分法,或是 ξ_i 的不同取法而得出不同的结果,因此定义中用了两个"任意"来强调定积分与区间 $[a,b]$ 的分法及 ξ_i 的取法与无关,避免了由特例得到普遍结论的偏颇.

但是当已知定积分存在而用定义来计算时,则可以从计算方便着眼来选取区间 $[a,b]$ 的分法和各 ξ_i 点的位置,因为各种区间的分法和 ξ_i 的不同取法,算出来的结果应该是一样的.常用的方法是把区间 $[a,b]$ 分成 n 个相等的子区间,取各子区间的左端点 x_{i-1} 或右端点 x_i 作为 ξ_i.

(3)定义中选用的极限过程是 $\lambda \to 0$,为什么不用 $n \to \infty$?因为 $n \to \infty$ 只能使分点无限增多,而并没有要求这些分点均匀地分布在区间 $[a,b]$ 上,所以不能保证每个小区间长度无限变小,此时乘积 $f(\xi_i)\Delta x_i$ 不会无限接近对应的部分量.

(4)定积分 $\int_a^b f(x)\,dx$ 是一个数,这个数由被积函数 $f(x)$ 和积分区间 $[a,b]$ 决定,与积分变量用什么字母表示无关,即 $\int_a^b f(x)\,dx = \int_a^b f(t)\,dt$.也由于 $\int_a^b f(x)\,dx$ 是一个数,所以 $\left[\int_a^b f(x)\,dx\right]' = 0$,它与 $\left[\int f(x)\,dx\right]' = f(x)$ 是完全不同的.

习　题　5.1

一、选择题

1. $\int_a^b f(x)\,dx$ 的值(　　).

(A)与区间 $[a,b]$ 的分法有关

（B）与 ξ_i 的取法有关

（C）与积分变量有关

（D）仅与被积函数及积分区间 $[a,b]$ 有关

2. 根据定积分的几何意义，下列各式中正确的是（ ）.

（A）$\int_{-3}^{-2} x^2 \mathrm{d}x > 0$

（B）$\int_{-2}^{-1} x^3 \mathrm{d}x > 0$

（C）$\int_{\pi}^{2\pi} \sin x \mathrm{d}x > 0$

（D）$\int_{\frac{\pi}{2}}^{\pi} \cos x \mathrm{d}x > 0$

3. 如图 $5-1-7$ 所示，曲线 $y = f(x)$ 与直线 $x = a$，$x = b$ 及 $y = 0$ 所围成的三块曲边梯形的面积分别为 A_1，A_2，A_3，则 $\int_a^b f(x) \mathrm{d}x = （ ）$.

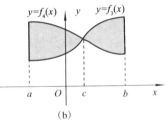

（A）$A_1 + A_2 + A_3$

（B）$A_1 - A_2 + A_3$

（C）$-A_1 + A_2 - A_3$

（D）$-(-A_1 + A_2 - A_3)$

图 $5-1-7$

二、填空题

1. 定积分的定义式是 $\int_a^b f(x) \mathrm{d}x = $ _____.

2. 用定积分表示图 $5-1-8$ 中阴影部分的总面积 A.

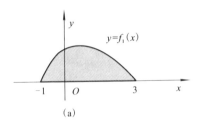

(a)

(b)

图 $5-1-8$

（1）在图 $5-1-8$(a) 中，$A = $ _____.

（2）在图 $5-1-8$(b) 中，$A = $ _____.

5.2 定积分的性质

关于定积分的两点规定：

（1）$\int_a^a f(x) \mathrm{d}x = 0$.

$(2) \displaystyle\int_a^b f(x)\,\mathrm{d}x = -\int_b^a f(x)\,\mathrm{d}x.$

下面各性质的前提条件:设 $f(x)$ 和 $g(x)$ 都是闭区间 $[a,b]$ 上的可积函数,k 为常数.

性质 1 两个函数代数和的定积分等于它们定积分的代数和,即

$$\int_a^b [f(x) \pm g(x)]\,\mathrm{d}x = \int_a^b f(x)\,\mathrm{d}x \pm \int_a^b g(x)\,\mathrm{d}x.$$

证 $\displaystyle\int_a^b [f(x) \pm g(x)]\,\mathrm{d}x = \lim_{\lambda \to 0} \sum_{i=1}^n [f(\xi_i) \pm g(\xi_i)]\Delta x_i$

$$= \lim_{\lambda \to 0} \sum_{i=1}^n f(\xi_i)\Delta x_i \pm \lim_{\lambda \to 0} \sum_{i=1}^n g(\xi_i)\Delta x_i$$

$$= \int_a^b f(x)\,\mathrm{d}x \pm \int_a^b g(x)\,\mathrm{d}x.$$

性质 2 被积函数的常数因子可以提到积分号外,即

$$\int_a^b kf(x)\,\mathrm{d}x = k\int_a^b f(x)\,\mathrm{d}x.$$

证 $\displaystyle\int_a^b kf(x)\,\mathrm{d}x = \lim_{\lambda \to 0} \sum_{i=1}^n kf(\xi_i)\Delta x_i = k\lim_{\lambda \to 0} \sum_{i=1}^n f(\xi_i)\Delta x_i$

$$= k\int_a^b f(x)\,\mathrm{d}x.$$

性质 3 对于任意的点 c,有

$$\int_a^b f(x)\,\mathrm{d}x = \int_a^c f(x)\,\mathrm{d}x + \int_c^b f(x)\,\mathrm{d}x.$$

这个性质称为**定积分的积分区间可加性**.

注意:不论 a,b,c 相对位置如何,即不论 $x \in [a,b]$ 还是 $x \notin [a,b]$,只要 $f(x)$ 在相应的区间上可积,总有性质 3 成立.

性质 4 如果在区间 $[a,b]$ 上,$f(x) = 1$,则

$$\int_a^b f(x)\,\mathrm{d}x = \int_a^b \mathrm{d}x = b - a.$$

性质 5(定积分的保号性) 如果在区间 $[a,b]$ 上 $f(x) \leqslant g(x)$,则

$$\int_a^b f(x)\,\mathrm{d}x \leqslant \int_a^b g(x)\,\mathrm{d}x \quad (a < b).$$

这个性质说明,若比较两定积分的大小,只要比较被积函数的大小即可.

特别地,有

$$\left| \int_a^b f(x)\,\mathrm{d}x \right| \leqslant \int_a^b |f(x)|\,\mathrm{d}x \quad (a < b).$$

证 因为 $-|f(x)| \leqslant f(x) \leqslant |f(x)|$,所以

$$-\int_a^b |f(x)|\,\mathrm{d}x \le \int_a^b f(x)\,\mathrm{d}x \le \int_a^b |f(x)|\,\mathrm{d}x.$$

从而得

$$\left|\int_a^b f(x)\,\mathrm{d}x\right| \le \int_a^b |f(x)|\,\mathrm{d}x.$$

性质 6 设 M, m 分别是函数 $f(x)$ 在区间 $[a,b]$ 上的最大值和最小值,则

$$m(b-a) \le \int_a^b f(x)\,\mathrm{d}x \le M(b-a) \quad (a < b).$$

证 因为 $m \le f(x) \le M$,由性质 5,得

$$\int_a^b m\,\mathrm{d}x \le \int_a^b f(x)\,\mathrm{d}x \le \int_a^b M\,\mathrm{d}x.$$

再由性质 3,可得

$$m(b-a) \le \int_a^b f(x)\,\mathrm{d}x \le M(b-a).$$

性质 7(定积分中值定理) 设函数 $f(x)$ 在闭区间 $[a,b]$ 上连续,则在积分区间 $[a,b]$ 上至少存在一个点 x_0,使下式成立

$$\int_a^b f(x)\,\mathrm{d}x = f(x_0)(b-a).$$

证 设 M, m 分别是函数 $f(x)$ 在区间 $[a,b]$ 上的最大值和最小值,由性质 6 可得

$$m(b-a) \le \int_a^b f(x)\,\mathrm{d}x \le M(b-a),$$

即

$$m \le \frac{1}{b-a}\int_a^b f(x)\,\mathrm{d}x \le M.$$

由连续函数的介值性定理,在 $[a,b]$ 上至少存在一点 x_0,使得

$$f(x_0) = \frac{1}{b-a}\int_a^b f(x)\,\mathrm{d}x.$$

于是两端乘以 $b-a$,就得到定积分中值公式

$$\int_a^b f(x)\,\mathrm{d}x = f(x_0)(b-a).$$

积分中值公式的几何意义是十分明显和容易理解的,如图 5-2-1 所示:在 $[a,b]$ 上一定存在一点 x_0,使得由此得到的矩形面积和原曲边梯形面积相等。

应注意:不论 $a < b$ 还是 $a > b$,积分中值公式都成立。

如果函数 $f(x)$ 在闭区间 $[a,b]$ 上连续,我们称

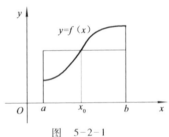

图 5-2-1

$\dfrac{1}{b-a}\displaystyle\int_a^b f(x)\,\mathrm{d}x$ 为函数 $f(x)$ 在 $[a,b]$ 上的**平均值**.

如已知某地某时自 0 时至 24 时天气温度曲线为 $f(t)$，t 为时间，则 $\dfrac{1}{24}\displaystyle\int_0^{24} f(t)\,\mathrm{d}t$ 表示该地、该日的平均气温.

知识点归纳

定积分的七个性质对于解决定积分的计算是很有用的，应熟练掌握.

习　题　5.2

一、填空题

1. 若 $f(x)=\begin{cases}5 & \text{当 } x\geqslant 0 \\ 4 & \text{当 } x<0\end{cases}$，则 $\displaystyle\int_{-2}^{2} f(x)\,\mathrm{d}x=$ _____.

2. $\displaystyle\int_{-a}^{a}\sin^3 x\,\mathrm{d}x=$ _____.

3. 比较大小：$\displaystyle\int_1^3 4^x\,\mathrm{d}x=$ _____ $\displaystyle\int_1^3 5^x\,\mathrm{d}x$.

4. 若 $\displaystyle\int_0^{\frac{\pi}{2}}\cos x\,\mathrm{d}x=1$，则 $\displaystyle\int_{-\frac{\pi}{2}}^{\frac{\pi}{2}}5\cos x\,\mathrm{d}x=$ _____.

二、解答题

1. 已知 $\displaystyle\int_0^2 x^2\,\mathrm{d}x=\dfrac{8}{3}$，求 $\displaystyle\int_0^2 (x-\sqrt{3})(x+\sqrt{3})\,\mathrm{d}x$.

2. 估计 $\displaystyle\int_1^4 (x^2+1)\,\mathrm{d}x$ 的值.

3. 求定积分 $\displaystyle\int_{-\frac{\pi}{2}}^{\frac{\pi}{2}}\sin^5 x\cos^7 x\,\mathrm{d}x$.

5.3　微积分基本公式

通过前面的学习我们发现，利用定积分的定义计算定积分是非常困难的，有时甚至是不可能的. 因此，必须寻求计算定积分的简便而又可行的方法. 由牛顿-莱布尼茨提出的微积分基本定理则把定积分和不定积分两个不同的概念联系起来，解决了定积分的计算问题.

5.3.1　变上限的积分及其导数

设函数 $f(x)$ 在区间 $[a,b]$ 上连续,对 $\forall x \in [a,b]$,我们把定积分

$$\int_a^x f(t)\,dt$$

称为**变上限积分**或**积分上限的函数**,记为

$$\Phi(x) = \int_a^x f(t)\,dt \quad (a \leqslant x \leqslant b).$$

定理 1　设函数 $f(x)$ 在区间 $[a,b]$ 上连续,则函数

$$\Phi(x) = \int_a^x f(t)\,dt \quad (a \leqslant x \leqslant b)$$

在 $[a,b]$ 上一定可导,并且它的导数为

$$\Phi'(x) = \frac{d}{dx}\int_a^x f(t)\,dt = f(x) \quad (a \leqslant x \leqslant b).$$

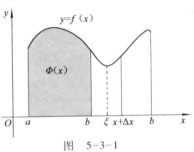

图　5-3-1

证　如图 5-3-1 所示,若 $x \in (a,b)$,取 Δx 使 $x + \Delta x \in (a,b)$,则

$$\begin{aligned}
\Delta\Phi &= \Phi(x + \Delta x) - \Phi(x) \\
&= \int_a^{x+\Delta x} f(t)\,dt - \int_a^x f(t)\,dt \\
&= \int_a^x f(t)\,dt + \int_x^{x+\Delta x} f(t)\,dt - \int_a^x f(t)\,dt \\
&= \int_x^{x+\Delta x} f(t)\,dt.
\end{aligned}$$

应用积分中值定理,$\exists \xi \in (x, x + \Delta x)$,使得

$$\Delta\Phi = \int_x^{x+\Delta x} f(t)\,dt = f(\xi)(x + \Delta x - x) = f(\xi)\Delta x.$$

当 $\Delta x \to 0$ 时,有 $\xi \to x$,于是

$$\Phi'(x) = \lim_{\Delta x \to 0}\frac{\Delta\Phi}{\Delta x} = \lim_{\Delta x \to 0}\frac{f(\xi)\Delta x}{\Delta x} = \lim_{\Delta x \to 0}f(\xi) = \lim_{\xi \to x}f(\xi) = f(x).$$

推论 1　设函数 $f(x)$ 在区间 $[a,b]$ 上连续,则函数

$$\Phi(x) = \int_a^x f(t)\,dt$$

是 $f(x)$ 在 $[a,b]$ 上的一个原函数.

根据定理 1 和复合函数的求导法则,可以总结出下面的推论 2.

推论 2　若函数 $f(x)$ 在闭区间 $[a,b]$ 上连续,$\varphi(x)$ 和 $\psi(x)$ 在 $[a,b]$ 上可导,则

有

$$\frac{\mathrm{d}}{\mathrm{d}x}\int_{\psi(x)}^{\varphi(x)} f(t)\mathrm{d}t = f(\varphi(x))\varphi'(x) - f(\psi(x))\psi'(x).$$

此定理的作用:一是确定了连续函数的原函数的存在性;二是明确了积分学中的定积分与原函数之间的关系,也就是定积分和不定积分之间的关系. 下面举例说明如何应用上述定理来求变上限积分函数的导数.

例 1 求下列函数的导数:

(1) $y = \int_0^x \cos 3t\mathrm{d}t$; (2) $\int_{2x}^0 \sqrt{1 + t^2}\mathrm{d}t$;

(3) $y = \int_0^{x^3} \ln(1 + t)\mathrm{d}t$; (4) $y = \int_{\sin x}^{\cos x} \mathrm{e}^{t^2}\mathrm{d}t$.

解 (1) $y' = \cos 3x$.

(2) 因为 $\int_{2x}^0 \sqrt{1 + t^2}\mathrm{d}t = -\int_0^{2x} \sqrt{1 + t^2}\mathrm{d}t$,所以 $y' = -\sqrt{1 + 4x^2}$.

(3) $y' = \ln(1 + x^3)(x^3)' = 3x^2\ln(1 + x^3)$.

(4) 因为 $y = \int_{\sin x}^{\cos x} \mathrm{e}^{t^2}\mathrm{d} = \int_0^{\cos x} \mathrm{e}^{t^2}\mathrm{d}t + \int_{\sin x}^0 \mathrm{e}^{t^2}\mathrm{d}t = \int_0^{\cos x} \mathrm{e}^{t^2}\mathrm{d}t - \int_0^{\sin x} \mathrm{e}^{t^2}\mathrm{d}t$,所以 $y' = \mathrm{e}^{\cos^2 x}(\cos x)' - \mathrm{e}^{\sin^2 x}(\sin x)' = -\mathrm{e}^{\cos^2 x}\sin x - \mathrm{e}^{\sin^2 x}\cos x$.

例 2 计算下列各式:

(1) $\lim\limits_{x\to\infty} \dfrac{\int_a^x \left(1 + \dfrac{1}{t}\right)^t \mathrm{d}t}{x}$; (2) $\lim\limits_{x\to 0} \dfrac{\int_{\cos x}^1 \mathrm{e}^{-t^2}\mathrm{d}t}{x^2}$.

解 (1) 这是一个 $\dfrac{\infty}{\infty}$ 型未定式,由洛必达法则及重要极限得

$$\lim_{x\to +\infty} \frac{\int_a^x \left(1 + \dfrac{1}{t}\right)^t \mathrm{d}t}{x} = \lim_{x\to +\infty}\left[\int_a^x \left(1 + \frac{1}{t}\right)^t \mathrm{d}t\right]' = \lim_{x\to +\infty}\left(1 + \frac{1}{x}\right)^x = \mathrm{e}.$$

(2) 也是一个 $\dfrac{0}{0}$ 型未定式,由洛必达法则得

$$\lim_{x\to 0} \frac{\int_{\cos x}^1 \mathrm{e}^{-t^2}\mathrm{d}t}{x^2} = \lim_{x\to 0} \frac{-\mathrm{e}^{-\cos^2 x}(\cos x)'}{2x} = \lim_{x\to 0} \frac{\mathrm{e}^{-\cos^2 x}\sin x}{2x} = \frac{1}{2\mathrm{e}}.$$

5.3.2 微积分基本公式

定理 2(牛顿-莱布尼茨公式) 如果函数 $F(x)$ 是连续函数 $f(x)$ 在区间 $[a, b]$ 上的一个原函数,则

$$\int_a^b f(x)\,\mathrm{d}x = F(x)\,\Big|_a^b = F(b) - F(a).$$

证　已知 $F(x)$ 是 $f(x)$ 的一个原函数. 又根据定理 1 的推论 1, 积分上限函数

$$\Phi(x) = \int_a^x f(t)\,\mathrm{d}t$$

也是 $f(x)$ 的一个原函数. 于是有

$$F(x) - \Phi(x) = C \quad (a \le x \le b, C \text{ 为任意常数}).$$

当 $x = a$ 时, 有 $F(a) - \Phi(a) = C$, 而 $\Phi(a) = \int_a^a f(t)\,\mathrm{d}t = 0$, 所以 $C = F(a)$.

当 $x = b$ 时, 有 $F(b) - \Phi(b) = F(a)$, 所以 $\Phi(b) = F(b) - F(a)$, 即

$$\int_a^b f(x)\,\mathrm{d}x = F(b) - F(a).$$

微积分基本公式揭示并建立了定积分与不定积分之间的联系, 把计算定积分的问题转化为计算不定积分的问题, 为定积分计算提供了简捷的方法.

例 3　计算 $\int_{-1}^1 (x^2 + x + 1)\,\mathrm{d}x$.

解　原式 $= \int_{-1}^1 (x^2 + x + 1)\,\mathrm{d}x = \int_{-1}^1 x^2\,\mathrm{d}x + \int_{-1}^1 x\,\mathrm{d}x + \int_{-1}^1 1\,\mathrm{d}x$

$= \dfrac{1}{3}x^3\,\Big|_{-1}^1 + \dfrac{1}{2}x^2\,\Big|_{-1}^1 + x\,\Big|_{-1}^1 = 2\dfrac{2}{3}.$

例 4　计算 $\int_0^1 \dfrac{1}{1 + x^2}\,\mathrm{d}x$

解　原式 $\arctan x\,\Big|_0^1 = \arctan 1 - \arctan 0 = \dfrac{\pi}{4} - 0 = \dfrac{\pi}{4}.$

例 5　计算 $\int_{-2}^{e^2} \dfrac{1}{x}\,\mathrm{d}x$.

解　原式 $= (\ln|x|)\,\Big|_{-2}^{e^2} = \ln e^2 - \ln|-2| = 2\ln e - \ln 2 = 2 - \ln 2.$

例 6　计算 $\int_{-3}^4 |3 - x|\,\mathrm{d}x$.

解　原式 $= \int_{-3}^3 (3 - x)\,\mathrm{d}x + \int_3^4 -(3 - x)\,\mathrm{d}x = \left(3x - \dfrac{1}{2}x^2\right)\Big|_{-3}^3 + \left(\dfrac{1}{2}x^2 - 3x\right)\Big|_3^4$

$= \left(3\cdot3 - \dfrac{1}{2}\cdot3^2\right) - \left[3\cdot(-3) - \dfrac{1}{2}(-3)^2\right] + \left[\left(\dfrac{1}{2}\cdot4^2 - 3\cdot4\right) - \left(\dfrac{1}{2}\cdot3^2 - 3\cdot3\right)\right]$

$= 18\dfrac{1}{2}.$

例 7　求 $\int_0^{\frac{\pi}{2}} (3 - 2\sin x)\,\mathrm{d}x$.

解 原式 $= \left[3x + 2\cos x \right]_0^{\frac{\pi}{2}} = \left(\frac{3\pi}{2} + 0 \right) - \left(0 + 2 \right) = \frac{3\pi - 4}{2}.$

小资料 黎曼对微积分理论的创造性贡献

黎曼(Georg Friedrich Bernhard Riemann,1826—1866)于 1826 年 9 月 17 日生于德国北部汉诺威的布雷塞伦茨村,父亲是一个乡村的穷苦牧师.他 6 岁开始上学,14 岁进入大学预科学习,19 岁按其父亲的意愿进入哥廷根大学攻读哲学和神学,以便将来继承父志也当一名牧师.

由于从小酷爱数学,黎曼在学习哲学和神学的同时也听些数学课.当时的哥廷根大学是世界数学的中心之一,一些著名的数学家如高斯、韦伯、斯特尔都在校执教.黎曼被这里的数学教学和数学研究的气氛所感染,决定放弃神学,专攻数学.

1847 年,黎曼转到柏林大学学习,成为雅可比、狄利克雷、施泰纳、艾森斯坦的学生.1849 年重回哥廷根大学攻读博士学位,成为高斯晚年的学生.

1851 年,黎曼获得数学博士学位;1854 年被聘为哥廷根大学的编外讲师;1857 年晋升为副教授;1859 年接替去世的狄利克雷被聘为教授.

因长年的贫困和劳累,黎曼在 1862 年婚后不到一个月就开始患胸膜炎和肺结核,其后四年的大部分时间在意大利治病疗养.1866 年 7 月 20 日,黎曼病逝于意大利,终年 39 岁.

黎曼是世界数学史上最具独创精神的数学家之一.黎曼的著作不多,但却异常深刻,极富于对概念的创造与想象.黎曼在其短暂的一生中为数学的众多领域作了许多奠基性、创造性的工作,为世界数学建立了丰功伟绩.黎曼除对几何和复变函数方面的开拓性工作以外,还以其对 19 世纪初兴起的完善微积分理论的杰出贡献载入史册.

18 世纪末到 19 世纪初,数学界开始关心数学最庞大的分支——微积分在概念和证明中表现出的不严密性.波尔查诺、柯西、阿贝尔、狄利克雷进而到维尔斯特拉斯,都以全部精力投入到分析的严密化工作中.黎曼由于在柏林大学从师狄利克雷研究数学,且对柯西和阿贝尔的工作有深入的了解,因而对微积分理论有独到的见解.

1854 年黎曼为取得哥廷根大学编外讲师的资格,需要他递交一篇反映其学术水平的论文.他交出的是名为《关于利用三角级数表示一个函数的可能性》的文章.这是一篇内容丰富、思想深刻的杰作,对完善分析理论产生了深远的影响.

柯西曾证明连续函数必定是可积的,黎曼指出可积函数不一定是连续的.关于连续与可微性的关系上,柯西和他那个时代的几乎所有的数学家都相信,而且在后来 50 年中许多教科书都"证明"连续函数一定是可微的.黎曼给出了一个连续而不可微的著名反例,最终讲清了连续与可微的关系.

　　黎曼建立了如现在微积分教科书所讲的黎曼积分的概念,给出了这种积分存在的必要充分条件.

知识点归纳

　　(1)牛顿–莱布尼茨公式揭示了定积分与不定积分之间的联系,即 $\int_a^b f(x)\,\mathrm{d}x = F(x)\,\big|_a^b$,它把微分和积分从概念和计算上联系了起来.因此,有人把它当作微积分的理论形成为一个体系的第一个标志.

　　牛顿–莱布尼茨公式也指出了计算定积分的两个步骤:先求出不定积分 $\int f(x)\,\mathrm{d}x$ 的一个原函数 $F(x)$,再计算原函数 $F(x)$ 在 $[a,b]$ 上的增量 $F(b) - F(a)$.

　　(2)在定积分的分部积分法中,只要在不定积分的结果中代入上下限作差即可,若同时使用了换元积分法,则要根据引入的变量代换相应地变换积分上下限.

习　题　5.3

1. 求下列函数的导数:

(1) $\Phi(x) = \displaystyle\int_0^x \sin t^2\,\mathrm{d}t$;

(2) $G(x) = \displaystyle\int_x^{x^2} t^2 \mathrm{e}^{-t}\,\mathrm{d}t$.

2. 计算下列定积分:

(1) $\displaystyle\int_1^2 \left(x + \frac{1}{x}\right)^2 \mathrm{d}x$;

(2) $\displaystyle\int_0^1 \frac{x\,\mathrm{d}x}{\sqrt{1+x^2}}$;

(3) $\displaystyle\int_4^9 \sqrt{x}\,(2 + \sqrt{x})\,\mathrm{d}x$;

(4) $\displaystyle\int_1^{\sqrt{3}} \frac{\mathrm{d}x}{1+x^2}$;

(5) $\displaystyle\int_{\frac{1}{e}}^{e} \frac{|\ln x|}{x}\,\mathrm{d}x$;

(6) $\displaystyle\int_0^{\frac{\pi}{3}} \sin^3 x\,\mathrm{d}x$;

(7) $\displaystyle\int_0^{\frac{\pi}{4}} \tan^3 \theta\,\mathrm{d}\theta$;

(8) $\displaystyle\int_{\frac{1}{\pi}}^{\frac{2}{\pi}} \frac{\sin\dfrac{1}{y}}{y^2}\,\mathrm{d}y$.

5.4　定积分的换元积分法与分部积分法

　　由牛顿 – 莱布尼茨公式,只要会求不定积分就可求定积分.结合不定积分的方法和定积分的特点,将不定积分的换元积分法和分部积分法移植过来,会使定积分的计算更为简单.

5.4.1 换元积分法

定理 1 设函数 $f(x)$ 在区间 $[a,b]$ 上连续,函数 $x = \varphi(t)$ 满足条件:

(1) $\varphi(t)$ 在 $[\alpha,\beta]$ 上具有连续导数,且有反函数 $t = \varphi^{-1}(x)$.

(2) $\varphi(\alpha) = a$, $\varphi(\beta) = b$.

则有

$$\int_a^b f(x)\,\mathrm{d}x = \int_\alpha^\beta f(\varphi(t))\varphi'(t)\,\mathrm{d}t.$$

这个公式称为**定积分的换元公式**.

证 因为函数 $f(x)$ 在区间 $[a,b]$ 上连续,由定积分的存在定理,所以 $f(x)$ 可积,设 $F(x)$ 是 $f(x)$ 的一个原函数,即 $F'(x) = f(x)$.

又因为 $[F(\varphi(t))]' = F'(\varphi(t))\varphi'(t) = f(\varphi(t))\varphi'(t)$,所以 $F(\varphi(t))$ 是 $f(\varphi(t))\varphi'(t)$ 的一个原函数. 从而有

$$\int_a^b f(x)\,\mathrm{d}x = F(x)\,\big|_a^b = F(b) - F(a),$$

$$\int_\alpha^\beta f(\varphi(t))\varphi'(t)\,\mathrm{d}t = F(\varphi(t))\,\big|_\alpha^\beta = F(b) - F(a).$$

于是有

$$\int_a^b f(x)\,\mathrm{d}x = \int_\alpha^\beta f(\varphi(t))\varphi'(t)\,\mathrm{d}t.$$

应用定理时要注意"换元必换限",这样就可以把 $f(x)$ 在区间 $[a,b]$ 上的定积分转化为 $f(\varphi(t))\varphi'(t)$ 在 $[\alpha,\beta]$ 上的定积分(这里 α 不一定小于 β).

用第一换元积分法即凑微分法计算一些定积分时,一般可以不引入中间变量,只需将不定积分的结果(只取一个原函数)代入积分上下限作差即可.

例 1 计算 $\int_0^4 \dfrac{\mathrm{d}x}{1 + \sqrt{x}}$.

解 原式 $\xrightarrow{\sqrt{x} = t} \displaystyle\int_0^2 \frac{2t}{1 + t}\mathrm{d}t = 2\int_0^2 \left(1 - \frac{1}{1 + t}\right)\mathrm{d}t = 2[t - \ln|1 + t|]\,\big|_0^2 = 4 - 2\ln 3.$

例 2 计算 $\int_0^8 \dfrac{1}{1 + \sqrt[3]{x}}\mathrm{d}x.$

解 原式 $\xrightarrow{t = \sqrt[3]{x}} \displaystyle\int_0^2 \frac{1}{1 + t}3t^2\mathrm{d}t = 3\int_0^2 \frac{t^2}{1 + t}\mathrm{d}t = 3\int_0^2 \frac{t^2 - 1 + 1}{1 + t}\mathrm{d}t$

$$= 3\int_0^2 \left(t - 1 + \frac{1}{1+t} \right) \mathrm{d}t = 3\left(\frac{1}{2}t^2 - t + \ln|1+t| \right)\Big|_0^2$$

$$= 3\ln 3.$$

例 3　计算 $\int_0^1 \sqrt{1-x^2}\,\mathrm{d}x$.

解　令 $x = \sin t$, 则当 t 从 0 变到 $\frac{\pi}{2}$ 时, x 从 0 递增到 1, 在第一象限中 $\cos x$, 故有

$$\int_0^1 \sqrt{1-x^2}\,\mathrm{d}x = \int_0^{\frac{\pi}{2}} \sqrt{1-\sin^2 t}\cos t\mathrm{d}t$$

$$= \int_0^{\frac{\pi}{2}} \cos^2 t\mathrm{d}t$$

$$= \int_0^{\frac{\pi}{2}} \frac{1+\cos 2t}{2}\mathrm{d}t$$

$$= \frac{1}{2}\left[t + \frac{\sin 2t}{2} \right]_0^{\frac{\pi}{2}}$$

$$= \frac{1}{2} \cdot \frac{\pi}{2} = \frac{\pi}{4}.$$

例 4　计算 $\int_0^{\frac{\pi}{2}} \sin t\cos t\mathrm{d}t$.

解　令 $u = \sin t$, 则 $\mathrm{d}u = \cos t\mathrm{d}t$.

当 t 由 0 变到 $\frac{\pi}{2}$ 时, u 从 0 递增到 1, 所以

$$\int_0^{\frac{\pi}{2}} \sin t\cos t\mathrm{d}t = \int_0^1 u\mathrm{d}u = \frac{u^2}{2}\Big|_0^1 = \frac{1}{2}.$$

例 5　计算 $\int_0^{\frac{\pi}{2}} 5\sin^4 x\cos x\mathrm{d}x$.

解　$\int_0^{\frac{\pi}{2}} 5\sin^4 x\cos x\mathrm{d}x = \int_0^{\frac{\pi}{2}} 5\sin^4 x\mathrm{d}\sin x = \sin^5 x\Big|_0^{\frac{\pi}{2}} = 1.$

例 6　计算 $\int_0^a \sqrt{a^2-x^2}\,\mathrm{d}x$　$(a > 0)$.

解　设 $x = a\sin t, t \in \left[0, \frac{\pi}{2} \right]$, 则 $\mathrm{d}x = \mathrm{d}(a\sin t) = a\cos t\mathrm{d}t$. 当 $x = 0$ 时 $t = 0$, $x = a$ 时 $t = \frac{\pi}{2}$. 故

$$原式 = \int_0^{\frac{\pi}{2}} a\cos t\,\mathrm{d}(a\sin t)$$

$$= a^2 \int_0^{\frac{\pi}{2}} \cos^2 t\,\mathrm{d}t = \frac{a^2}{2}\int_0^{\frac{\pi}{2}}(1 + \cos 2t)\,\mathrm{d}t$$

$$= \frac{a^2}{2}\left(t + \frac{1}{2}\sin 2t\right)\Big|_0^{\frac{\pi}{2}} = \frac{1}{4}\pi a^2 .$$

例 7 求 $\int_{-1}^1 \dfrac{x}{\sqrt{5 - 4x}}\mathrm{d}x$.

解 设 $\sqrt{5 - 4x} = t$，则 $\mathrm{d}x = -\dfrac{1}{2}t\mathrm{d}t$，$x = \dfrac{1}{4}(5 - t^2)$.

当 $x = -1$ 时，$t = 3$；当 $x = 1$ 时，$t = 1$；当 t 从 3 变到 1 时，$x = \dfrac{1}{4}(5 - t^2)$ 单调地从 -1 变到 1. 由定积分换元公式，得

$$\int_{-1}^1 \frac{x}{\sqrt{5 - 4x}}\mathrm{d}x = \int_3^1 \frac{5 - t^2}{4} \cdot \frac{1}{t} \cdot \left(-\frac{1}{2}t\right)\mathrm{d}t$$

$$= \int_3^1 \frac{1}{8}(t^2 - 5)\,\mathrm{d}t = \left[\frac{1}{8}\left(\frac{1}{3}t^3 - 5t\right)\right]_3^1 = \frac{1}{6}.$$

由例 5 可见，不定积分的换元法与定积分的换元法的区别在于：不定积分的换元法在求得关于新变量 t 的积分后，必须带回原变量 x，而定积分的换元法在积分变量由 x 换成 t 的同时，其积分限也由 $x = a$，$x = b$ 相应的换成 $t = \alpha$，$t = \beta$，在完成关于变量 t 的积分后，直接用 t 的上下限 β 和 α 代入计算定积分的值，而不必代回原变量。

例 8 求 $\int_0^1 x\mathrm{e}^{-x^2}\mathrm{d}x$.

解 $$\int_0^1 x\mathrm{e}^{-x^2}\mathrm{d}x = \frac{1}{2}\int_0^1 \mathrm{e}^{-x^2}\mathrm{d}x^2 = -\frac{1}{2}\int_0^1 \mathrm{e}^{-x^2}\mathrm{d}(-x^2)$$

$$= -\frac{1}{2}\left[\mathrm{e}^{-x^2}\right]_0^1 = \frac{1}{2}(1 - \mathrm{e}^{-1}).$$

可见，例 8 的这种计算方法对应于不定积分的第一类换元法，即凑微分法. 这里仅凑微分，不换元，不变限.

例 9 求证：若 $f(x)$ 是奇函数，即 $f(-x) = -f(x)$，则 $\int_{-a}^a f(x)\mathrm{d}x = 0$.

证 $$\int_{-a}^a f(x)\mathrm{d}x = \int_{-a}^0 f(x)\mathrm{d}x + \int_0^a f(x)\mathrm{d}x.$$

对于 $\int_{-a}^0 f(x)\mathrm{d}x$，作变换 $x = -t$，则 $\mathrm{d}x = -\mathrm{d}t$. 当 $x = -a$ 时 $t = a$，$x = 0$ 时 $t = 0$，即 x 从 $-a$ 变到 0 时，t 从 a 变到 0. 故

$$\int_{-a}^{0} f(x)\,\mathrm{d}x = -\int_{a}^{0} f(-t)\,\mathrm{d}t = \int_{a}^{0} f(t)\,\mathrm{d}t = -\int_{0}^{a} f(x)\,\mathrm{d}x.$$

所以
$$\int_{-a}^{a} f(x)\,\mathrm{d}x = 0.$$

因为奇函数的图像关于原点对称,所以以上结论在几何上看是很明显的.

利用这个结论,可以很容易确定一些定积分为零,比如

$$\int_{-1}^{1} \frac{x\mathrm{d}x}{(1+x^2)^3} = 0, \quad \int_{-1}^{1} \frac{x\cos x}{1+\sqrt{1-x^2}}\mathrm{d}x = 0, \quad \int_{-a}^{a} x^3 \mathrm{e}^{x^2}\mathrm{d}x = 0.$$

同理可证下列命题:若 $f(x)$ 是偶函数即 $f(-x)=f(x)$,则

$$\int_{-a}^{a} f(x)\,\mathrm{d}x = 2\int_{0}^{a} f(x)\,\mathrm{d}x.$$

5.4.2 分部积分法

定理 2 若函数 $u(x)$,$v(x)$ 在区间 $[a,b]$ 上存在连续导数,则

$$\int_{a}^{b} u(x)\,\mathrm{d}v(x) = [u(x)v(x)]_{a}^{b} - \int_{a}^{b} v(x)\,\mathrm{d}u(x).$$

这个公式称定积分的**分部积分公式**.

证 对微分恒等式

$$u(x)\,\mathrm{d}v(x) = \mathrm{d}[u(x)v(x)] - v(x)\,\mathrm{d}u(x),$$

在区间 $[a,b]$ 上积分,得到

$$\int_{a}^{b} u(x)\,\mathrm{d}v(x) = \int_{a}^{b} \mathrm{d}[u(x)v(x)] - \int_{a}^{b} v(x)\,\mathrm{d}u(x).$$

根据牛顿-莱布尼茨公式,便得

$$\int_{a}^{b} u(x)\,\mathrm{d}v(x) = [u(x)v(x)]_{a}^{b} - \int_{a}^{b} v(x)\,\mathrm{d}u(x).$$

例 10 计算 $\int_{1}^{3} \frac{\ln x}{\sqrt{x}}\mathrm{d}x$.

解
$$\int_{1}^{3} \frac{\ln x}{\sqrt{x}}\mathrm{d}x = 2\int_{1}^{3} \ln x\,\mathrm{d}(\sqrt{x}) = (2\sqrt{x}\ln x)\Big|_{1}^{3} - 2\int_{1}^{3} \sqrt{x} \cdot \frac{1}{x}\mathrm{d}x$$

$$= 2\sqrt{3}\ln 3 - 2\int_{1}^{3} \frac{1}{\sqrt{x}}\mathrm{d}x = 2\sqrt{3}\ln 3 - \frac{4}{3}\sqrt{x}\Big|_{1}^{3}$$

$$= 2\sqrt{3}\ln 3 - \frac{4\sqrt{3}}{3} + \frac{4}{3}.$$

例 11 计算 $\int_{0}^{2} x\mathrm{e}^{x}\mathrm{d}x$.

解　$\displaystyle\int_0^2 xe^x dx = xe^x\Big|_0^2 - \int_0^2 e^x dx = 2e^2 - e^x\Big|_0^2 = 2e^2 - e^2 + 1 = e^2 + 1.$

例 12　计算 $\displaystyle\int_e^1 \ln x dx.$

解　$\displaystyle\int_e^1 \ln x dx = -\int_1^e \ln x dx = -x|nx|\Big|_1^e + \int_1^e x d(\ln x)$

$\displaystyle\qquad\qquad = -e + \int_1^e dx = -e + x\Big|_1^e$

$\displaystyle\qquad\qquad = -e + e - 1 = -1.$

例 13　计算 $\displaystyle\int_0^4 e^{\sqrt{x}} dx.$

解　$\displaystyle\int_0^4 e^{\sqrt{x}} dx \xlongequal{\text{令 } t = \sqrt{x}} 2\int_0^2 te^t dt = 2\int_0^2 t d(e^t) = 2te^t\Big|_0^2 - 2\int_0^2 e^t dt$

$\displaystyle\qquad\qquad = 4e^2 - 2e^t\Big|_0^2 = 4e^2 - 2e^2 + 2.$

例 14　计算 $\displaystyle\int_0^{\frac{\pi}{2}} x\sin x dx.$

解　$\displaystyle\int_0^{\frac{\pi}{2}} x\sin x dx = -\int_0^{\frac{\pi}{2}} x d(\cos x) = -x\cos x\Big|_0^{\frac{\pi}{2}} + \int_0^{\frac{\pi}{2}} \cos x dx$

$\displaystyle\qquad\qquad = 0 + \int_0^{\frac{\pi}{2}} \cos x dx = \sin x\Big|_0^{\frac{\pi}{2}} = 1.$

可见,定积分的分部积分法,本质上是先利用不定积分的分部积分法求出原函数,再用牛顿 – 莱布尼茨公式求得结果,这两者的区别在于定积分经分部积分后,积出部分就带入上下限,即积出一步代一步,不必等到最后一起代.

例 15　求 $\displaystyle\int_0^1 \ln(x + \sqrt{x^2 + 1})dx.$

解　$\displaystyle\int_0^1 \ln(x + \sqrt{x^2 + 1})dx$

$\displaystyle\quad = \left[x\ln(x + \sqrt{x^2 + 1})\right]_0^1 - \int_0^1 x \cdot \frac{1}{x + \sqrt{x^2 + 1}} \cdot \left(1 + \frac{2x}{2\sqrt{x^2 + 1}}\right)dx$

$\displaystyle\quad = \ln(1 + \sqrt{2}) - \int_0^1 \frac{x}{\sqrt{x^2 + 1}}dx$

$\displaystyle\quad = \ln(1 + \sqrt{2}) - \frac{1}{2}\int_0^1 \frac{1}{\sqrt{x^2 + 1}}d(x^2 + 1)$

$\displaystyle\quad = \ln(1 + \sqrt{2}) - \frac{1}{2}\left[\sqrt{x^2 + 1}\right]_0^1 = \ln(1 + \sqrt{2}) - \sqrt{2} + 1.$

例 16　计算 $\displaystyle\int_0^1 \arctan x dx.$

解　原式 $= x \arctan x \big|_0^1 - \int_0^1 x \mathrm{d}\arctan x$

$$= \frac{\pi}{4} - \int_0^1 \frac{x}{1 + x^2} \mathrm{d}x = \frac{\pi}{4} - \frac{1}{2} \int_0^1 \frac{1}{1 + x^2} \mathrm{d}(x^2 + 1)$$

$$= \frac{\pi}{4} - \frac{1}{2} \ln(x^2 + 1) \bigg|_0^1 = \frac{\pi}{4} - \frac{1}{2} \ln 2 .$$

知识点归纳

　　在定积分的换元法中,如果用新变量代换原来积分变量,那么定积分的上、下限也要相应变换;如果不写出新变量,而直接用凑微分的方法计算,那么定积分的上、下限不需变换.

习　题　5.4

计算下列定积分:

1. $\displaystyle\int_0^1 \frac{x^2}{1 + x^6} \mathrm{d}x.$

2. $\displaystyle\int_4^9 \frac{\sqrt{x}}{\sqrt{x} - 1} \mathrm{d}x.$

3. $\displaystyle\int_0^1 \frac{1}{2x + 1} \mathrm{d}x.$

4. $\displaystyle\int_1^{e^2} \frac{1}{x \sqrt{2 + \ln x}} \mathrm{d}x.$

5. $\displaystyle\int_0^{\frac{\pi}{2}} \cos^5 x \sin 2x \mathrm{d}x.$

6. $\displaystyle\int_0^{\frac{\pi}{2}} \frac{\mathrm{d}x}{1 + \cos x}.$

7. $\displaystyle\int_0^2 t e^t \mathrm{d}t.$

8. $\displaystyle\int_{-\frac{\pi}{2}}^{\frac{\pi}{2}} x^2 \cos x \mathrm{d}x.$

9. $\displaystyle\int_1^2 \frac{e^{\frac{1}{x}}}{x^2} \mathrm{d}x.$

10. $\displaystyle\int_1^e \ln^2 x \mathrm{d}x.$

11. $\displaystyle\int_0^{\frac{\pi}{2}} e^x \sin x \mathrm{d}x.$

12. $\displaystyle\int_{-1}^1 \frac{\mathrm{d}x}{\sqrt{5 - 4x}}.$

13. $\displaystyle\int_0^{\frac{\pi}{2}} \sin x \cos^3 x \mathrm{d}x.$

14. $\displaystyle\int_{-\frac{\pi}{2}}^{\frac{\pi}{2}} \cos^5 x \mathrm{d}x.$

15. $\displaystyle\int_{-2}^0 \frac{x + 2}{x^2 + 2x + 2} \mathrm{d}x.$

16. $\displaystyle\int_{\frac{3}{4}}^1 \frac{1}{\sqrt{1 - x} - 1} \mathrm{d}x.$

17. $\displaystyle\int_0^1 x e^{-2x} \mathrm{d}x.$

18. $\displaystyle\int_{-1}^0 x \ln x \mathrm{d}x.$

19. $\displaystyle\int_0^1 \frac{\mathrm{d}x}{e^x + e^{-x}}.$

20. $\displaystyle\int_0^\pi x^2 \cos 2x \mathrm{d}x.$

21. $\int_0^{\frac{\pi}{2}} e^{2t} \cos t \, dt.$　　　　　22. $\int_{-\frac{1}{2}}^{\frac{1}{2}} \frac{x \arcsin x}{\sqrt{1-x^2}} dx.$

5.5　定积分的应用

定积分在几何学和物理学以及工程技术等方面都有着广泛的应用. 本节将介绍定积分在几何学中的部分应用.

5.5.1　定积分的微元法

我们再分析一下曲边梯形面积的计算问题.

设 $y = f(x) \geqslant 0 (x \in [a,b])$, 如果说定积分 $A = \int_a^b f(x) \, dx$ 是以 $[a,b]$ 为底的曲边梯形的面积, 则积分上限函数 $A(x) = \int_a^x f(t) \, dt$ 就是以 $[a,x]$ 为底的曲边梯形的面积(见图 5-5-1 中左边的白色区域). 而微分 $dA(x) = f(x) \, dx$ 则表示点 x 处以 dx 为宽的小曲边梯形面积的近似值(见图 5-5-1 中浅灰色矩形). $f(x) \, dx$ 称为曲边梯形的**面积元素**或**面积微元**.

以 $[a,b]$ 为底的曲边梯形的面积 A 就是以面积元素 $f(x) \, dx$ 为被积表达式, 以 $[a,b]$ 为积分区间的定积分

$$A = \int_a^b f(x) \, dx.$$

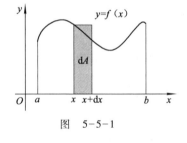

图　5-5-1

一般情况下, 为求某一量 U, 根据问题的具体情况, 选取一个变量例如 x 作为积分变量, 确定其变化区间 $[a,b]$. 对 $\forall x \in [a,b]$, 给以一个改变量 dx, 得到一个小区间 $[x, x + dx]$), 然后求出相应于这个小区间的部分量 ΔU 的近似值, 即 U 在点 x 的微分 dU.

如果能求出

$$dU = f(x) \, dx,$$

则把这些微分在区间 $[a,b]$ 上作定积分, 即得所求量

$$U = \int_a^b f(x) \, dx.$$

这一方法称为定积分的**元素法**或**微元法**.

5.5.2　平面图形的面积

定积分的定义是通过计算曲边梯形的面积而引进的, 所以定积分可用来计算平面

图形的面积.下面仅介绍在直角坐标系中平面图形的面积的求法.

(1)如图 5-5-2 所示,平面图形由连续曲线 $y = f_1(x)$, $y = f_2(x)$ $(f_1(x) \geqslant f_2(x))$ 与直线 $x = a$, $x = b$ $(a < b)$ 围成.求此平面图形的面积.

取 x 为积分变量,积分区间为 $[a,b]$,在 $[a,b]$ 上任取一小区间 $[x, x + \mathrm{d}x]$.因为 $f_1(x) \geqslant f_2(x)$,所以,以 $f_1(x) - f_2(x)$ 为高、$\mathrm{d}x$ 为底的小矩形的面积为面积元素,即

$$\mathrm{d}A = [f_1(x) - f_2(x)]\mathrm{d}x.$$

于是平面图形的面积为

$$A = \int_a^b [f_1(x) - f_2(x)]\mathrm{d}x.$$

(2)如图 5-5-3 所示,平面图形是由连续曲线 $x = \varphi_1(y)$, $x = \varphi_2(y)$ $(\varphi_1(y) \geqslant \varphi_2(y))$ 及直线 $y = c$, $y = d$ $(c < d)$ 围成,求此平面图形的面积.

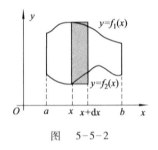

图　5-5-2

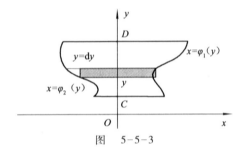

图　5-5-3

类似地,取 y 为积分变量,积分区间为 $[c,d]$,可得其面积为

$$A = \int_c^d [\varphi_1(y) - \varphi_2(y)]\mathrm{d}y .$$

例 1　求由曲线 $y = x^3$ 与直线 $x = -1$、$x = 2$ 及 x 轴所围成的平面图的面积.

解　如图 5-5-4 所示以 x 为积分变量,则 $x \in [-1,2]$,故 $y = x^3$ 与 $x = -1$, $x = 2$ 及 x 轴所围成的平面图形为

$$A = \int_{-1}^0 - x^3\mathrm{d}x + \int_0^2 x^3\mathrm{d}x = -\frac{1}{4}x^4 \Big|_{-1}^0 + \frac{1}{4}x^4 \Big|_0^2 = \frac{17}{4}.$$

例 2　求抛物线 $y^2 = x$ 与直线 $x - 2y - 3 = 0$ 所围的平面图形的面积.

解　如图 5-5-5 所示,先求出抛物线与直线的交点 $P(1, -1)$ 与 $Q(9,3)$.

把所求平面图形分成 S_1, S_2 两部分,并分别求得它们的面积 A_1, A_2:

$$A_1 = \int_0^1 [\sqrt{x} - (-\sqrt{x})]\mathrm{d}x = 2\int_0^1 \sqrt{x}\,\mathrm{d}x = \frac{4}{3},$$

$$A_2 = \int_1^9 \left(\sqrt{x} - \frac{x-3}{2}\right)dx = \frac{28}{3}.$$

所以
$$A = A_1 + A_2 = \frac{4}{3} + \frac{28}{3} = 10\frac{2}{3}.$$

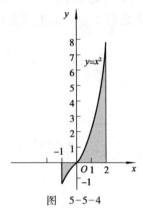

图 5-5-4

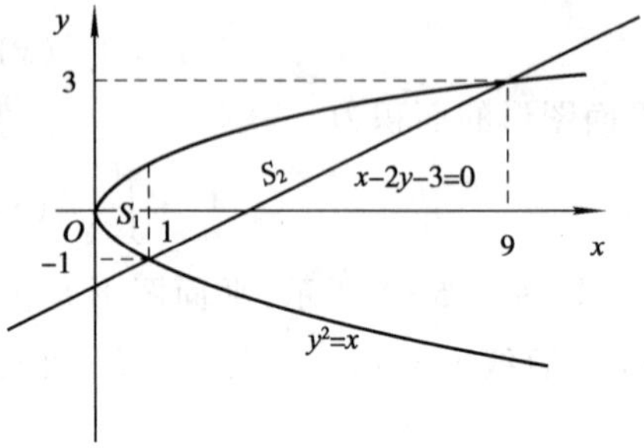

图 5-5-5

例3 计算抛物线 $y^2 = x, y = x^2$ 所围成的图形的面积.

解 作图,如图 5-5-6 所示. 由方程 $y^2 = x, y = x^2$ 求出两条抛物线的交点为 $(0,0),(1,1)$. 以 x 为积分变量,则积分区间为 $[0,1]$. 上下曲线分别为 $f(x) = \sqrt{x}$ 和 $f(x) = x^2$. 所以

$$S = \int_0^1 (\sqrt{x} - x^2)dx = \left(\frac{2}{3}x^{\frac{3}{2}} - \frac{1}{3}x^3\right)\Big|_0^1 = \frac{1}{3}.$$

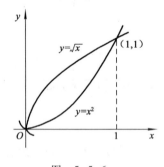

图 5-5-6

例4 求椭圆 $\dfrac{x^2}{a^2} + \dfrac{y^2}{b^2} = 1$ 所围成的图形的面积.

解 如图 5-5-7 所示,椭圆是关于原点对称的. 椭圆的面积是椭圆在第一象限部分面积的四倍. 椭圆第一象限部分在 x 轴上的积分区间为 $[0,a]$,上下曲线分别为:$y = b\sqrt{1 - \dfrac{x^2}{a^2}}$ 和 $y = 0$,所以椭圆面积为

$$S = 4\int_0^a b\sqrt{1 - \frac{x^2}{a^2}}dx.$$

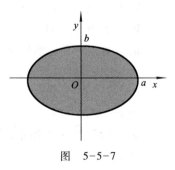

图 5-5-7

作变换 $x = a\sin t$,则 $dx = a\cos t dt$. 当 $x = 0$ 时 $t = 0, x = a$ 时 $t = \dfrac{\pi}{2}$,故

$$S = 4\int_0^a b \sqrt{1 - \frac{x^2}{a^2}} \, \mathrm{d}x = 4\int_0^{\frac{\pi}{2}} b\cos t \cdot a\cos t \mathrm{d}t$$

$$= 4ab\int_0^{\frac{\pi}{2}} \cos^2 t \mathrm{d}t = 2ab\int_0^{\frac{\pi}{2}} (1 + \cos 2t) \, \mathrm{d}t$$

$$= 2ab\left(t \Big|_0^{\frac{\pi}{2}} + \frac{1}{2}\sin 2t \Big|_0^{\frac{\pi}{2}} \right) = \pi ab .$$

例 5　求 $y = \sin x, y = \cos x, x = 0, x = \dfrac{\pi}{2}$ 所围成的平

面图形的面积.

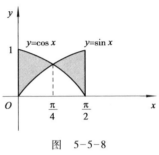

图　5-5-8

解　如图 5-5-8 所示,根据正弦、余弦函数性质知,

当 $x \in \left[0, \dfrac{\pi}{4}\right]$ 时, $\sin x \leqslant \cos x$;当 $x \in \left[\dfrac{\pi}{4}, \dfrac{\pi}{2}\right]$ 时, $\sin x \geqslant$

$\cos x$,所以

$$A = \int_0^{\frac{\pi}{4}} (\cos x - \sin x) \, \mathrm{d}x + \int_{\frac{\pi}{4}}^{\frac{\pi}{2}} (\sin x - \cos x) \, \mathrm{d}x = 2(\sqrt{2} - 1).$$

5.5.3　旋转体的体积

平面图形绕着它所在平面内的一条直线旋转一周所成的立体称为**旋转体**,这条直

线称为**旋转轴**. 如圆柱、圆锥、圆台、球都是旋转体.

下面我们讨论用微元法求由连续曲线 $y = f(x)$ 及直线 $x = a, x = b$ 与 x 轴所围成的

曲边梯形绕 x 轴旋转一周而成的旋转体的体积.

取 x 为积分变量,它的变化区间为 $[a, b]$. 在区间 $[a, b]$ 上任取一小区间 $[x, x +$

$\mathrm{d}x]$,相应的小曲边梯形绕 x 轴旋转而成的薄片的体积近似于以 $f(x)$ 为底面半径、$\mathrm{d}x$

为高的扁圆柱体的体积(见图 5-5-9),从而得体积微元为

$$\mathrm{d}V = \pi [f(x)]^2 \mathrm{d}x.$$

以 $\pi [f(x)]^2 \mathrm{d}x$ 为被积表达式,在闭区间 $[a, b]$ 上作定积分,便得到旋转体的体积为

$$V_x = \int_a^b \pi [f(x)]^2 \mathrm{d}x.$$

同理可得,由连续曲线 $x = \varphi(y)$ 及直线 $y = c, y = d$ 与 y 轴所围成的曲边梯形绕 y

轴旋转一周而成的旋转体(见图 5-5-10)的体积为

$$V_y = \int_c^d \pi [\varphi(y)]^2 \mathrm{d}y.$$

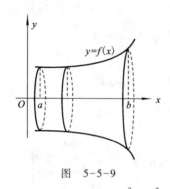

图 5-5-9

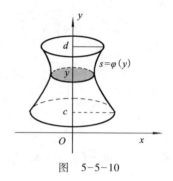

图 5-5-10

例6 分别计算由椭圆 $\dfrac{x^2}{a^2} + \dfrac{y^2}{b^2} = 1$ 围成的图形绕 x 轴和 y 轴旋转一周所成的旋转体(称为旋转椭球体)的体积.

解 (1)绕 x 轴旋转所得的椭球体可以看作由半个平面椭圆 $y = \dfrac{b}{a}\sqrt{a^2 - x^2}$ 及 x 轴围成的图形绕 x 轴旋转而成的立体(见图 5-5-11). 体积元素为 $\mathrm{d}V = \pi y^2 \mathrm{d}x$. 于是,所求旋转椭球体的体积为

$$V = \int_{-a}^{a} \pi \frac{b^2}{a^2}(a^2 - x^2)\,\mathrm{d}x = \pi \frac{b^2}{a_2}\left[a^2 x - \frac{1}{3}x^3 \right]_{-a}^{a} = \frac{4}{3}\pi a b^2.$$

(2)绕 y 轴旋转所得的椭球体,可以看作由右半个平面椭圆 $x = \dfrac{b}{a}\sqrt{b^2 - y^2}$ 及 y 轴围成的图形绕 y 轴旋转而成的立体(见图 5-5-12),由公式得

$$V_x = \int_{-b}^{b} \pi \frac{b^2}{a^2}(b^2 - y^2)\,\mathrm{d}y = \pi \frac{b^2}{a^2}\left[b^2 y - \frac{1}{3}y^3 \right]\Big|_{-b}^{b} = \frac{4}{3}\pi a^2 b.$$

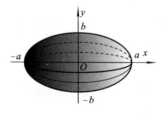

图 5-5-11

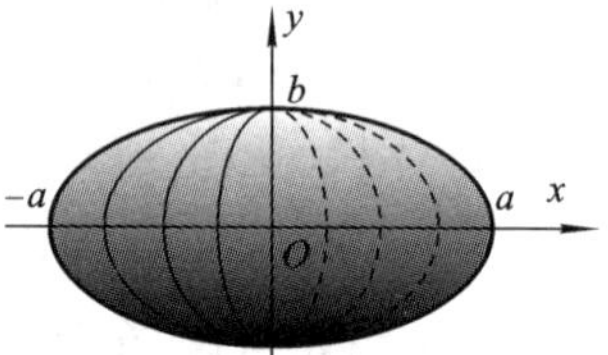

图 5-5-12

例7 求直线段 $y = \dfrac{R}{h}x, x \in [0, h]$ 绕 x 轴旋转一周所得的锥体体积.

解 如图 5-5-13 所示,锥体体积

$$V = \pi \int_{0}^{h} \left(\frac{R}{h}x^2 \right)\mathrm{d}x = \frac{1}{3}\pi R^2 h.$$

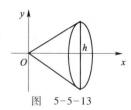

图 5-5-13

这就是初等数学常见的底半径为 R、高为 h 的圆锥体积公式.

例 8　计算由曲线 $y = 2x^2$ 与 $y = 2\sqrt{x}$ 所围图形分别绕 x 轴与 y 轴旋转所得旋转体的体积 V_x 与 V_y.

解　先由解方程组

$$\begin{cases} y = 2x^2 \\ y = 2\sqrt{x} \end{cases},$$

求出这两条曲线的交点为 $(0,0)$ 与 $(1,2)$，由此得到所围的图形为 $2x^2 \le y \le 2\sqrt{x}$，$0 \le x \le 1$.

该图形绕着 x 轴旋转所得的旋转体的体积可以看成两个旋转体的体积之差，即由曲边梯形 $0 \le y \le 2\sqrt{x}$，$0 \le x \le 1$ 绕 x 轴旋转所得旋转体的体积，减去由曲线梯形 $0 \le y \le 2x^2$，$0 \le x \le 1$ 绕着 x 轴旋转所得旋转体的体积. 因此，该旋转体的体积为

$$\begin{aligned}
V_x &= \int_0^1 \pi (2\sqrt{x})^2 \, dx - \int_0^1 \pi (2x^2)^2 \, dx \\
&= \int_0^1 4\pi \left[(\sqrt{x})^2 - x^4 \right] \, dx \\
&= 4\pi \left[\left(\frac{1}{2} x^2 - \frac{1}{5} x^5 \right) \right]_0^1 \\
&= \frac{6}{5} \pi.
\end{aligned}$$

如果以 y 作为积分变量，那么该图形可以通过不等式

$$\frac{y^2}{4} \le x \le \sqrt{\frac{y}{2}}, \quad 0 \le y \le 2.$$

表示. 与绕 x 轴旋转的情况类似，该图形绕 y 轴旋转所得旋转体的体积为

$$\begin{aligned}
V_y &= \int_0^2 \pi \left(\sqrt{\frac{y}{2}} \right)^2 \, dx - \int_0^2 \pi \left(\frac{y^2}{4} \right)^2 \, dy \\
&= \pi \int_0^2 \left(\frac{y}{2} - \frac{y^4}{16} \right) \, dy \\
&= \frac{\pi}{16} \int_0^2 (8y - y^4) \, dy \\
&= \frac{\pi}{16} \left[4y^2 - \frac{1}{5} y^5 \right]_0^2 = \frac{3}{5} \pi.
\end{aligned}$$

知识点归纳

1. 微元法

元素法的特点是首先直接求出所求量在点 x 处的微分（即微元），然后积分得出结果.

由于已经用元素法得出了平面图形的面积公式，所以在解题时直接运用公式即可.

2. 平面图形的面积的计算

（1）选自变量为 x，三种基本情况如下：

如图 5-5-14 所示，面积 $A = \int_a^b f(x)\,dx$.

如图 5-5-15 所示，$A = \int_a^b [f_1(x) - f_2(x)]\,dx$.

如图 5-5-16 所示，联立 $\begin{cases} y = f_1(x) \\ y = f_2(x) \end{cases}$ 求出交点的横坐标 c，则

$$A = \int_a^c [f_2(x) - f_1(x)]\,dx + \int_c^b [f_1(x) - f_2(x)]\,dx.$$

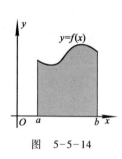

图 5-5-14

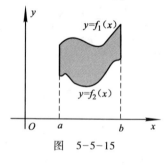

图 5-5-15

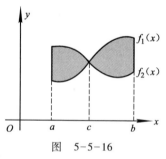

图 5-5-16

（2）选自变量为 y，三种基本情况如图 5-5-17 ~ 图 5-5-19 所示.

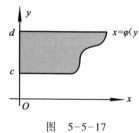

图 5-5-17

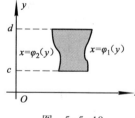

图 5-5-18

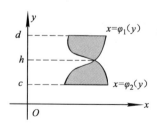

图 5-5-19

如图 5-5-17 所示，$A = \int_c^d \varphi(y)\mathrm{d}y$

如图 5-5-18 所示，$A = \int_c^d [\varphi_1(y) - \varphi_2(y)]\mathrm{d}y$.

如图 5-5-19 所示，联立 $\begin{cases} x = \varphi_1(y) \\ x = \varphi_2(y) \end{cases}$ 求出交点的纵坐标 h，则

$$A = \int_c^h [\varphi_2(y) - \varphi_1(y)]\mathrm{d}y + \int_h^d [\varphi_1(y) - \varphi_2(y)]\mathrm{d}y.$$

3. 旋转体的体积

关键是确定体积微元 $\mathrm{d}V = \pi[f(x)]^2\mathrm{d}x$.

习　题　5.5

一、计算下列各曲线所围成图形的面积：

1. $y = 1 - x^2, y = 0$；

2. $y = x^2 - 25, y = x - 13$；

3. $y = \dfrac{1}{x}$ 与直线 $y = x$ 及 $x = 2$；

4. $y = \ln x, y$ 轴，直线 $y = \ln a, y = \ln b (b > a > 0)$；

5. $y^2 = 2 - x, x = 0$；

6. $x = 2y - y^2$，直线 $y = 2 + x$；

7. $y = x^2, y = 2 - x^2$；

8. $y = |\lg x|, x = \dfrac{1}{10}$ 及 $x = 10$；

9. 椭圆 $\dfrac{x^2}{a^2} + \dfrac{y^2}{b^2} = 1$.

二、计算下列旋转体的体积：

1. 抛物线 $y = x^2$，直线 $y = 0$ 与直线 $x = 1$ 围成的图形绕 x 轴旋转所得的旋转体；

2. 由椭圆 $\dfrac{x^2}{a^2} + \dfrac{y^2}{b^2} = 1$ 所围成的图形绕 x 轴旋转所得的旋转体；

3. 由 $y = x^2, y^2 = 8x$ 绕 y 轴旋转所得旋转体；

4. 余弦曲线弧 $y = \cos x\left(-\dfrac{\pi}{2} \leqslant x \leqslant \dfrac{\pi}{2}\right)$ 与 x 轴围成的图形分别绕 x 轴、y 轴旋转所得的旋转体；

5. 圆片 $x^2 + (y - 5)^2 \leqslant 16$ 绕 x 轴旋转所得的旋转体；

6. 曲线 $y = \sqrt{x}$ 与直线 $x = 2$ 及 x 轴所围成的图形绕 y 轴旋转所得的旋转体;

*5.6　广义积分

前面我们讨论的定积分,其积分区间都是有限区间,其实在一些实际问题中,我们常遇到积分区间为无穷区间,或者被积函数在积分区间上无界的积分,现在我们将这两种情况加以推广,从而形成了一个新的概念——**广义积分**,并把前面我们所讨论的定积分称**常义积分**.

5.6.1　无穷区间上的广义积分

定义 1　设函数 $f(x)$ 在区间 $[a, +\infty)$ 上连续,设 $b > a$,如果极限

$$\lim_{b \to +\infty} \int_a^b f(x)\,\mathrm{d}x$$

存在,则称此极限为函数 $f(x)$ 在无穷区间 $[a, +\infty)$ 上的**广义积分**,记作 $\int_a^{+\infty} f(x)\,\mathrm{d}x$,即

$$\int_a^{+\infty} f(x)\,\mathrm{d}x = \lim_{b \to +\infty} \int_a^b f(x)\,\mathrm{d}x.$$

这时也称广义积分 $\int_a^{+\infty} f(x)\,\mathrm{d}x$ **收敛**.

如果上述极限不存在,则称函数 $f(x)$ 在无穷区间 $[a, +\infty)$ 上的广义积分 $\int_a^{+\infty} f(x)\,\mathrm{d}x$ **发散**或不存在.

类似地,设函数 $f(x)$ 在区间 $(-\infty, b]$ 上连续,设 $a < b$,如果极限

$$\lim_{a \to -\infty} \int_a^b f(x)\,\mathrm{d}x$$

存在,就称此极限为函数 $f(x)$ 在无穷区间 $(-\infty, b]$ 上的**广义积分**,记作 $\int_{-\infty}^b f(x)\,\mathrm{d}x$,即

$$\int_{-\infty}^b f(x)\,\mathrm{d}x = \lim_{a \to -\infty} \int_a^b f(x)\,\mathrm{d}x.$$

这时也称广义积分 $\int_{-\infty}^b f(x)\,\mathrm{d}x$ **收敛**. 如果上述极限不存在,则称广义积分 $\int_{-\infty}^b f(x)\,\mathrm{d}x$ **发散**.

无穷区间 $(-\infty, +\infty)$ 上的广义积分定义为

$$\int_{-\infty}^{+\infty} f(x)\,\mathrm{d}x = \int_{-\infty}^0 f(x)\,\mathrm{d}x + \int_0^{+\infty} f(x)\,\mathrm{d}x = \lim_{a \to -\infty} \int_a^0 f(x)\,\mathrm{d}x + \lim_{b \to +\infty} \int_0^b f(x)\,\mathrm{d}x.$$

此时,如果上式右端的两个广义积分 $\int_{-\infty}^{0} f(x)\mathrm{d}x$ 和 $\int_{0}^{+\infty} f(x)\mathrm{d}x$ 都收敛,则称广义积分 $\int_{-\infty}^{+\infty} f(x)\mathrm{d}x$ **收敛**,否则称广义积分 $\int_{-\infty}^{+\infty} f(x)\mathrm{d}x$ **发散** .

上述三种情况统称为**无穷区间上的广义积分**.

在广义积分的计算中,如果 $f(x)$ 有一个原函数是 $F(x)$,则可采用如下简记形式

$$\int_{a}^{+\infty} f(x)\mathrm{d}x = F(x)\Big|_{a}^{+\infty} = \lim_{x\to+\infty} F(x) - F(a).$$

类似地,有

$$\int_{-\infty}^{b} f(x)\mathrm{d}x = F(x)\Big|_{-\infty}^{b} = F(b) - \lim_{x\to-\infty} F(x),$$

$$\int_{-\infty}^{+\infty} f(x)\mathrm{d}x = F(x)\Big|_{-\infty}^{+\infty} = \lim_{x\to+\infty} F(x) - \lim_{x\to-\infty} F(x).$$

例 1　计算广义积分 $\int_{0}^{+\infty} \mathrm{e}^{-3x}\mathrm{d}x$.

解　$\int_{0}^{+\infty} \mathrm{e}^{-3x}\mathrm{d}x = -\dfrac{1}{3}\mathrm{e}^{-3x}\Big|_{0}^{+\infty} = \lim_{x\to+\infty}\left(-\dfrac{1}{3}\mathrm{e}^{-3x}\right) + \dfrac{1}{3} = \dfrac{1}{3}$.

例 2　计算 $\int_{-\infty}^{0} x\mathrm{e}^{x}\mathrm{d}x$

解　$\int_{-\infty}^{0} x\mathrm{e}^{x}\mathrm{d}x = \int_{-\infty}^{0} x\mathrm{d}\mathrm{e}^{x} = x\mathrm{e}^{x}\Big|_{-\infty}^{0} - \int_{-\infty}^{0} \mathrm{e}^{x}\mathrm{d}x$

$$= 0 - \lim_{x\to-\infty} x\mathrm{e}^{x} - \mathrm{e}^{x}\Big|_{-\infty}^{0} = -0 - 1 = -1.$$

$\left(\text{其中}\ \lim_{x\to-\infty} x\mathrm{e}^{x} = \lim_{x\to-\infty}\dfrac{x}{\mathrm{e}^{-x}} = \lim_{x\to-\infty}\dfrac{1}{-\mathrm{e}^{-x}} = 0\right)$

例 3　计算广义积分 $\int_{1}^{+\infty} \dfrac{1}{x^2}\mathrm{d}x$.

解　$\int_{1}^{+\infty} \dfrac{1}{x^2}\mathrm{d}x = \left(-\dfrac{1}{x}\right)\Big|_{1}^{+\infty} = -\lim_{x\to+\infty}\dfrac{1}{x} + 1 = 1$.

例 4　计算广义积分 $\int_{-\infty}^{+\infty} \dfrac{1}{1+x^2}\mathrm{d}x$.

解　$\int_{-\infty}^{+\infty} \dfrac{1}{1+x^2}\mathrm{d}x = (\arctan x)\Big|_{-\infty}^{+\infty} = \lim_{x\to+\infty}(\arctan x) - \lim_{x\to-\infty}(\arctan x)$

$$= \dfrac{\pi}{2} - \left(-\dfrac{\pi}{2}\right) = \pi.$$

例 5　当 $p > 0$ 时,讨论广义积分 $\int_{a}^{+\infty} \dfrac{1}{x^p}\mathrm{d}x$ 的敛散性.

解　当 $p = 1$ 时, $\int_{a}^{+\infty} \dfrac{1}{x^p}\mathrm{d}x = \int_{a}^{+\infty} \dfrac{1}{x}\mathrm{d}x = \ln|x|\Big|_{a}^{+\infty} = +\infty$,广义积分发散.

当 $p < 1$ 时, $\int_a^{+\infty} \frac{1}{x^p} \mathrm{d}x = \left(\frac{1}{1-p} x^{1-p} \right) \Big|_a^{+\infty} = +\infty$,广义积分发散.

当 $p > 1$ 时, $\int_a^{+\infty} \frac{1}{x^p} \mathrm{d}x = \left(\frac{1}{1-p} x^{1-p} \right) \Big|_a^{+\infty} = \frac{a^{1-p}}{p-1}$,广义积分收敛.

因此,当 $p > 1$ 时,此广义积分收敛,其值为 $\frac{a^{1-p}}{p-1}$. 当 $p \leqslant 1$ 时,此广义积分发散.

5.6.2 无界函数的广义积分

定义 2 设函数 $f(x)$ 在区间 $(a,b]$ 上连续,且 $\lim\limits_{x \to a^+} f(x) = \infty$. 取 $t > a$,则将极限

$$\lim_{t \to a^+} \int_t^b f(x) \mathrm{d}x$$

称为无界函数 $f(x)$ 在 $(a,b]$ 上的**广义积分**,仍然记作 $\int_a^b f(x) \mathrm{d}x$,即

$$\int_a^b f(x) \mathrm{d}x = \lim_{t \to a^+} \int_t^b f(x) \mathrm{d}x.$$

如果上述极限存在,则称广义积分 $\int_a^b f(x) \mathrm{d}x$ **收敛**. 如果上述极限不存在,就称广义积分 $\int_a^b f(x) \mathrm{d}x$ **发散**.

类似地,设函数 $f(x)$ 在区间 $[a,b)$ 上连续,而 $\lim\limits_{x \to b^-} f(x) = \infty$,可定义广义积分

$$\int_a^b f(x) \mathrm{d}x = \lim_{t \to b^-} \int_a^t f(x) \mathrm{d}x.$$

如果函数 $f(x)$ 在 $[a,b]$ 上除 $x = c (a < c < b)$ 外连续,且 $\lim\limits_{x \to c} f(x) = \infty$,则定义广义积分

$$\int_a^b f(x) \mathrm{d}x = \int_a^c f(x) \mathrm{d}x + \int_c^b f(x) \mathrm{d}x.$$

当且仅当上式右端的两个广义积分都收敛时,才称广义积分 $\int_a^b f(x) \mathrm{d}x$ 是**收敛**的. 否则,称广义积分 $\int_a^b f(x) \mathrm{d}x$ **发散**.

如果 $f(x)$ 有一个原函数为 $F(x)$, $\lim\limits_{x \to a^+} f(x) = \infty$,则广义积分的计算可采用如下简记形式

$$\int_a^b f(x) \mathrm{d}x = \left[F(x) \right] \Big|_a^b = F(b) - \lim_{x \to a^+} F(x).$$

类似地,如果 $\lim\limits_{x \to b^-} f(x) = \infty$,则记为

$$\int_a^b f(x)\,\mathrm{d}x = \left[\,F(x)\,\right]\Big|_a^b = \lim_{x\to b^-} F(x) - F(a).$$

当 $a < c < b$ 且 $\lim\limits_{x\to c} f(x) = \infty$ 时，记为

$$\int_a^b f(x)\,\mathrm{d}x = \left[\,F(x)\,\right]\Big|_a^c + \left[\,F(x)\,\right]\Big|_c^b$$

$$= \lim_{x\to c^-} F(x) - \lim_{x\to c^+} F(x) + F(b) - F(a).$$

例 6　讨论广义积分 $\displaystyle\int_0^1 \frac{1}{\sqrt{1-x}}\,\mathrm{d}x$ 的敛散性.

解　因为 $\lim\limits_{x\to 1^-} \dfrac{1}{\sqrt{1-x}} = \infty$ ，所以

$$\int_0^1 \frac{1}{\sqrt{1-x}}\,\mathrm{d}x = -2\sqrt{1-x}\,\Big|_0^1 = -2\lim_{x\to 1^-}(\sqrt{1-x}-1) = 2.$$

即广义积分 $\displaystyle\int_0^1 \frac{1}{\sqrt{1-x^2}}\,\mathrm{d}x$ 收敛.

例 7　讨论 $\displaystyle\int_0^{+\infty} \cos x\,\mathrm{d}x$ 的敛散性.

解　$\displaystyle\int_0^{+\infty} \cos x\,\mathrm{d}x = \sin x\,\Big|_0^{+\infty} = \lim_{x\to +\infty} \sin x.$

由于当 $x\to +\infty$ 时，$\sin x$ 没有极限，所以广义积分 $\displaystyle\int_0^{+\infty} \cos x\,\mathrm{d}x$ 发散.

例 8　讨论广义积分 $\displaystyle\int_1^2 \frac{1}{x\ln x}\,\mathrm{d}x$ 的敛散性.

解　因为 $\lim\limits_{x\to 1^+} \dfrac{1}{x\ln x} = \infty$ ，所以

$$\int_1^2 \frac{1}{x\ln x}\,\mathrm{d}x = \int_1^2 \frac{1}{\ln x}\,\mathrm{d}\ln x = \left[\ln(\ln x)\right]_1^2 = \ln(\ln 2) - \lim_{x\to 1^+} \ln|\ln x| = +\infty.$$

即广义积分 $\displaystyle\int_1^2 \frac{1}{x\ln x}\,\mathrm{d}x$ 发散.

例 9　讨论广义积分 $\displaystyle\int_0^1 \frac{1}{x^\alpha}\,\mathrm{d}x$ 的敛散性.

解　当 $\alpha = 1$ 时，$\displaystyle\int_0^1 \frac{1}{x}\,\mathrm{d}x = \ln|x|\,\Big|_0^1 = +\infty$ ，广义积分发散.

当 $\alpha < 1$ 时，$\displaystyle\int_0^1 \frac{1}{x^\alpha}\,\mathrm{d}x = \left(\frac{1}{1-\alpha}x^{1-\alpha}\right)\Big|_0^1 = \frac{1}{1-\alpha}$ ，广义积分收敛.

当 $\alpha > 1$ 时，$\displaystyle\int_0^1 \frac{1}{x^\alpha}\,\mathrm{d}x = \left(\frac{1}{1-\alpha}x^{1-\alpha}\right)\Big|_0^1 = +\infty$ ，广义积分发散.

因此,当 $\alpha < 1$ 时,此广义积分收敛,其值为 $\dfrac{1}{1-\alpha}$;当 $\alpha \geqslant 1$ 时,此广义积分发散.

知识点归纳

本节教材供学有余力的同学选学使用,既然学有余力,要求就必然高一些.通过本节学习除获得有关知识和方法外,可以从两个方面得到启迪.

1. 提出问题

在学习曲边梯形中,曲边是一条连续曲线,连续曲线很多,由于有的人考虑了诸如 $y = \dfrac{1}{x}$ 在 $[0,1]$ 上的情况,而提出了疑问,经过长时间的研究,就引出了广义积分.所以能够提出问题,是能够创新的前提.

2. 解决问题

问题提出之后如何去解决,一条途径是与旧知识联系起来,把新的问题通过适当处理,转化为旧问题来处理,这个转化也往往是创新的.在这里去掉一小截,再考虑取极限,这是很有创意的,但也不是高不可攀的,因为近似、取极限,本来就是定积分的基本思路.

习 题 5.6

一、下列广义积分是否收敛? 如收敛算出它的值.

1. $\displaystyle\int_0^{+\infty} \dfrac{x}{1+e^x}dx.$

2. $\displaystyle\int_0^{+\infty} \dfrac{\ln x}{x}dx.$

3. $\displaystyle\int_0^{+\infty} e^{-x}\sin x\,dx.$

4. $\displaystyle\int_0^{+\infty} x^2 e^{-x}dx.$

5. $\displaystyle\int_0^{+\infty} \dfrac{x}{1+x^2}dx.$

6. $\displaystyle\int_{-\infty}^0 \dfrac{1}{x\sqrt{1-(\ln x)^2}}dx.$

7. $\displaystyle\int_0^1 \dfrac{x}{\sqrt{1-x^2}}dx.$

8. $\displaystyle\int_{\frac{\pi}{4}}^{\frac{\pi}{2}} \dfrac{1}{\cos^2 x}dx.$

9. $\displaystyle\int_{-\infty}^0 \sin x\,dx.$

10. $\displaystyle\int_0^2 \dfrac{dx}{(1-x)^2}.$

11. $\displaystyle\int_1^2 \dfrac{x\,dx}{\sqrt{x-1}}.$

12. $\displaystyle\int_{-1}^1 \dfrac{dx}{\sqrt{1-x^2}}.$

二、讨论广义积分 $\displaystyle\int_e^{+\infty} \dfrac{dx}{x\ln^k x}$ 的敛散性,其中 k 为一常数.

小　结

一、本章解决积分学的第二类问题,主要内容包括定积分的概念、性质、计算、应用.

二、本章从理论到应用都具有特点,如定积分的定义,按分割、近似、求和取极限四步构成,这是解决问题的一种新方法.并由此形成了积分学中另一部分——定积分.又由于牛顿-莱布尼茨公式把积分学中的两大部分:不定积分与定积分联系起来,也使定积分得到了广泛的应用.

检　测　题

(时间:60 分钟)

一、选择题(每题 5 分,共 15 分)

1. 右图中阴影部分的面积为( ).

(A) $\int_a^b [f(x) - g(x)] \mathrm{d}x$

(B) $\int_a^b \left| f(x) - g(x) \right| \mathrm{d}x$

(C) $\int_a^b [g(x) - f(x)] \mathrm{d}x$

(D) 以上都不正确

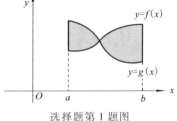

选择题第 1 题图

2. 设 $f(x)$ 在 $[-2,4]$ 上连续,则 $\int_{-2}^1 f(x) = ($).

(A) $\int_{-2}^0 f(x) \mathrm{d}x - \int_0^1 f(x) \mathrm{d}x$

(B) $\int_{-2}^4 f(x) \mathrm{d}x + \int_2^4 f(x) \mathrm{d}x$

(C) $\int_{-2}^4 f(x) \mathrm{d}x - \int_1^4 f(x) \mathrm{d}x$

(D) $\int_{-2}^0 f(x) \mathrm{d}x + \int_0^4 f(x) \mathrm{d}x$

3. $\int_0^3 |2 - x| \mathrm{d}x = ($).

(A) $\dfrac{5}{2}$　　　　　(B) $\dfrac{1}{2}$　　　　　(C) $\dfrac{3}{2}$　　　　　(D) $\dfrac{2}{3}$

二、填空题(每空 5 分,共 40 分)

1. 变速直线运动物体的速度 $v = 3t^2 + 2t$,则在时间区间 $[0,2]$ 上,(1) 所经过的路程为 _____;(2) 平均速度 $\bar{v} = $ _____.

2. 如右图所示,(1) 用面积表示定积分时

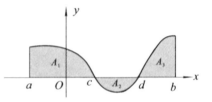

填空题第 2 题图

$\int_a^b f(x)\,\mathrm{d}x =$ _____.

(2)用定积分表示面积时,阴影部分的总面积 $A =$ _____.

3. $y = \cos x$ 在 $\left[0, \dfrac{3\pi}{2}\right]$ 上,(1)定积分值为 _____;(2)与 x 轴及 y 轴所围平面图形面积为 _____.

4. 在计算定积分 $\int_0^1 \dfrac{x^2}{\sqrt{1+x}}\mathrm{d}x$ 时,若令 $\sqrt{1+x} = u$,则原积分变为 _____.(只列式子不必计算)

5. $\int_{-\frac{\pi}{2}}^{\frac{\pi}{2}} \dfrac{\sin x}{1 + 2x^2 + 4x^4}\mathrm{d}x =$ _____.

三、解答题

1. 计算下列定积分(每小题 6 分,共 30 分)

(1)$\int_0^3 (x^2 + 1)\,\mathrm{d}x$;

(2)$\int_0^1 x\mathrm{e}^x\,\mathrm{d}x$;

(3)$\int_0^{\frac{\pi}{2}} \dfrac{\cos x}{1 + \sin x}\mathrm{d}x$;

(4)$\int_{-1}^0 \dfrac{4x^4 + 4x^2 + 1}{x^2 + 1}\mathrm{d}x$;

(5)$\int_e^{e^2} \dfrac{1}{x\ln x}\mathrm{d}x$.

2. 求曲线 $y = \ln x$ 与两直线 $y = 0$ 有 $y = (e+1) - x$ 的围成的平面图形的面积.

第6章　无穷级数

无穷极数是微积学的重要组成部分,是函数逼近理论的基础,是表示函数、研究函数性质和进行数值计算的有力工具,在工程技术、科学技术等领域的实际问题中有广泛的应用.

本章将主要介绍常数项级数的概念、性质及其收敛法的基础上,进一步介绍函数级数的一些基本概念及其性质.

6.1　常数项级数

6.1.1　常数项级数的基本概念

定义1　设数列 $u_1,u_2,u_3,\cdots,u_n,\cdots$,则表达式

$$u_1 + u_2 + u_3 + \cdots + u_n + \cdots$$

称为**无穷级数**,简称**级数**,记作 $\sum\limits_{n=1}^{\infty} u_n$,即

$$\sum_{n=1}^{\infty} u_n = u_1 + u_2 + u_3 + \cdots + u_n + \cdots. \tag{6-1-1}$$

其中,u_n 称为级数的第 n 项,也称**通项**.如果 u_n 是常数,则级数 $\sum\limits_{n=1}^{\infty} u_n$ 称为**常数项级数**.

例如,
$$1 + \frac{1}{2} + \frac{1}{2^2} + \frac{1}{2^3} + \cdots + \frac{1}{2^{n-1}} + \cdots;$$

$$1 + (-1) + 1 + (-1) + \cdots;$$

都是常数项级数.

应当指出,有限项之和的意义是十分明确的,而级数是无限项相加,这是一个新的概念.我们首先需要知道的是:无限项相加的含义是什么? 无限项相加有没有和?

为了回答这两个问题,我们分别取级数最前的 1 项、2 项、$\cdots$、n 项、$\cdots$的和,做出数列:

$$s_1 = u_1, s_2 = u_1 + u_2, \cdots, s_n = u_1 + u_2 + \cdots + u_n, \cdots, \qquad (6-1-2)$$

这个数列的通项

$$s_n = u_1 + u_2 + \cdots + u_n$$

称为级数 $(6-1-1)$ 的前 n 项的**部分和**,而数列 $(6-1-2)$ 称为级数的**部分和数列**.

定义 2 如果数列 $(6-1-2)$ 收敛,即 $\lim\limits_{n \to \infty} s_n = s$,那么称**级数** $(6-1-1)$ **收敛**,极限值 s 就称为**级数** $(6-1-1)$ **的和**,记作

$$s = u_1 + u_2 + \cdots + u_n + \cdots = \sum_{n=1}^{\infty} u_n.$$

如果数列 $(6-1-2)$ 发散,那么称**级数** $(6-1-1)$ **发散**.

由此可见,无限项相加所给出的级数和是由对应的部分和数列的极限来确定的.

例 1 判断级数 $1 + \dfrac{1}{1 \cdot 2} + \cdots + \dfrac{1}{(n-1) \cdot n} + \cdots$ 的敛散性.

解 作级数的部分和

$$\begin{aligned} s_n &= 1 + \frac{1}{1 \cdot 2} + \cdots + \frac{1}{(n-1) \cdot n} \\ &= 1 + \left(\frac{1}{1} - \frac{1}{2}\right) + \left(\frac{1}{2} - \frac{1}{3}\right) + \cdots + \left(\frac{1}{n-1} - \frac{1}{n}\right) \\ &= 2 - \frac{1}{n}, \end{aligned}$$

所以

$$\lim_{n \to \infty} s_n = \lim_{n \to \infty} \left(2 - \frac{1}{n}\right) = 2,$$

故级数 $\sum\limits_{n=1}^{\infty} \dfrac{1}{(n-1) \cdot n}$ 收敛,它的和为 2,

即

$$1 + \frac{1}{1 \cdot 2} + \cdots + \frac{1}{(n-1) \cdot n} + \cdots = 2.$$

下面介绍两个重要的级数:**几何级数**和 p **级数**.

例 2 判断级数 $1 + 2 + 3 + \cdots + n + \cdots$ 是否收敛.

解 作级数部分和

$$s_n = 1 + 2 + 3 + \cdots + n = \frac{n(n+1)}{2},$$

显然有

$$\lim_{n \to \infty} s_n = \lim_{n \to \infty} \frac{n(n+1)}{2} = +\infty,$$

故所给级数是发散的.

例 3 考察几何级数:

$$a + aq + aq^2 + \cdots + aq^{n-1} + \cdots = \sum_{n=1}^{\infty} aq^{n-1}, \quad a \neq 0 (q \text{ 为公比}),$$

它的部分和为

$$s_n = a + aq + aq^2 + \cdots + aq^{n-1} = \frac{a - aq^n}{1-q}, \quad a \neq 0, q \neq 1,$$

若 $|q| < 1$,则 $\lim_{n \to \infty} q^n = 0$,因此 $\lim_{n \to \infty} s_n = \frac{a}{1-q}$,级数收敛,其和为 $\frac{a}{1-q}$.

若 $|q| > 1$,则 $\lim_{n \to \infty} q^n = \infty$,因此 $\lim_{n \to \infty} s_n = \infty$,级数发散.

若 $q = -1$,级数成为 $a - a + a - a + \cdots (a \neq 0)$,此时当 n 为奇数时,$s_n = a$;当 n 为偶数时,$s_n = 0$,故 $\lim_{n \to \infty} s_n$ 不存在,级数发散.

若 $q = 1$,级数成为 $a + a + a + \cdots$,故有 $\lim_{n \to \infty} s_n = \lim_{n \to \infty} na = \infty$,级数发散.

综上所述,几何级数 $a + aq + aq^2 + \cdots + aq^{n-1} + \cdots (a \neq 0)$ 当 $|q| < 1$ 时收敛,其和为 $\frac{a}{1-q}$;当 $|q| \geqslant 1$ 时级数发散.

例 4　验证 p 级数:

$$1 + \frac{1}{2^p} + \frac{1}{3^p} + \frac{1}{4^p} + \cdots + \frac{1}{n^p} + \cdots$$

当 $p > 1$ 时收敛,当 $p \leqslant 1$ 时发散.

证　(1) 先设 $p > 1$,引入辅助函数

$$f(x) = \frac{1}{x^p},$$

曲边梯形 $ABCD$ 的面积 $\int_1^n \frac{1}{x^p} \mathrm{d}x$ 大于线段 AB

上的阶梯形的面积 $1 + \frac{1}{2^p} + \frac{1}{3^p} + \frac{1}{4^p} + \cdots + \frac{1}{n^p}$,如

图 6-1-1 所示,即有

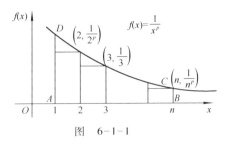

图　6-1-1

$$s_n = 1 + \left(\frac{1}{2^p} + \frac{1}{3^p} + \frac{1}{4^p} + \cdots + \frac{1}{n^p} \right) < 1 + \int_1^n \frac{1}{x^p} \mathrm{d}x$$

$$= 1 + \frac{1}{1-p} (n^{1-p} - 1) < 1 + \frac{1}{p-1},$$

这就是说,s_n 有上界 $1 + \frac{1}{p-1}$,另一方面 s_n 严格单调增加,因此,$\lim_{n \to \infty} s_n$ 存在,故级数收敛.

(2) 设 $p = 1$ 时,如图 6-1-2 所示,

$$s_n = 1 + \frac{1}{2} + \frac{1}{3} + \cdots + \frac{1}{n} + \cdots > \int_1^{n+1} \frac{1}{x} \mathrm{d}x$$

$$= \ln(n+1),$$

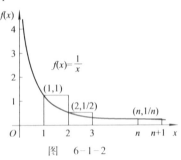

图　6-1-2

即有 $\lim\limits_{n \to \infty} s_n = +\infty$，故级数发散.

（3）设 $p < 1$ 时，由于 $\dfrac{1}{n^p} \geqslant \dfrac{1}{n}, n = 1, 2, \cdots$，知

$$s_n = 1 + \frac{1}{2^p} + \frac{1}{3^p} + \frac{1}{4^p} + \cdots + \frac{1}{n^p} > 1 + \frac{1}{2} + \frac{1}{3} + \cdots + \frac{1}{n},$$

由（2）知上式右边趋于 $+\infty$，因此，$\lim\limits_{n \to \infty} s_n = +\infty$，级数发散.

例 3 中，当 $p = 1$ 时，p 级数成为

$$1 + \frac{1}{2} + \frac{1}{3} + \cdots + \frac{1}{n} + \cdots,$$

称为**调和级数**. 调和级数是发散的.

6.1.2　级数的基本性质

级数的收敛或发散等价于它的部分和数列的收敛或发散，因此，我们可以从数列极限的性质推出级数的一些主要性质：

性质 1　若级数 $\sum\limits_{n=1}^{\infty} u_n$ 收敛，其和为 S，则对任意常数 c，级数 $\sum\limits_{n=1}^{\infty} cu_n$ 也收敛，其和为 cS.

证　设级数 $\sum\limits_{n=1}^{\infty} u_n$ 和 $\sum\limits_{n=1}^{\infty} cu_n$ 的部分和分别为 s_n 和 σ_n，则

$$\sigma_n = cu_1 + cu_2 + \cdots + cu_n = cs_n,$$

于是

$$\lim_{n \to \infty} \sigma_n = \lim_{n \to \infty} cs_n = c \lim_{n \to \infty} s_n = cS,$$

所以级数 $\sum\limits_{n=1}^{\infty} cu_n$ 收敛，其和为 cS.

由此可知，级数的各项同乘一个不为零的常数后，它的敛散性不变.

性质 2　设有两个收敛级数

$$S_1 = u_1 + u_2 + \cdots + u_n + \cdots,$$

$$S_2 = v_1 + v_2 + \cdots + v_n + \cdots.$$

则由它们逐项相加或相减得到的级数 $\sum\limits_{n=1}^{\infty} (u_n \pm v_n)$ 也收敛，其和为 $S_1 \pm S_2$.

我们把级数 $\sum\limits_{n=1}^{\infty} (u_n \pm v_n)$ 称为级数 $\sum\limits_{n=1}^{\infty} u_n$ 与 $\sum\limits_{n=1}^{\infty} v_n$ 的**代数和**.

例 5　判别级数 $\sum\limits_{n=1}^{\infty} \dfrac{2 + (-1)^{n-1}}{3^n}$ 是否收敛，若收敛，求其和.

解　$\displaystyle\sum_{n=1}^{\infty}\frac{2}{3^n}$ 是公比 $q=\dfrac{1}{3}$ 的等比级数,收敛且 $s=\dfrac{\frac{2}{3}}{1-\frac{1}{3}}=1$;

$\displaystyle\sum_{n=1}^{\infty}\frac{(-1)^{n-1}}{3^n}$ 是公比 $q=-\dfrac{1}{3}$ 的等比级数,收敛且 $s=\dfrac{\frac{1}{3}}{1-\left(-\frac{1}{3}\right)}=\dfrac{1}{4}$.

根据性质 2 知

$$\sum_{n=1}^{\infty}\frac{2+(-1)^{n-1}}{3^n}=\sum_{n=1}^{\infty}\left(\frac{2}{3^n}+\frac{(-1)^{n-1}}{3^n}\right)=\sum_{n=1}^{\infty}\frac{2}{3^n}+\sum_{n=1}^{\infty}\frac{(-1)^{n-1}}{3^n}=1+\frac{1}{4}=\frac{5}{4}.$$

性质 3　一个级数添入或删去有限项并不影响其敛散性.(证明从略)

例 6　$a=1,q=\dfrac{1}{2}$ 的等比级数 $1+\dfrac{1}{2}+\dfrac{1}{4}+\dfrac{1}{8}+\cdots$ 是收敛的,删去它的前五项后得到的级数 $\dfrac{1}{32}+\dfrac{1}{64}+\dfrac{1}{128}+\cdots$ 显然是收敛的.前一级数的和为 $S=\dfrac{1}{1-\frac{1}{2}}=2$,后一级数和为

$$S=\frac{\frac{1}{32}}{1-\frac{1}{2}}=\frac{1}{16}.$$

6.1.3　级数收敛的必要条件

对于级数 $\displaystyle\sum_{n=1}^{\infty}u_n$,它的一般项可表示为

$$u_n=s_n-s_{n-1}.$$

如果级数 $\displaystyle\sum_{n=1}^{\infty}u_n$ 收敛,显然 s_n 和 s_{n-1} 有相同的极限 s ,因此

$$\lim_{n\to\infty}u_n=\lim_{n\to\infty}(s_n-s_{n-1})=\lim_{n\to\infty}s_n-\lim_{n\to\infty}s_{n-1}=0.$$

定理 1　级数 $\displaystyle\sum_{n=1}^{\infty}u_n$ 收敛的必要条件是 $\lim_{n\to\infty}u_n=0$.

根据这个定理,如果级数的一般项 u_n ,当 $n\to\infty$ 时, u_n 不趋于零,则该级数必发散.

例 7　判断级数 $\dfrac{1}{3}+\dfrac{2}{5}+\dfrac{3}{7}+\cdots+\dfrac{n}{2n+1}+\cdots$ 的敛散性.

解 $\lim\limits_{n\to\infty}u_n = \lim\limits_{n\to\infty}\dfrac{n}{2n+1} = \dfrac{1}{2} \neq 0$,即通项不趋于零,所以级数发散.

通项趋于零只是级数收敛的必要条件,但不是充分条件.即若通项 $u_n \to 0$,并不能判定 $\sum\limits_{n=1}^{\infty} u_n$ 收敛.

例 8 用反证法证明调和级数是发散的.

证 假设调级数收敛,设它的前 n 项部分和为 s_n,且 $s_n \to s(n\to\infty)$,显然,对级数前 $2n$ 项部分和为 s_{2n},也有 $s_{2n} \to s(n\to\infty)$.于是

$$\lim_{n\to\infty}(s_{2n} - s_n) = \lim_{n\to\infty}s_{2n} - \lim_{n\to\infty}s_n = s - s = 0.$$

而 $\quad s_{2n} - s_n = \dfrac{1}{n+1} + \dfrac{1}{n+2} + \cdots + \dfrac{1}{2n} > \underbrace{\dfrac{1}{2n} + \dfrac{1}{2n} + \cdots + \dfrac{1}{2n}}_{n\text{个}} = \dfrac{1}{2}$,

与 $\lim\limits_{n\to\infty}(s_{2n} - s_n) = 0$ 矛盾.所以假设不成立,调和级数发散.

6.1.4 正项级数敛散性的判定法

定义 3 如果级数 $\sum\limits_{n=1}^{\infty} u_n$ 的每一项都不为负数,则称它为**正项级数**.

下面介绍正项级数敛散性的两个判定法 —— **比较判定法**与**比值判定法**.

定理 2(比较判定法) 设 $\sum\limits_{n=1}^{\infty} u_n$,$\sum\limits_{n=1}^{\infty} v_n$ 是两个正项级数,且 $u_n \leqslant v_n, n = 1, 2, \cdots$,那么:

(1) 若 $\sum\limits_{n=1}^{\infty} v_n$ 收敛,则 $\sum\limits_{n=1}^{\infty} u_n$ 收敛;

(2) 若 $\sum\limits_{n=1}^{\infty} u_n$ 发散,则 $\sum\limits_{n=1}^{\infty} v_n$ 发散.

例 9 判定级数的敛散性.

(1) $\sum\limits_{n=1}^{\infty} \dfrac{1}{n+\sqrt{n}}$;　　　　(2) $\sum\limits_{n=1}^{\infty} \dfrac{1}{2^n+1}$;　　　　(3) $\sum\limits_{n=1}^{\infty} \dfrac{1}{n}\sin\dfrac{1}{n}$.

解 (1) $\dfrac{1}{n+\sqrt{n}} \geqslant \dfrac{1}{n+n} = \dfrac{1}{2n}$.

因调和级数 $\sum\limits_{n=1}^{\infty} \dfrac{1}{n}$ 发散,故 $\sum\limits_{n=1}^{\infty} \dfrac{1}{2n} = \dfrac{1}{2}\sum\limits_{n=1}^{\infty} \dfrac{1}{n}$ 也发散,由比较判定法知级数 $\sum\limits_{n=1}^{\infty} \dfrac{1}{n+\sqrt{n}}$ 发散.

(2) $\dfrac{1}{2^n+1} < \dfrac{1}{2^n}$.

几何级数 $\sum\limits_{n=1}^{\infty} \dfrac{1}{2^n}\left($公比 $q = \dfrac{1}{2} < 1\right)$ 是收敛的,由比较判定法知级数 $\sum\limits_{n=1}^{\infty} \dfrac{1}{2^n + 1}$ 是收敛的.

（3）$\sin\dfrac{1}{n} < \dfrac{1}{n}$,于是 $\dfrac{1}{n}\sin\dfrac{1}{n} < \dfrac{1}{n^2}$.

p 级数 $\sum\limits_{n=1}^{\infty} \dfrac{1}{n^2}(p = 2)$ 是收敛的,由比较判定法知级数 $\sum\limits_{n=1}^{\infty} \dfrac{1}{n}\sin\dfrac{1}{n}$ 是收敛的.

定理 3（比值判定法或称达朗贝尔 D'Alembert 准则）　设正项级数 $\sum\limits_{n=1}^{\infty} u_n (u_n > 0)$ 具有极限：

$$\lim_{n\to\infty} \frac{u_{n+1}}{u_n} = \lambda \quad (\lambda \text{ 是正常数或} + \infty),$$

则当 $\lambda < 1$ 时级数收敛,当 $\lambda > 1$ 或 $\lambda = +\infty$ 时级数发散.

例 10　判定级数 $1 + \dfrac{1}{2!} + \dfrac{1}{3!} + \cdots + \dfrac{1}{n!} + \cdots$ 的敛散性.

解　$\lim\limits_{n\to+\infty} \dfrac{u_{n+1}}{u_n} = \lim\limits_{n\to+\infty} \dfrac{\dfrac{1}{(n+1)!}}{\dfrac{1}{n!}} = \lim\limits_{n\to+\infty} \dfrac{1}{n+1} = 0 < 1.$

根据比值判定法知级数 $\sum\limits_{n=1}^{\infty} \dfrac{1}{n!}$ 收敛.

例 11　判定级数 $\sin 1 + \sin\dfrac{1}{2} + \sin\dfrac{1}{3} + \cdots + \sin\dfrac{1}{n} + \cdots$ 的敛散性.

解　$\lim\limits_{n\to\infty} \dfrac{\sin\dfrac{1}{n}}{\dfrac{1}{n}} = 1.$

而 $\sum\limits_{n=1}^{\infty} \dfrac{1}{n}$ 发散,根据比值判定法知级数 $\sum\limits_{n=1}^{\infty} \sin\dfrac{1}{n}$ 发散.

注：当 $\lim\limits_{n\to+\infty} \dfrac{u_{n+1}}{u_n} = 1$ 时,定理没有给出任何结论.事实上,当 $\lim\limits_{n\to+\infty} \dfrac{u_{n+1}}{u_n} = 1$ 时,级数 $\sum\limits_{n=1}^{\infty} u_n$ 可能是收敛的,也可能是发散的.例如,对于级数 $\sum\limits_{n=1}^{\infty} \dfrac{1}{n^2}$ 和 $\sum\limits_{n=1}^{\infty} \dfrac{1}{n}$ 都有 $\lim\limits_{n\to+\infty} \dfrac{u_{n+1}}{u_n} = 1$,但 $\sum\limits_{n=1}^{\infty} \dfrac{1}{n^2}(p$ 级数,$p = 2)$ 是收敛的,而调和级数 $\sum\limits_{n=1}^{\infty} \dfrac{1}{n}$ 却是发散的.

6.1.5 绝对收敛与条件收敛、交错级数

1. 交错级数

定义 4 具有形式

$$u_1 - u_2 + u_3 - u_4 + \cdots + (-1)^{n-1} u_n + \cdots \quad (u_n > 0, n = 1, 2, \cdots)$$

的级数,这种正项和负项相间的级数称为**交错级数**.

例如,$1 - \dfrac{1}{2} + \dfrac{1}{3} - \dfrac{1}{4} + \cdots + (-1)^{n-1} \dfrac{1}{n} + \cdots, 1 - \dfrac{2}{\ln 2} + \dfrac{3}{\ln 3} - \dfrac{4}{\ln 4} + \cdots + (-1)^{n-1}$

$\dfrac{n}{\ln n} + \cdots$ 都是交错级数.

对于交错级数,有下面的判别法.

定理 4(莱布尼茨定理) 设交错级数 $\displaystyle\sum_{n=1}^{\infty} (-1)^{n-1} u_n$ 满足条件:

$(1) u_1 \geqslant u_2 \geqslant u_3 \geqslant \cdots \quad (u_n > 0, n = 1, 2, \cdots)$;

$(2) \displaystyle\lim_{n \to \infty} u_n = 0.$

则交错级数 $\displaystyle\sum_{n=1}^{\infty} (-1)^{n-1} u_n$ 收敛.

这个准则的正确性从直观上是很容易理解的.

例如,交错级数 $1 - \dfrac{1}{2} + \dfrac{1}{3} - \dfrac{1}{4} + \cdots + (-1)^{n-1} \dfrac{1}{n} + \cdots$ 是收敛的,这是因为 $1 > $

$\dfrac{1}{2} > \dfrac{1}{3} > \cdots$ 且 $\displaystyle\lim_{n \to \infty} u_n = \lim_{n \to \infty} \dfrac{1}{n} = 0.$

2. 绝对收敛和条件收敛

对于交错级数

$$\sum_{n=1}^{\infty} u_n = u_1 - u_2 + u_3 - u_4 + \cdots + u_n + \cdots \quad (u_n > 0, n = 1, 2, \cdots),$$

我们作以下相应的级数

$$\sum_{n=1}^{\infty} |u_n| = |u_1| + |u_2| + \cdots + |u_n| + \cdots,$$

这是一个正项级数.

定理 5 若 $\displaystyle\sum_{n=1}^{\infty} |u_n|$ 收敛,则 $\displaystyle\sum_{n=1}^{\infty} u_n$ 收敛.(证明从略)

定理 5 告诉我们,若 $\displaystyle\sum_{n=1}^{\infty} |u_n|$ 收敛,则 $\displaystyle\sum_{n=1}^{\infty} u_n$ 必定收敛.但其逆命题是不成立的,即

$\sum\limits_{n=1}^{\infty} u_n$ 收敛时, $\sum\limits_{n=1}^{\infty} |u_n|$ 未必收敛. 例如, 级数

$$\sum_{n=1}^{\infty} u_n = 1 - \frac{1}{2} + \frac{1}{3} - \frac{1}{4} + \cdots + (-1)^{n-1} \frac{1}{n} + \cdots$$

是收敛的, 但相应的级数 $\sum\limits_{n=1}^{\infty} |u_n| = 1 + \frac{1}{2} + \frac{1}{3} + \frac{1}{4} + \cdots + \frac{1}{n} + \cdots$ 却是发散的.

定义 5　若级数 $\sum\limits_{n=1}^{\infty} |u_n|$ 收敛, 称级数 $\sum\limits_{n=1}^{\infty} u_n$ 是**绝对收敛**的; 若级数 $\sum\limits_{n=1}^{\infty} |u_n|$ 发散, 而

$\sum\limits_{n=1}^{\infty} u_n$ 收敛, 称级数 $\sum\limits_{n=1}^{\infty} u_n$ 是**条件收敛**的.

定理说的就是"绝对收敛的级数, 它本身一定收敛".

例 12　判别下列级数的敛散性, 如果收敛, 是绝对收敛还是条件收敛.

(1) $\sum\limits_{n=1}^{\infty} \frac{\sin nx}{n^2}$;　　　　　　(2) $\sum\limits_{n=1}^{\infty} (-1)^n \frac{1}{n}$.

解　(1) 级数通项 $u_n = \frac{\sin nx}{n^2}$.

$$\left| u_n \right| = \left| \frac{\sin nx}{n^2} \right| \leqslant \frac{1}{n^2}.$$

由于级数 $\sum\limits_{n=1}^{\infty} \frac{1}{n^2}$ 收敛, 由比较判定法知级数 $\sum\limits_{n=1}^{\infty} \frac{\sin nx}{n^2}$ 收敛, 所以原级数绝对收敛.

(2) 该级数为交错级数. 其绝对值级数 $\sum\limits_{n=1}^{\infty} \frac{1}{\sqrt{n}}$ 发散但该级数满足条件

$$\frac{1}{\sqrt{n}} > \frac{1}{\sqrt{n+1}} \quad \text{和} \quad \lim_{n \to \infty} \frac{1}{\sqrt{n}} = 0,$$

由莱布尼茨判别法, 级数 $\sum\limits_{n=1}^{\infty} (-1)^n \frac{1}{\sqrt{n}}$ 收敛, 所以该级数是条件收敛.

知识点归纳

(1) 掌握并理解常数项级数的基本概念, 包括常数项级数的定义、级数收敛与发散的定义等. 注意级数与数列概念的区别以及级数的收敛与极限概念的联系.

(2) 熟悉级数的性质, 会用性质判断级数的敛散性. 注意级数收敛的必要条件只能判定级数是否发散, 而不能判定是否收敛.

（3）会用比较判定法和比值判定法判定正项级数的敛散性. 注意比值判定法中当 $\lambda = 1$ 时不能判定级数是否收敛, 另外注意区分哪些级数适用比较判定法, 哪些级数适用比值判定法.

习 题 6.1

1. 写出下列级数的部分和 s_n, 并说明其敛散性:

（1）$\sum\limits_{n=1}^{\infty} (-1)^n$;

（2）$\sum\limits_{n=1}^{\infty} \dfrac{1}{2^n}$;

（3）$\sum\limits_{n=1}^{\infty} (\sqrt{n+1} - \sqrt{n})$.

2. 写出下列级数的前四项:

（1）$\sum\limits_{n=1}^{\infty} \dfrac{1+n}{1+n^2}$;

（2）$\sum\limits_{n=1}^{\infty} \dfrac{1 \cdot 3 \cdot \cdots \cdot (2n-1)}{2 \cdot 4 \cdot \cdots \cdot (2n)}$;

（3）$\sum\limits_{n=1}^{\infty} \dfrac{(-1)^n n!}{n^n}$.

3. 写出下列级数的通项:

（1）$\dfrac{2}{1} - \dfrac{3}{2} + \dfrac{4}{3} - \dfrac{5}{4} + \dfrac{6}{5} - \cdots$;

（2）$\dfrac{a^2}{3} - \dfrac{a^3}{5} + \dfrac{a^4}{7} - \dfrac{a^5}{9} + \cdots$.

4. 利用级数收敛的必要条件判断下列级数的敛散性:

（1）$\sum\limits_{n=1}^{\infty} \dfrac{1}{n(n+1)(n+2)}$;

（2）$\sum\limits_{n=1}^{\infty} \dfrac{1}{\left(1+\dfrac{1}{n}\right)^n}$;

（3）$\sum\limits_{n=1}^{\infty} \dfrac{1}{\sqrt{1+n^2}}$.

5. 判断下列级数的敛散性:

（1）$\sum\limits_{n=1}^{\infty} \left(\dfrac{5}{4}\right)^n$;

（2）$\sum\limits_{n=1}^{\infty} \left(1 - \cos\dfrac{1}{n}\right)$;

（3）$\sum\limits_{n=1}^{\infty} \dfrac{1}{n^2+1}$;

（4）$\sum\limits_{n=1}^{\infty} \dfrac{1}{\sqrt{n(n^2+1)}}$;

（5）$\sum\limits_{n=0}^{\infty} \dfrac{n^2}{2^n}$;

（6）$\sum\limits_{n=1}^{\infty} 2^n \sin\dfrac{\pi}{3^n}$.

6. 判断下列交错级数的敛散性:

（1）$\dfrac{1}{\ln 2} - \dfrac{1}{\ln 3} + \dfrac{1}{\ln 4} - \cdots$;

$(2) 1 - \dfrac{1}{\sqrt{2}} + \dfrac{1}{\sqrt{3}} - \dfrac{1}{\sqrt{4}} + \cdots;$

$(3) -\dfrac{1}{2} + \dfrac{4}{3} - \dfrac{5}{4} + \dfrac{6}{5} - \cdots;$

$(4) \dfrac{1}{3} \cdot \dfrac{1}{2} - \dfrac{1}{3} \cdot \dfrac{1}{2^2} + \dfrac{1}{3} \cdot \dfrac{1}{2^3} - \dfrac{1}{3} \cdot \dfrac{1}{2^4} + \cdots.$

7. 下列级数中,哪些绝对收敛,哪些条件收敛?

$(1) \displaystyle\sum_{n=1}^{\infty} \dfrac{\sin na}{\sqrt{n^3}};$　　　　　　　$(2) \displaystyle\sum_{n=1}^{\infty} \dfrac{(-1)^{n+1}}{n2^n};$

$(3) \displaystyle\sum_{n=1}^{\infty} (-1)^n \left(\dfrac{2}{3}\right)^n;$　　　　　　$(4) \displaystyle\sum_{n=1}^{\infty} \dfrac{(-1)^{n+1}}{\sqrt{2n-1}};$

$(5) \displaystyle\sum_{n=1}^{\infty} (-1)^{n-1} \dfrac{n}{3^{n-1}};$　　　　　$(6) \dfrac{1}{2} - \dfrac{8}{4} + \dfrac{27}{8} - \dfrac{64}{16} + \cdots.$

6.2　幂　级　数

定义　　如果某级数的各项不是常数,而是 x 的幂函数,即具有形式:

$$\sum_{n=0}^{\infty} a_n x^n = a_0 + a_1 x + a_2 x^2 + \cdots + a_n x^n + \cdots, \tag{6-2-1}$$

或　$\displaystyle\sum_{n=0}^{\infty} a_n (x - x_0)^n = a_0 + a_1 (x - x_0) + a_2 (x - x_0)^2 + \cdots + a_n (x - x_0)^n + \cdots.$

$$\tag{6-2-2}$$

其中,$a_0, a_1, a_2, \cdots, a_n, \cdots, x_0$ 是常数,则式(6-2-1)和(6-2-2)分别称为关于 x 和 $x - x_0$ 的**幂级数**.

令 $x - x_0 = t$,就能将式(6-2-1)化成式(6-2-2)的形式,下面我们只对 $\displaystyle\sum_{n=0}^{\infty} a_n x^n$ 进行讨论.

在 $\displaystyle\sum_{n=0}^{\infty} a_n x^n$ 中给 x 一个确定的值,就得到一个数项级数,对于不同的 x 值所得到的数项级数,一般来说,有些是收敛的,有些是发散的.

6.2.1　幂级数的收敛问题

跟常数项级数一样,我们把 $s_n(x) = a_0 + a_1 x + a_2 x^2 + \cdots + a_n x^n$ 称为级数 $\displaystyle\sum_{n=0}^{\infty} a_n x^n$

的**部分和**. 如果部分和当 $n \to \infty$ 时对区间 I 上的每一点都收敛,那么称级数在区间 I 上**收敛**. 这时, $s_n(x)$ 的极限应是定义在区间 I 上的函数,记作 $s(x)$,这个函数 $s(x)$ 称为级数的**和函数**,简称和,即

$$s(x) = \sum_{n=0}^{\infty} a_n x^n.$$

对于幂级数,我们首先关心的问题仍是它的收敛与发散的判断问题. 容易看出,幂级数在 $x = 0$ 处必然收敛. 我们考察幂级数 $\sum_{n=0}^{\infty} a_n x^n$ 所对应的绝对值级数 $\sum_{n=0}^{\infty} |a_n x^n|$,并应用达朗贝尔准则得到:

幂级数的审敛准则   设有幂级数 $\sum_{n=0}^{\infty} a_n x^n$. 如果极限

$$\lim_{n \to \infty} \left| \frac{a_n}{a_{n+1}} \right| = R,$$

那么,当 $|x| < R$ 时,幂级数收敛,而且绝对收敛;当 $|x| > R$ 时,幂级数发散,其中 R 可以是零,也可以是 $+\infty$,区间 $(-R, R)$ 称为幂级数 $\sum_{n=0}^{\infty} a_n x^n$ 的**收敛区间**,正数 R 称为幂级数的**收敛半径**.

例1   求下列幂级数的收敛半径和收敛区间:

$(1) x - \dfrac{x^2}{2} + \dfrac{x^3}{3} - \dfrac{x^4}{4} + \cdots + (-1)^{n-1} \dfrac{x^n}{n} + \cdots = \sum_{n=1}^{\infty} (-1)^{n-1} \dfrac{x^n}{n}$;

$(2) 1 + \dfrac{x}{1!} + \dfrac{x^2}{2!} + \cdots + \dfrac{x^n}{n!} + \cdots = \sum_{n=0}^{\infty} \dfrac{x^n}{n!}$;

$(3) x + \dfrac{x^2}{2^2} + \dfrac{x^3}{3^2} + \cdots + \dfrac{x^n}{n^2} + \cdots = \sum_{n=1}^{\infty} \dfrac{x^n}{n^2}$.

解 $(1) a_n = (-1)^{n-1} \dfrac{1}{n}, a_{n+1} = (-1)^n \dfrac{1}{n+1}$,于是

$$\lim_{n \to \infty} \left| \frac{a_n}{a_{n+1}} \right| = \lim_{n \to \infty} \left| \frac{(-1)^{n-1} \dfrac{1}{n}}{(-1)^n \dfrac{1}{n+1}} \right| = 1,$$

所以,收敛半径 $R = 1$,级数的收敛区间是 $(-1, 1)$.

$(2) a_n = \dfrac{1}{n!}, a_{n+1} = \dfrac{1}{(n+1)!}$,于是

$$\lim_{n \to \infty} \left| \frac{a_n}{a_{n+1}} \right| = \lim_{n \to \infty} \left| \frac{\dfrac{1}{n!}}{\dfrac{1}{(n+1)!}} \right| = \lim_{n \to \infty} (n+1) = \infty,$$

所以,收敛半径 $R = \infty$,级数的收敛区间是$(-\infty,+\infty)$.

(3)$a_n = \dfrac{1}{n^2}$,$a_{n+1} = \dfrac{1}{(n+1)^2}$,于是,

$$\lim_{n \to \infty} \left| \frac{a_n}{a_{n+1}} \right| = \lim_{n \to \infty} \frac{(n+1)^2}{n^2} = 1.$$

所以幂级的收敛半径 $R = 1$.

当 $x = 1$ 时,级数为 $\displaystyle\sum_{n=1}^{\infty} \frac{1}{n^2}$,收敛;

当 $x = -1$ 时,级数为 $\displaystyle\sum_{n=1}^{\infty} \frac{(-1)^n}{n^2}$,收敛.

于是这个级数的收敛区间为$[-1,1]$.

6.2.2　幂级数的性质

幂级数在其敛区内有下列一些性质:

性质 1　设有两个幂级数 $\displaystyle\sum_{n=0}^{\infty} a_n x^n$ 与 $\displaystyle\sum_{n=0}^{\infty} b_n x^n$,如

$$\sum_{n=0}^{\infty} a_n x^n = f_1(x),\ -R_1 < x < R_1,$$

$$\sum_{n=0}^{\infty} b_n x^n = f_2(x),\ -R_2 < x < R_2,$$

则
$$\sum_{n=0}^{\infty} (a_n \pm b_n)x^n = f_1(x) \pm f_2(x),\ -R < x < R,$$

其中 $R = \min\{R_1,R_2\}$.

性质 2　幂级数 $\displaystyle\sum_{n=0}^{\infty} c_n x^n$ 的和 $s(x)$ 在收敛区间内是连续的.

性质 3　幂级数 $\displaystyle\sum_{n=0}^{\infty} c_n x^n$ 的和 $s(x)$ 在收敛区间内的任一点均可导,且有逐项求导公式

$$s'(x) = c_1 + 2c_2 x + 3c_3 x^2 + \cdots + nc_n x^{n-1} + \cdots = \sum_{n=0}^{\infty} nc_n x^{n-1}.$$

求导后的幂级数与原级数有相同的收敛半径.

性质 4　幂级数 $\displaystyle\sum_{n=0}^{\infty} c_n x^n$ 的和 $s(x)$ 在收敛区间内可积,并且有逐项积分公式:

$$\int_0^x s(x)\,\mathrm{d}x = \int_0^x c_0\,\mathrm{d}x + \int_0^x c_1 x\,\mathrm{d}x + \cdots + \int_0^x c_n x^n\,\mathrm{d}x + \cdots$$

$$= c_0 x + \frac{c_1}{2} x^2 + \cdots + \frac{c_n}{n+1} x^{n+1} + \cdots$$

$$= \sum_{n=0}^{\infty} \frac{c_n}{n+1} x^{n+1}.$$

积分后所得的幂级数与原级数有相同的收敛半径.

由以上性质可见,幂级数在其收敛区间内就像普通的多项式一样,可以相加、相减,可以逐项求导、逐项积分.这些性质在求幂级数的和,以及把一个函数用幂级数表示时,有着重要的应用.

例 2　求幂级数的和:

(1) $1 - 2x + 3x^2 - 4x^3 + \cdots$;

(2) $x + \dfrac{x^2}{2} + \dfrac{x^3}{3} + \cdots + \dfrac{x^{n+1}}{n+1} + \cdots$.

解　(1) 原级数可由幂级数

$$x - x^2 + x^3 - x^4 + \cdots, \quad |x| < 1$$

逐项求导得到,由于

$$x - x^2 + x^3 - x^4 + \cdots = \frac{x}{1+x}, \quad |x| < 1,$$

利用性质 3 得

$$1 - 2x + 3x^2 - 4x^3 + \cdots = \left(\frac{x}{1+x}\right)' = \frac{1}{(1+x)^2}, \quad |x| < 1.$$

(2) 如果将级数逐项求导,可得

$$1 + x + x^2 + \cdots + x^n + \cdots.$$

由于

$$1 + x + x^2 + \cdots + x^n + \cdots = \frac{1}{1-x}, \quad |x| < 1,$$

利用性质 4 得

$$x + \frac{x^2}{2} + \frac{x^3}{3} + \cdots + \frac{x^{n+1}}{n+1} + \cdots = \int_0^x \frac{1}{1-x} \mathrm{d}x = \ln \frac{1}{1-x}, \quad |x| < 1.$$

知识点归纳

(1) 掌握幂级数的概念;

(2) 掌握求幂级数收敛半径和区间的求法;

(3) 了解幂级数的性质。

习　题　6.2

1. 确定下列各幂级数的收敛区间:

(1) $\dfrac{1}{2}x + \dfrac{1}{2^2 2^2}x^2 + \dfrac{1}{2^3 3^2}x^3 + \dfrac{1}{2^4 4^2}x^4 + \cdots$;

(2) $x + 2x^2 + 3x^3 + \cdots$;

(3) $x + \dfrac{4}{2!}x^2 + \dfrac{9}{3!}x^3 + \dfrac{16}{4!}x^4 + \cdots$.

2. 确定下列各幂级数的收敛半径与收敛区间:

(1) $\displaystyle\sum_{n=1}^{\infty} \dfrac{x^n}{n^n}$;　　　　　(2) $\displaystyle\sum_{n=1}^{\infty} \dfrac{\ln(1+n)}{n}x^{n-1}$;　　　　　(3) $\displaystyle\sum_{n=1}^{\infty} \dfrac{2^n + 3^n}{n}x^n$.

3. 利用幂级数的性质求下列各幂级数的和:

(1) $x - \dfrac{1}{2}x^2 + \dfrac{1}{3}x^3 - \dfrac{1}{4}x^4 + \cdots + (-1)^{n-1}\dfrac{1}{n}x^n + \cdots$;

(2) $1 + 2x + 3x^2 + 4x^3 + \cdots + nx^{n-1} + \cdots$;

(3) $\displaystyle\sum_{n=0}^{\infty} \dfrac{n}{n+1}x^n$;

(4) $\displaystyle\sum_{n=1}^{\infty} nx^n$.

小　结

1. 无穷级数的概念,级数的收敛与发散;级数的基本性质,级数收敛的必要条件;常数项级数的审敛法.

2. 幂级数的概念,收敛半径,收敛区间.

检　测　题

(时间:60 分钟)

一、选择题(每题 3 分,共 12 分)

1. 若常数项级数 $\displaystyle\sum_{n=1}^{\infty} u_n$ 收敛,则(　　　　).

(A) $s_n = u_1 + u_2 + \cdots + u_n, \displaystyle\lim_{n \to +\infty} s_n = 0$　　　　(B) $\displaystyle\lim_{n \to \infty} u_n = 0$

(C) $s_n = u_1 + u_2 + \cdots + u_n, \displaystyle\lim_{n \to +\infty} s_n$ 存在　　　　(D) $\displaystyle\lim_{n \to \infty} u_n$ 存在,且不等于零

2. 正项级数 $\displaystyle\sum_{n=1}^{\infty} u_n$ 如果满足条件(　　　　)必收敛.

（A）$\lim\limits_{n \to +\infty} \dfrac{u_n}{b_n} = \lambda$, $\sum\limits_{n=1}^{\infty} b_n$ 为一收敛的正项级数 　（B）$\lim\limits_{n \to +\infty} \dfrac{u_n}{u_{n+1}} < 1$

（C）$\lim\limits_{n \to +\infty} \dfrac{u_{n+1}}{u_n} \leqslant 1$ 　　　　　　　　　（D）$\lim\limits_{n \to +\infty} \dfrac{u_n}{u_{n+1}} = \lambda > 1$

3. 正项级数 $\sum\limits_{n=1}^{\infty} u_n$ 如果满足条件（　　）必收敛.

（A）u_n 单调减少且趋近于零　　　　　　　（B）$u_n < \dfrac{1}{\sqrt{n}}$

（C）$u_n \leqslant \dfrac{5n+3}{(n^2 - 6)\sqrt{n}}$ 　　　　　　　（D）$u_n < \dfrac{1}{n}$

4. 关于幂级数 $\sum\limits_{n=1}^{\infty} \dfrac{x^n}{n}$ 的下列四个结论中，正确的是（　　）.

（A）当且仅当 $|x| < 1$ 时收敛　　　　　　　（B）当 $|x| < 1$ 时收敛

（C）当 $-1 \leqslant x < 1$ 时收敛　　　　　　　（D）当 $-1 < x \leqslant 1$ 时收敛

二、判断下列各级数的敛散性（每题 6 分, 共 36 分）

1. $\sum\limits_{n=2}^{\infty} \dfrac{\sin n}{\ln n}$; 　　　　　　　　2. $\sum\limits_{n=1}^{\infty} \dfrac{2^n}{n^3}$;

3. $\sum\limits_{n=1}^{\infty} \dfrac{n}{n^2 + 1}$; 　　　　　　　　4. $\sum\limits_{n=1}^{\infty} \dfrac{n}{3^n}$;

5. $\sum\limits_{n=1}^{\infty} (-1)^{n-1} \dfrac{n^3}{2^n}$; 　　　　　　6. $1 - \dfrac{3}{4} + \dfrac{4}{6} - \dfrac{5}{8} + \cdots$.

三、解答题

1. 求下列各幂级数的收敛半径与收敛区间:（20 分）

（1）$\sum\limits_{n=1}^{\infty} \dfrac{x^n}{n \cdot 2^n}$; 　　　　　（2）$1 + 2x^2 + 2^2 x^4 + \cdots + 2^{n-1} x^{2n-2} + \cdots$.

2. 确定幂级数 $2(x-1) + \dfrac{2 \cdot 3}{1 \cdot 2}(x-1)^2 + \dfrac{2 \cdot 3 \cdot 4}{1 \cdot 2 \cdot 3}(x-1)^3 + \cdots$ 的收敛区间.（10 分）

3. 利用幂级数的性质求下列级数的和:（22 分）

（1）$x + \dfrac{1}{3} x^3 + \dfrac{1}{5} x^5 + \cdots$;

（2）$\dfrac{1}{1 \cdot 2} x^2 + \dfrac{1}{3 \cdot 4} x^4 + \cdots + \dfrac{1}{(2n-1)2n} x^{2n} + \cdots$.

第7章 微分方程

寻求变量之间的函数关系是解决实际问题时常见的重要课题。但是，人们往往并不能直接由所给的条件找到函数关系，却比较容易列出表示未知函数及其导数（或微分）与自变量之间关系的等式，然后再从中解得待求的函数关系. 这样的等式称之为微分方程,本章将讨论几种特殊类型的微分方程及其解法，并初步介绍它们在一些实际问题中的应用.

7.1 微分方程基本概念

1. 微分方程

定义 1　含有未知函数的导数或微分的方程,称为**微分方程**.

未知函数是一元函数的微分方程称为**常微分方程**,未知函数是多元函数的微分方程称为**偏微分方程**.

本教材只讨论常微分方程,并简称为**微分方程**.

下列方程都是微分方程：

（1）$y' = 2x$；

（2）$dy = \dfrac{1}{x}dx$；

（3）$y' = y + \sqrt{y^2 - x^2}$；

（4）$y'' = 2y'^2 + y + x$.

定义 2　微分方程中未知函数的最高阶导数的阶数,称为微分方程的**阶**.

例如,上述方程（1）~（3）都是一阶微分方程,（4）为二阶微分方程.

2. 微分方程的解

定义 3　任何满足微分方程的函数都称为微分方程的**解**.

例如,函数 $y = x^2$,$y = x^2 - 1$,$y = x^2 + C$（C 为任意常数）,都是方程（1）$y' = 2x$ 的解.

函数 $y = \ln x$，$y = \ln x + 1$，$y = \ln x + C$（C 为任意常数），都是方程（2）$dy = \frac{1}{x}xdx$ 的解.

求微分方程的解的过程，称为**解微分方程**.

定义 4   如果微分方程的解中所含任意常数的个数与方程的阶数相同，且任意常数之间不能合并，则称此解为该方程的**通解**（或**一般解**）. 当通解中各任意常数都取特定值时，所得到的解称为方程的**特解**.

例如，方程 $y' = 2x$ 的解 $y = x^2 + C$ 中含有一个任意常数，且与该方程的阶数相同，因此这个解是方程的通解.

又如，方程 $\frac{d^2s}{dt^2} = g$ 的解 $s = \frac{1}{2}gt^2 + C_1 t + C_2$ 中含有两个任意常数，这两个常数不能合并，且与该方程的阶数相同，因此这个解是方程的通解.

定义 5   用来确定通解中的任意常数的附加条件，称为**初始条件**.

通常一阶微分方程的初始条件是

$$y \big|_{x = x_0} = y_0, \quad 即 \quad y(x_0) = y_0.$$

由此可以确定通解中的一个任意常数.

二阶微分方程的初始条件是

$$y \big|_{x = x_0} = y_0 \quad 及 \quad y' \big|_{x = x_0} = y'_0,$$

即
$$y(x_0) = y_0, \quad y'(x_0) = y'_0.$$

由此可以确定通解中的两个任意常数.

一个微分方程与其初始条件构成的问题，称为**初值问题**.

求解初值问题就是求方程的特解.

如例 1，就是一个初值问题，其初始条件是 $y \big|_{x = 1} = 0$.

例 1   判断下列函数是否是微分方程 $xy' + 2y = 1$ 的解？ 如果是解，是特解还是通解？

（1）　$y = x^2$；　　　　　　　　（2）　$y = \frac{C}{x^2} + \frac{1}{2}$.

解   （1）$y = x^2$，　$y' = 2x$. 代入微分方程

$$左端 = x \cdot 2x + 2 \cdot x^2 = 4x^2 \neq 1,$$

不等于右端，所以 $y = x^2$ 不是该方程的解.

（2）$y = \frac{C}{x^2} + \frac{1}{2}$，　$y' = -\frac{2C}{x^3}$. 代入微分方程

$$左端 = x \cdot \left(-\frac{2C}{x^3} \right) + 2\left(\frac{C}{x^2} + \frac{1}{2} \right) = 1 = 右端,$$

所以 $y = \dfrac{C}{x^2} + \dfrac{1}{2}$ 是该微分方程的解.

由于该微分方程是一阶微分方程,解中含有一个任意常数 C,所以是通解.

例 2 已知一曲线通过点 (1,0),且在该曲线上任一点 M(x,y) 处切线斜率等于 2x,求该曲线的方程.

解 设所求曲线的方程为 y = f(x),由导数的几何意义有 $\dfrac{dy}{dx} = 2x$,即

$$dy = 2x\,dx \tag{7-1-1}$$

两边不定积分得 $y = x^2 + C$(其中 C 为任意常数).

由于曲线过 (1,0),即当 x = 1 时 y = 0,代入式 (7-1-1) 得 0 = 1 + C,求得 C = -1,所以,所求方程为 $y = x^2 - 1$.

通过上面几个例子可以看到,利用微分方程解决实际问题的一般步骤如下:

第一步:列出微分方程;

第二步:写出初始条件;

第三步:求出通解;

第四步:由初始条件确定所求的特解.

知识点归纳

(1)微分方程虽然是一个新的概念,但它毕竟是一个方程,所以与以前的代数方程有相同的地方,即都是已知量与未知量之间的一个关系式,并且需要确定未知量.另外,其也有不同的地方:代数方程仅含有未知量的代数运算符号,它的解是一些数值,而微分方程必须含有未知函数的微分运算符号,它的解一般来说是函数,且有通解、特解之分.通解中含有任意常数,这是要注意的.

(2)微分方程的通解中所含独立的任意常数的个数、初始条件的个数必须与微分方程的阶数相等.

(3)微分方程解的几何意义.微分方程的通解,表示积分曲线族.初始条件给出一个特解,它表示了积分曲线族中一条特定的曲线.

习 题 7.1

1. 判断下列方程哪些是微分方程,哪些不是微分方程:

(1) $y' = 2x$;　　　　　　　　　(2) $y = 2x$;

(3) $y'' + y' + x = 0$;　　　　　　(4) $y^2 + y + x = 0$;

(5) $x\mathrm{d}y = y\mathrm{d}x$;　　　　　　　(6) $\dfrac{\mathrm{d}^2 y}{\mathrm{d}x^2} = x \cos x$.

2. 说出下列微分方程的阶数：

(1) $\dfrac{\mathrm{d}y}{\mathrm{d}x} = y^2 + x^3$;　　　　　　(2) $3y'' + y' + 4y = \cos x$;

(3) $\dfrac{\mathrm{d}^3 y}{\mathrm{d}x^3} + 3 \cdot \dfrac{\mathrm{d}^2 y}{\mathrm{d}x^2} + y = 1$;　　(4) $y'' = x^2 + y^2$.

3. 判断 $y = 5x^2$ 是否是微分方程 $xy' = 2y$ 的解.

4. 设曲线上任一点处的切线斜率与切点的横坐标成反比，且曲线过点 $(1,2)$，求该曲线的方程.

7.2　一阶微分方程

7.2.1　可分离变量的微分方程

例 1　一曲线通过点 $(2,2)$，且曲线上任意点 $M(x,y)$ 的切线与直线 OM 垂直，求此曲线的方程.

解　设所求曲线方程为 $y = f(x)$，α 为曲线在 M 处的切线的倾斜角，β 为直线 OM 的倾斜角，如图 7-2-1 所示. 则

$$\tan \alpha = \frac{\mathrm{d}y}{\mathrm{d}x}.$$

又直线 OM 的斜率为 $\tan \beta = \dfrac{y}{x}$，因为切线与直线 OM 垂直，所以

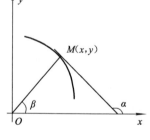

图　7-2-1

$$\frac{\mathrm{d}y}{\mathrm{d}x} \cdot \frac{y}{x} = -1, \quad 即 \quad \frac{\mathrm{d}y}{\mathrm{d}x} = -\frac{y}{x}.$$

这个方程有什么特点？把它变形一下，成为

$$y\mathrm{d}y = -x\mathrm{d}x.$$

方程的左边只含有未知函数 y 及其微分 $\mathrm{d}y$，右边只含有自变量 x 及其微分 $\mathrm{d}x$，也就是变量 x 与 y 分离在等式两边.

这时如果仍恢复到 $\dfrac{\mathrm{d}y}{\mathrm{d}x}$ 的形式，则

$$\frac{dy}{dx} = -x \cdot \frac{1}{y}.$$

即右边是两部分的乘积,其中一部分只含有 x,另一部分只含有 y,对于这种形状的方程,引进概念:

定义 1 形如 $\frac{dy}{dx} = f(x)g(y)$ 的方程,称为**可分离变量的微分方程**. 形如 $\frac{dy}{g(y)} = f(x)dx$ 的方程,称为**已分离变量的微分方程**.

如何解可分离变量的微分方程? 一般可为以下四步:

(1)分离变量:$\frac{dy}{g(y)} = f(x)dx$;

(2)两边积分:$\int \frac{dy}{g(y)} = \int f(x)dx$;

(3)求出积分,得通解 $G(y) = F(x) + C$,其中 $G(y)$、$F(x)$ 分别是 $\frac{1}{g(y)}$、$f(x)$ 的原函数;

(4)根据初始条件确定常数 C,得出方程的特解.

这种求解的方法称为**分离变量法**.

现在来求例 1 的解.

解 由 $\frac{dy}{dx} = -\frac{x}{y}$ 得 $\qquad\qquad\qquad y\,dy = -x\,dx.$

两边同时积分,得 $\qquad\qquad\qquad \int y\,dy = \int -x\,dx,$

从而有 $\qquad\qquad\qquad\qquad \frac{1}{2}y^2 = -\frac{1}{2}x^2 + C,$

即 $\qquad\qquad\qquad\qquad\qquad x^2 + y^2 = 2C.$

此即方程的通解.

把初始条件曲线通过点 $(2,2)$,即 $y|_{x=2} = 2$ 代入 $x^2 + y^2 = 2C$,得 $C = 4$.

所求方程为 $\qquad\qquad\qquad\qquad x^2 + y^2 = 4.$

例 2 求微分方程 $\frac{dy}{dx} = xy$ 的通解.

解 这个方程是可分离变量的,分离变量后得

$$\frac{dy}{y} = x\,dx.$$

两边积分 $\qquad\qquad\qquad\qquad \int \frac{dy}{y} = \int x\,dx,$

得 $\qquad\qquad\qquad\qquad\qquad \ln|y| = \frac{x^2}{2} + C_1,$

$$|y| = e^{\frac{x^2}{2} + C_1},$$

去绝对值符号

$$y = e^{\frac{x^2}{2} + C_1} = e^{C_1} \cdot e^{\frac{x^2}{2}} = C_2 e^{\frac{x^2}{2}},$$

或

$$y = -e^{\frac{x^2}{2} + C_1} = -e^{C_1} \cdot e^{\frac{x^2}{2}} = -C_2 e^{\frac{x^2}{2}},$$

两者可合并为

$$y = C e^{\frac{x^2}{2}}.$$

说明：从本题的最后结果看，积分时遇到函数或变量取对数的情况，可以不加绝对值符号，最后结果是一样的，这样可以简化解题过程.

7.2.2 一阶线性微分方程

有的微分方程通过适当的变量式换后，也可以化为可分离变量的微分方程.

例3 求方程 $y' + \sin \dfrac{x+y}{2} = \sin \dfrac{x-y}{2}$ 的解.

解 由

$$y' + \sin \frac{x+y}{2} = \sin \frac{x-y}{2}$$

得

$$\frac{\mathrm{d}y}{\mathrm{d}x} + \sin \frac{x}{2}\cos \frac{y}{2} + \cos \frac{x}{2}\sin \frac{y}{2} = \sin \frac{x}{2}\cos \frac{y}{2} - \cos \frac{x}{2}\sin \frac{y}{2},$$

分离变量，得

$$\frac{\mathrm{d}y}{2\sin \dfrac{y}{2}} = -\cos \frac{x}{2}\mathrm{d}x,$$

两边不定积分，得通解

$$\ln\left(\csc \frac{y}{2} + \cot \frac{y}{2} \right) = 2\sin \frac{x}{2} + \ln C,$$

即

$$\csc \frac{y}{2} + \cot \frac{y}{2} = C e^{2\sin \frac{x}{2}}.$$

例4 求微分方程 $x\dfrac{\mathrm{d}y}{\mathrm{d}x} + y = 2\sqrt{xy}$ 的通解.

解 原方程变形为

$$\frac{\mathrm{d}y}{\mathrm{d}x} = 2\sqrt{\frac{y}{x}} - \frac{y}{x}. \tag{7-2-1}$$

令 $u = \dfrac{y}{x}$，则 $y = ux,\quad \dfrac{\mathrm{d}y}{\mathrm{d}x} = u + x\dfrac{\mathrm{d}u}{\mathrm{d}x}.$

把它们代入式(7-2-1)得

$$u + x\frac{\mathrm{d}u}{\mathrm{d}x} = 2\sqrt{u} - u,$$

即

$$\frac{\mathrm{d}u}{2(u - \sqrt{u})} + \frac{\mathrm{d}x}{x} = 0.$$

这是已分离变量的方程，两端积分得

$$\int \frac{1}{2\sqrt{u}\,(\sqrt{u}-1)}\mathrm{d}u + \ln x = \ln C,$$

$$\int \frac{\mathrm{d}(\sqrt{u}-1)}{\sqrt{u}-1} + \ln x = \ln C,$$

$$\ln(\sqrt{u}-1) + \ln x = \ln C,$$

即
$$x(\sqrt{u}-1) = C.$$

将 $u = \dfrac{y}{x}$ 回代,得原方程的通解为 $\sqrt{xy} - x = C.$

一般地,如果一阶微分方程 $\dfrac{\mathrm{d}y}{\mathrm{d}x} = f(x,y)$ 中的函数 $f(x,y)$ 可化为 $\varphi\left(\dfrac{y}{x}\right)$,则此方程为齐次方程. 齐次方程可利用分离变量法求解.

求齐次方程的通解时,先将方程化为

$$\frac{\mathrm{d}y}{\mathrm{d}x} = \varphi\left(\frac{y}{x}\right). \tag{7-2-2}$$

作变换 $u = \dfrac{y}{x}$,则 $y = ux, \dfrac{\mathrm{d}y}{\mathrm{d}x} = u + x\dfrac{\mathrm{d}u}{\mathrm{d}x}.$ 于是式(7-2-2)可化为

$$u + x\frac{\mathrm{d}u}{\mathrm{d}x} = \varphi(u),$$

即
$$\frac{\mathrm{d}u}{\mathrm{d}x} = \frac{\varphi(u)-u}{x}. \tag{7-2-3}$$

式(7-2-3)是可分离变量的微分方程,分离变量后得

$$\int \frac{\mathrm{d}u}{\varphi(u)-u} = \int \frac{\mathrm{d}x}{x}.$$

求出上式通解后,再将 u 换成 $\dfrac{y}{x}$,即可得所求的通解.

定义 2　形如 $y' + P(x)y = Q(x)$ 的微分方程称为**一阶线性微分方程**,其中 $P(x)$、$Q(x)$ 为已知函数. 当 $Q(x)$ 恒等于零时,称为**齐次微分方程**;当 $Q(x)$ 不恒为零时,称为**非齐次微分方程**.

1. 一阶线性齐次微分方程的解法

显见,一阶线性齐次微分方程 $y' + P(x)y = 0$ 是可分离变量的微分方程

$$\frac{\mathrm{d}y}{y} = -P(x)\mathrm{d}x.$$

两边积分得
$$\ln y = -\int P(x)\mathrm{d}x + \ln C,$$

即
$$y = Ce^{-\int P(x)\mathrm{d}x}.$$

这就是方程的通解公式.

例 5 求方程 $y' + (\cos x)y = 0$ 的通解.

解 该方程是一阶线性齐次方程, $P(x) = \cos x$, 直接用公式, 即得方程的通解为

$$y = Ce^{-\int \cos x dx} = Ce^{-\sin x}.$$

例 6 求方程 $(y - xy)dx + xdy = 0$ 满足初始条件 $y|_{x=1} = e$ 的特解.

解 原方程化为

$$\frac{dy}{dx} + \left(\frac{1}{x} - 1\right)y = 0.$$

这是一阶线性齐次方程, $P(x) = \frac{1}{x} - 1$, 利用公式, 得方程的通解为

$$y = C \cdot e^{-\int (\frac{1}{x} - 1)dx} = Ce^{-\ln x + x}.$$

将初始条件 $y|_{x=1} = e$ 代入, 得 $C = 1$.

故所求特解为 $y = e^{x - \ln x}$.

2. 一阶线性非齐次方程的解法

对于求解一阶线性非齐次方程, 我们常用"常数变易法".

设一阶线性非齐次方程

$$y' + P(x)y = Q(x), \tag{7-2-4}$$

相应的一阶线性齐次方程为

$$y' + P(x)y = 0,$$

其通解为

$$y = C \cdot e^{-\int P(x)dx}.$$

对其中的任意常数 C 换为 x 的函数 $C(x)$, 即令

$$y = C(x)e^{-\int P(x)dx}.$$

两边求导 　　　　 $y' = C(x)e^{-\int P(x)dx} - C(x) \cdot P(x)e^{-\int P(x)dx},$

将 y、y' 的表达式代入式(7-2-4), 得

$$C'(x) = Q(x)e^{\int P(x)dx},$$

两边积分, 得 　　　　 $C(x) = \int Q(x)e^{\int P(x)dx}dx + C,$

再将此式代入 　　　　 $y = C(x)e^{-\int P(x)dx},$

便得非齐次线性微分方程的通解为

$$y = e^{-\int P(x)dx}\left(\int Q(x)e^{\int P(x)dx}dx + C\right).$$

例 7 求方程 $2y' - y = e^x$ 的通解.

解 原方程化为

$$\frac{\mathrm{d}y}{\mathrm{d}x} - \frac{1}{2}y = \frac{1}{2}\mathrm{e}^x.$$

这是一个线性非齐次方程,与它对应的线性齐次方程的通解为 $y = C\mathrm{e}^{\frac{x}{2}}$.

设所给线性非齐次方程的解为 $y = C(x)\mathrm{e}^{\frac{x}{2}}$,将 y 及 $\frac{\mathrm{d}y}{\mathrm{d}x}$ 代入该方程,得

$$C'(x)\mathrm{e}^{\frac{x}{2}} = \frac{1}{2}\mathrm{e}^x,$$

于是有
$$C(x) = \int \frac{1}{2}\mathrm{e}^{\frac{1}{2}x}\mathrm{d}x = \mathrm{e}^{\frac{x}{2}} + C,$$

因此,原方程的通解为

$$y = C(x)\mathrm{e}^{\frac{x}{2}} = C\mathrm{e}^{\frac{x}{2}} + \mathrm{e}^x.$$

知识点归纳

1. 可分离变量的微分方程

(1)微分方程的解法虽然千变万化,但仍有规律可循,即对每一种特定的类型的方程,都有其特定的解法.因此,在求解微分方程时,首先要判定一下是哪种类型的方程,然后采取相应的解法.

(2)在微分方程中,一般 x 是自变量,y 是其函数,两者地位是不对等的.在解可分离变量的微分方程时,则要同等看待这两个变量.当在等号两边同时积分时,一边是对 x,一边是对 y,这里用到了微分形式的不变性,读者知道即可.

(3)一阶齐次线性方程 $y' + P(x)y = 0$,是可分离变量的.其通解 $y = C\mathrm{e}^{-\int P(x)\mathrm{d}x}$,可作为公式使用.这里要注意: $\int P(x)\mathrm{d}x$ 只表示一个原函数,用积分表示,不要再加常数.

2. 一阶非齐次线性微分方程

(1)一阶非齐次线性微分方程的解法是常数变易法.这是很多人长期探索的结果:通过研究发现微分方程 $y' + P(x)y = Q(x)$ 的通解具有 $y = C(x)\mathrm{e}^{-\int P(x)\mathrm{d}x}$ 的形式,它相当于把对应齐次方程通解中的任意常数 C 改为 $C(x)$.

(2)求解一非齐次线性微分方程有两种方法:一种是直接代公式 $y = \mathrm{e}^{-\int P(x)\mathrm{d}x}\left[\int Q(x)\mathrm{e}^{\int P(x)\mathrm{d}x}\mathrm{d}x + C\right]$;一种是用常数变易法,即如教材上讲述的方法.两种方法各有千秋,常数变易法易于记忆,但步骤较多.公式法快速,但必须记忆正确,其中符号很易出错,在记忆无把握时,就用常数变易法.

（3）通解中各个不定积分都只表示一个原函数，所以积分的结果不要再加任意常数.

（4）把一个阶非齐次线性微分方程的通解，改写成

$$y = e^{-\int P(x)\,dx} \cdot \int Q(x)\,e^{\int P(x)\,dx}\,dx + C \cdot e^{-\int P(x)\,dx},$$

则第二项是对应齐次方程的通解，由于第一项是当通解中令 $C = 0$ 时，得到的原方程的一个特解，所以对于非齐次线性方程有：

通解 = 原方程的一个特解 + 对应齐次方程的通解.

这一结论叫做一阶非齐次线性微分方程的通解结构.

习 题 7.2

1. 求下列微分方程的通解：

（1）$\dfrac{dy}{dx} - 3xy = 0$；

（2）$\dfrac{dy}{dx} = \dfrac{\sqrt{1 - y^2}}{\sqrt{1 - x^2}}$；

（3）$(1 + y)\,dx + (x - 1)\,dy = 0$；

（4）$\dfrac{dy}{dx} = \dfrac{y^2 - 1}{2}$；

（5）$x^2 \dfrac{dy}{dx} = xy - y^2$；

（6）$\dfrac{dy}{dx} + y = e^{-x}$；

（7）$\dfrac{dy}{dx} - 3xy = 2x$；

（8）$y' + \dfrac{y}{x} - \sin x = 0$；

（9）$y' = e^{2x - y}$.

2. 求下列方程的特解：

（1）$\dfrac{dy}{dx} = e^{x + y}$ 满足初始条件 $y\big|_{x=1} = 0$ 的特解；

（2）$y' = x^2 y$，$\quad y\big|_{x=0} = 1$；

（3）$2y'\sqrt{x} = y$，$\quad y\big|_{x=4} = 1$；

（4）$(x + y)\,dx + x\,dy = 0$，$\quad y\big|_{x=1} = 0$；

（5）$y' = \dfrac{x^2 + y^2}{xy}$，$\quad y\big|_{x=1} = 1$；

（6）$y' - y = e^x$，$\quad y\big|_{x=0} = 1$；

（7）$xy' + y = \cos x$，$\quad y\big|_{x=\pi} = 1$；

（8）$y' + \dfrac{1 - 2x}{x^2} y = 1$，$\quad y\big|_{x=1} = 0$；

（9）$y' = \tan x \cdot y + \cos x$，　$y\big|_{x=0} = 1$.

3. RC 充电电路如图 7-2-2 所示，如果合闸前电容上电压 $U_C = 0$，电源电压为 E，求合闸后电压 U_C 的变化规律.

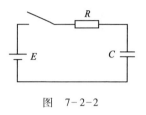

图　7-2-2

4. 设有一桶，内盛盐水 100 L，其中含盐 50 g，现在有浓度为 2 g/L 的盐水流入桶中，其流速为 3 L/min. 假设流入桶内的新盐水和原有盐水因搅拌而能在顷刻间成为均匀的溶液，此溶液又以 2 L/min 的流速流出. 求 30 min 时桶内所有盐水的含盐量.

7.3　二阶常系数齐次线性微分方程

设一弹簧放于油中，其运动满足以下微分方程：

$$\frac{d^2 s}{dt^2} + 3\frac{ds}{dt} + 2s = 0.$$

在这个微分方程中，未知函数 s 及其一阶、二阶导数 $\dfrac{ds}{dt}$，$\dfrac{d^2 s}{dt^2}$ 都是一次的，且未知函数及其导数的系数均为常数.

定义　形如

$$y'' + py' + gy = 0 \tag{7-3-1}$$

的方程称为**二阶常系数齐次线性微分方程**，其中 p, g 是常数.

对于二阶常系数齐次线性微分方程，有下述定理：

定理（齐次线性方程解的叠加原理）　若 y_1, y_2 是齐次线性方程（7-3-1）的两个特解，则

（1）$y = C_1 y_1 + C_2 y_2$ 也是方程（7-3-1）的解；

（2）若 $\dfrac{y_2}{y_1} \neq$ 常数，则 $C_1 y_1 + C_2 y_2$ 是方程（7-3-1）的通解，其中 C_1, C_2 是任意常数.

由此定理得知，要找二阶常系数齐次线性方程的通解，只要找出两个特解即可. 问题是如何去找这两个特解.

我们先分析齐次线性方程具有什么特点. 在方程（7-3-1）左端，是未知函数与其一阶导数和二阶导数的一个线性组合，也就是当它们分别乘以适当的常数后，可合并成零，也就是说适合方程（7-3-1）的 y，必须与其一阶导数和二阶导数只差一个常数因子. 而在我们所熟悉的函数中，e^{rx}（r 为常数）就具有此特征，因此不妨用 e^{rx} 来作一试探.

令 $y = e^{rx}$ 为方程（7-3-1）的解，代入方程（7-3-1）得

$$r^2 e^{rx} + pre^{rx} + ge^{rx} = 0.$$

因为 $e^{rx} \neq 0$，所以有

$$r^2 + pr + g = 0. \tag{7-3-2}$$

由此可见,只要 r 满足方程(7-3-2),则 $y = \mathrm{e}^{rx}$ 就是方程(7-3-1)的解.

方程 $r^2 + pr + g = 0$ 称为方程 $y'' + py' + gy = 0$ 的**特征方程**. 特征方程的根称为**特征根**.

由于特征方程 $r^2 + pr + g = 0$ 的特征根有三种情形,所以二阶常系数齐次线性微分方程的解也有三种情形.

(1)当 $p^2 - 4g > 0$ 时;特征方程 $r^2 + pr + g = 0$ 有两个相异实根 $r_1 \neq r_2$,此时微分方程 $y'' + py' + gy = 0$ 有通解

$$y = C_1 \mathrm{e}^{r_1 x} + C_2 \mathrm{e}^{r_2 x}.$$

(2)当 $p^2 - 4g = 0$ 时,有两个相等的实根 $r_1 = r_2 = \dfrac{p}{2}$,则微分方程有通解

$$y = (C_1 + C_2 x)\mathrm{e}^{rx}.$$

(3)当 $p^2 - 4g < 0$ 时,有一对共轭复根 $r_{1,2} = \alpha \pm \beta \mathrm{i}$,则微分方程有通解

$$y = \mathrm{e}^{\alpha x}(C_1 \cos \beta x + C_2 \sin \beta x).$$

这种先求特征根,转而得出二阶常系数齐次方程通解的方法称为**特征根法**. 其步骤如下:

(1)写出所给方程对应的特征方程;

(2)求出特征根;

(3)根据特征根的三种情况,写出对应的通解.

例 1 求方程 $y'' + 3y' - 4y = 0$ 的通解.

解 该方程的特征方程为 $r^2 + 3r - 4 = 0$,有两个不等的实根 $r_1 = 1, r_2 = -4$. 所以通解为

$$y = C_1 \mathrm{e}^x + C_2 \mathrm{e}^{-4x}.$$

例 2 求方程 $y'' - 6y' + 9 = 0$ 满足初始条件 $y(0) = 1, y'(0) = 2$ 的特解.

解 该方程的特征方程为 $r^2 - 6r + 9 = 0$,它有重根 $r = 3$. 通解为

$$y = (C_1 + C_2 x)\mathrm{e}^{3x}.$$

$$y' = C_2 x \mathrm{e}^{3x} + 3(C_1 + C_2 x)\mathrm{e}^{3x}.$$

根据初始条件 $\qquad\qquad y(0) = 1, \qquad y'(0) = 2.$

得 $\qquad\qquad\qquad\qquad C_1 = 1, \qquad C_2 = -1.$

所求特解为 $\qquad\qquad\qquad y = (1 - x)\mathrm{e}^{3x}.$

例 3 求方程 $y'' + 4y = 0$ 的通解.

解 该方程的特征方程为 $r^2 + 4 = 0$,它有共轭复根为

$$r_{1,2} = \pm 2\mathrm{i}.$$

即 $\qquad\qquad\qquad\qquad \alpha = 0, \qquad \beta = 2.$

对应的两个线性无关的解

$$y_1 = \cos 2x, \quad y_2 = \sin 2x,$$

所以方程的通解为

$$y = C_1 \cos 2x + C_2 \sin 2x.$$

小资料	**微分方程发展史中的若干情况**

微分方程和微积分的产生,很难分出先后 · 纳皮尔(John Napier,1550—1617)发现对数时,实质上已近似解出了微分方程 $\dfrac{d(a-y)}{dt} = y$. 牛顿几乎在建立微积分的同时,使用无穷级数解一阶微分方程. 1676 年伯努利(Bernoulli)致牛顿的信中第一次提出微分方程的概念. 但直到 18 世纪中期,微分方程才成为一门独立的学科. 在此前一些大数学家都作了大量的工作,如莱布尼茨和伯努利兄弟,他们在 1696—1697 年解决了雅各·伯努利提出的"伯努利方程":

$$\frac{dy}{dx} + P(x)y = Q(x)y^n.$$

并指出经代换后可化为线性方程. 他们成功地将大量的方程化为可解的.

积分因子导源于欧拉、封田、克雷罗等人的工作. 克雷罗(ALexis Claude Clairaut,1713—1765,法国人)1734 年提出了以他的名字命名的方程:

$$y = xy' + f(y').$$

从 1728 年起欧拉开始讨论二阶方程的解. 表示振动弦的形状是最早受到注意的偏微分方程,它是二阶的方程. 1746—1748 年达朗贝尔与欧拉讨论了这类方程. 拉格朗日完成它的解,并在 1772—1785 年间的一系列论文中讨论一阶偏微分方程.

丹尼尔·伯努利(1695—1726,约翰·伯努利的儿子)最早的论著(1724)是解决黎卡提所提出的"黎卡提方程"(1724):

$$\frac{dy}{dx} = A + By + Cy^2 \quad (A、B、C \text{ 是 } x \text{ 的函数}).$$

丹尼尔·伯努利 25 岁时就成为彼得堡科学院的数学教授,他在概率论、偏微分方程、物理、流体动力学等方面都有很大贡献,曾荣获法国科学院奖金 10 次之多.

1764 年法国科学院提出月球的天平动问题,悬赏征答,要求用万有引力解释月球何以自转,并永远以同一面对着地球,且有二均差,拉格朗日用微分方程解决了这个问题. 这一成功鼓舞了法国科学院提出更难的木星四卫星的理论,一个比克雷罗、达朗贝尔·欧拉研究过的三体问题复杂得多的六体问题(木星及其四卫星加上太阳一共是六个天体互相吸收)·拉格朗日大量使用了微分方程理论,并用近似解法克服了困难.

知识点归纳

(1)二阶线性微分方程和解的结构已有一套完整的理论,主要包括:二阶齐次线性方程解的叠加性(设 y_1、y_2 是齐次方程的两个解,则 $C_1y_1 + C_2y_2$ 仍是齐次方程的解)、二阶齐次线性方程通解结构定理(设 y_1、y_2 是齐次方程的两个线性无关的解,则 $C_1y_1 + C_2y_2$ 就是该齐次方程的通解).这些理论是求解二阶常系数线性微分方程的理论基础,读者不必深究.

(2)应用齐次线性方程通解结构定理时,还要判断两个函数 y_1,y_2 是否线性无关,其方法是:如果 $\dfrac{y_1}{y_2}$ 不为常数则为线性无关,否则相关.

(3)二阶常系数齐次线性微分方程的解法叫做特征根法,它的特点是把求解微分方程转化为求代数方程的根.

习 题 7.3

1. 已知特征方程的根为下面的形式,试写出相应的二阶齐次微分方程的通解.

(1)$v_1 = 1$,$v_2 = -2$;   (2)$v_1 = v_2 = 1$;

(3)$v_1 = -2 + i$,$v_2 = -2 - i$.

2. 求下列微分方程的通解:

(1)$y'' + y' - 2y = 0$;   (2)$y'' - 2y' - 3y = 0$;

(3)$y'' + 6y' + 13y = 0$;   (4)$y'' + 2y' + 3y = 0$.

3. 求下列微分方程满足初始条件的特解:

(1)$y'' - 4y' + 3y = 0$,$y|_{x=0} = 6$,$y'|_{x=0} = 0$;

(2)$4y'' + 4y' + y = 0$,$y|_{x=0} = 2$,$y'|_{x=0} = 0$;

(3)$y'' - 5y' + 6y = 0$,$y|_{x=0} = 1$,$y'(0) = 2$.

4. 一质点运动的加速度为 $a = -2v - 5s$,如果该质点以初速度 $v_0 = 12\text{m/s}$ 由原点出发,试求质点的运动方程.

5. 一弹簧上端固定,下端挂一质量为 $0.025\ \text{kg}$ 的物体(见图 7-3-1),先将物体用于拉到离平衡位置 $0.04\ \text{m}$ 处,然后放手,让物体自由振动.若弹簧的弹性系数 $c = 0.625\ \text{N/m}$,阻力大小与物体速度的大小成正比,方向相反,阻尼系数 $\mu = 0.2\ \text{Ns/m}$,求物体的运动规律.

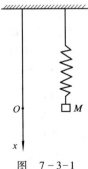

图 7-3-1

小　结

一、本章主要内容

微分方程的主要概念,可分离变量的微分方程及其解法,一阶性微分方程及其解法,二阶常系数齐次线性微分方程及其解法.

二、一阶微分方程的几种类型和解法

类　　型		方　　程	解　　法
可分离变量		$\dfrac{\mathrm{d}y}{\mathrm{d}x}=f(x)\cdot g(x)$	分离变量,两边积分
线性	齐次	$\dfrac{\mathrm{d}y}{\mathrm{d}x}+P(x)y=0$	分离变量两边积分或用公式 $y=Ce^{\int -P(x)\mathrm{d}x}$
	非齐次	$\dfrac{\mathrm{d}y}{\mathrm{d}x}+P(x)y=Q(x)$	常数变易法或用公式 $y=e^{-\int P(x)\mathrm{d}x}\left(\int Q(x)e^{\int P(x)\mathrm{d}x}\mathrm{d}x\right)+C$

三、二阶常系数齐次线性方程的解法

二阶常系数齐次线性方程的解法叫特征根法,它根据特征根的不同情况得出通解.

特征方程 $r^2+pr+q=0$ 的两根	微分方程 $y''+py'+q=0$ 的通解
两个不相等的实根 $r_1\neq r_2$	$y=C_1e^{r_1x}+C_2e^{r_2x}$
两个相等的实根 $r_1=r_2=r$	$y=(C_1+C_2x)e^{rx}$
一对共轭复根 $r_{1,2}=\alpha\pm\beta\mathrm{i}$	$y=e^{\alpha x}(C_1\cos\beta x+C_2\sin\beta x)$

检　测　题

（时间:60 分钟）

一、填空题(每空 4 分,共 32 分)

1. 一阶线性微分方程的一般表达式为 _____ ,一阶线性齐次微分方程的一般表达式为 _____ ,它们的通解分别为 _____ 、_____ .

2. 指出下列微分方程所属的类型(①可分变量的微分方程;②一阶非齐次线性微分方程):

(1) $x+y'=0$ _____ ;　　　　　　　　(2) $\dfrac{\mathrm{d}y}{\mathrm{d}x}=3x+y$ _____ ;

$(3)(1+x^2)y'+xy=0$ ＿＿＿＿＿；　　　　　$(4)x^2y'-y=x^2\mathrm{e}^{x-\frac{1}{x}}$ ＿＿＿＿＿．

二、求下列微分方程的通解（每小题 6 分，共 24 分）

$(1)y''+4y'+4y=4$；　　　　　　　　　　$(2)y'+y=\cos x$；

$(3)y''+2y'=-x+3$；　　　　　　　　　　$(4)y''-4y'=0.$

三、求下列微分方程的特解（每小题 5 分，共 20 分）

$(1)y'-\dfrac{xy}{1+x^2}=1+x,\ y\big|_{x=0}=1$；

$(2)y'=3x^2y+x^5+x^2,\ y\big|_{x=0}=1$；

$(3)y''+4y'=0,\ y\big|_{x=0}=1,\ y'\big|_{x=0}=2$；

$(4)y''+2y'+5y=0,y(0)=2,y'(0)=0.$

四、应用题（第 1 题 11 分，第 2 题 13 分）

1. 设某年某国的国民生产总值（GDP）为 80 423 亿元，如果能保持每年 8% 的相对增长率，问到 10 年后该国的 GDP 是多少？

2. 假设一高温物体在冷却剂中均匀地冷却，其介质（冷却剂）温度始终保持为 10℃，物体的初始温度为 200℃，由 200℃冷却到 100℃需要 40 s。已知冷却定律：冷却速率与物体和介质的温度差成正比．试求物体温度 θ 与时间 t 的函数关系，并求物体温度降到 20℃所需的时间．

总 复 习 题

一、选择题

1. 函数 $y = \begin{cases} x - 1 & \text{当} \mid x \mid \leqslant 1 \\ x + 1 & \text{当} 1 < x < 3 \end{cases}$ 的定义域是(　　　).

(A)$(-3,3)$ 　　　　(B)$(-1,1)$ 　　　　(C)$(-1,3)$ 　　　　(D)$[-1,3)$

2. 已知 $f(x) = \begin{cases} 2x - 1 & \text{当} x < 3 \\ 2x + 1 & \text{当} x \geqslant 3 \end{cases}$,则 $f(f(2))$ 的值是(　　　).

(A)0 　　　　(B)2 　　　　(C)3 　　　　(D)7

3. $\lim\limits_{x \to 1} \dfrac{x^2 - 1}{x^2 + 2x - 3} = ($　　　$)$.

(A)1 　　　　(B)$\dfrac{1}{2}$ 　　　　(C)$\dfrac{1}{3}$ 　　　　(D)$+\infty$

4. $\lim\limits_{x \to 0} \dfrac{\mid \sin x \mid}{\sin x} = ($　　　$)$.

(A)1 　　　　(B)0 　　　　(C)-1 　　　　(D) 不存在

5. 若 $f(x) = \begin{cases} \sin x & \text{当} x \leqslant 0 \\ 2x + b & \text{当} x > 0 \end{cases}$ 在 $x = 0$ 处连续,则 $b = ($　　　$)$.

(A)1 　　　　(B)-1 　　　　(C)0 　　　　(D) 任意实数

6. 设 $y = f(e^{2x})$,则 $\dfrac{dy}{dx} = ($　　　$)$.

(A)$2 \cdot f'(e^{2x})$ 　　(B)$2 \cdot f'(e^{2x}) \cdot e^{2x}$ 　　(C)$f'(e^{2x})e^{2x}$ 　　(D)$\dfrac{1}{2}f'(e^{2x}) \cdot e^{2x}$

7. 函数 $F(x) = \sqrt{2 + x^2} + 1$ 是函数 $f(x) = \dfrac{x}{\sqrt{2 + x^2}}$ 的(　　　).

(A) 一个原函数 　　(B) 不定积分 　　(C) 导函数 　　(D) 什么也不是

8. 如果 $F(x)$ 和 $G(x)$ 都是 $f(x)$ 的原函数,那么 $\int [F(x) - G(x)]dx$ 是(　　　).

(A)0 　　　　(B)常数 　　　　(C) 一次函数 　　　　(D) 以上都不对

9. $\int_{\frac{1}{e}}^{1} \ln x dx$ 与 $\int_{1}^{e} \ln x dx$ 的符号分别为(　　　).

(A) +, +　　　　　　(B) +, -　　　　　　(C) -, +　　　　　　(D) -, -

10. 由定积分的几何意义可知,下列积分为负的是(　　　).

(A) $\int_0^\pi \sin x \mathrm{d}x$　　　　(B) $\int_{-2}^{-1} x^2 \mathrm{d}x$　　　　(C) $\int_{\sqrt{3}}^{\sqrt{\pi}} x\cos x^2 \mathrm{d}x$　　(D) $\int_1^2 \ln x \mathrm{d}x$

11. 下列方程中为可分离变量的微分方程是(　　　).

(A) $y' = (\tan x)y + x^2 - \cos x$　　　　　　(B) $xe^{x^2-y}y' - y\ln y = 0$

(C) $y^2 + x^2 \dfrac{\mathrm{d}y}{\mathrm{d}x} = xy \dfrac{\mathrm{d}y}{\mathrm{d}x}$　　　　　　(D) $xy'\ln x \cdot \sin y + \cos y(1 - x\cos y) = 0$

二、填空题

1. 设 $f(x) = x^2 + 2$,则 $f(f(x)) =$ ＿＿＿＿＿＿＿＿＿＿

2. 设 $y = \arcsin u, u = \ln x$,则复合函数 $y =$ ＿＿＿＿＿＿＿ , $x \in$ ＿＿＿＿＿＿＿ .

3. 使某种商品的市场需要量与供给量相等的价格 p_0 称为＿＿＿＿＿＿＿＿＿＿ .

4. 函数 $f(x)$ 的弹性是函数的相对改变量与自变量的相对改变量＿＿＿＿＿＿＿＿ 的极限.

5. 函数 $y = \dfrac{x^2 - 1}{x^2 + 6x + 5}$,当 $x \to -1$ 时的极限为＿＿＿＿＿＿＿＿＿＿＿＿ ;当 $x \to \infty$ 时的极限为＿＿＿＿＿＿＿＿＿＿＿ .

6. 设函数 $f(x) = \begin{cases} x \cdot \sin \dfrac{1}{x} & \text{当 } x \neq 0 \\ 0 & \text{当 } x = 0 \end{cases}$,则 $\lim\limits_{x \to 0} x \cdot \sin \dfrac{1}{x} =$ ＿＿＿＿＿＿＿ ;

$f(0) =$ ＿＿＿＿＿＿＿ . $f(x)$ 在 $x = 0$ 处＿＿＿＿＿＿＿＿＿＿ (连续还是不连续).

7. 火车在刹车后 t 时间所行距离是时间 t 的函数 $s = 10t - t^2$,则刹车开始时的速度是＿＿＿＿＿＿＿＿＿＿＿ m/s,车行＿＿＿＿＿＿＿＿＿＿＿ m 才能停止.

8. 函数 $y = \sin(5x + 3)$ 的微分 $\mathrm{d}y =$ ＿＿＿＿＿＿＿＿＿＿ .

9. 面积一定的所有矩形中,正方形的周长最短. 如果矩形的面积为 3,当长宽各为＿＿＿＿＿＿＿＿＿＿ 时,其周长最短.

10. 若 $\int f(x)\mathrm{d}x = \sin 2x + C$,则 $f(x) =$ ＿＿＿＿＿＿＿＿＿＿ . 若 $\int \sin 2x \mathrm{d}x = F(x) + C$,则 $F(x) =$ ＿＿＿＿＿＿＿＿＿＿ .

11. 函数 $z = x^3 y^5 e^{x+2y}$ 的全微分 $\mathrm{d}z =$ ＿＿＿＿＿＿＿＿＿＿ .

12. 微分方程 $y'' - 2y' - 3y = 0$ 的通解是＿＿＿＿＿＿＿＿＿＿ .

三、解答题

1. 求下列极限：

（1）$\lim\limits_{x\to 0}\dfrac{(1+x)^4-(1+4x)}{x^2+x^3}$；

（2）$\lim\limits_{x\to\infty}\left(\dfrac{1+x}{x}\right)^{2x}$；

（3）$\lim\limits_{x\to 0}\dfrac{\sin 2x+\sin 3x}{x}$.

2. 求下列函数的导数：

（1）$y=(x-1)\sqrt{x^2+1}$；

（2）$y=(x+\sin^2 x)^4$；

（3）$y=e^x\ln x$.

3. 求不定积分：

（1）$\displaystyle\int\dfrac{2x^2}{1+x^2}dx$；

（2）$\displaystyle\int(\sin x+\cos x)^2 dx$；

（3）$\displaystyle\int\sqrt{1+e^x}\cdot e^x dx$.

4. 求定积分：

（1）$\displaystyle\int_1^{e^2}\dfrac{1}{x\sqrt{1+\ln x}}dx$；

（2）$\displaystyle\int_{-1}^{1}\dfrac{x\cos x}{x^4+2x^2+1}dx$；

（3）$\displaystyle\int_0^{\frac{1}{2}}\arcsin x\,dx$.

5. 甲、乙两单位合用一变压器，其位置如右图，问变压器设在输电干线 AB 何处时，所需电线最短.

6. 求由曲线 $y^2=2x$ 与直线 $x-y=4$ 所围成图形的面积.

7. 设某地 2012 年的年人均收入为 21 914 元，假设该人均收入以速度 $v(t)=600(1.05)^t$（单位：元／年）增长. 这里 t 是从 2013 年开始算起，估算 2019 年该地的年人均收入是多少？

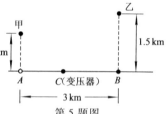

第 5 题图

8. 求偏导数.

（1）设 $u=x+\sin\dfrac{y}{2}+e^{yz}$，求全部一阶偏导数；

（2）设 $z=x^3y^2+2xy^3-xy+6$，求全部二阶偏导数.

期末检测题 1

一、选择题(每题 3 分,共 15 分)

1. 当 $x \to 0$ 时,下列说法正确的是(   ).

(A) $\dfrac{x^2}{2}$ 是比 $2x$ 较低阶的无穷小   (B) $2x$ 是比 $\dfrac{x^2}{2}$ 较高阶的无穷小

(C) $2x$ 与 $\dfrac{x}{2}$ 是同阶无穷小   (D) $2x$ 与 $3x$ 为等价无穷小

2. 设函数 $y = f(x)$ 在点 x_0 的邻域内有定义,如果函数 $f(x)$ 当 $x \to x_0$ 时的极限存在,且等于它在点 x_0 处的函数值 $f(x_0)$,即 $\lim\limits_{x \to x_0} f(x) = f(x_0)$,则称(   ).

(A) 函数 $y = f(x)$ 在点 x_0 可导   (B) 函数 $y = f(x)$ 在点 x_0 连续

(C) 函数 $y = f(x)$ 在点 x_0 可微   (D) 函数 $y = f(x)$ 在点 x_0 可积

3. 设函数 $y = f(x)$ 在 x_0 及邻域内可导,则在 x_0 处 $\mathrm{d}y = ($).

(A) Δy (B) $f(x_0 + \Delta x) - f(x_0)$

(C) $f'(x_0)\Delta x$ (D) $f(x_0)\Delta x$

4. $\displaystyle\int_{-\pi}^{\pi} \sin 2x \, \mathrm{d}x = ($).

(A) -2 (B) -4 (C) -1 (D) 0

5. 方程 $y' - 2y = 0$ 的通解是(   ).

(A) $y = \cos 2x$ (B) $y = Ce^{-2x}$ (C) $y = Ce^{2x}$ (D) $y = Ce^{x}$

二、填空题(每题 4 分,共 36 分)

1. 总成本 $C(q)$ 由_____成本 C_1 和_____成本 $C_2(q)$ 两部分组成,即 $C(q) = C_1 + C_2(q)$.

2. $\lim\limits_{n \to \infty}\left(5 + \dfrac{10\ 000}{n} + \dfrac{100\ 000}{n^2}\right) =$ _____.

3. 函数 $f(x) = \begin{cases} x - 3 & \text{当 } x \neq 0 \\ 0 & \text{当 } x = 0 \end{cases}$ 的间断点是_____.

4. 函数 $y = x^2 - 2x + 4$ 在 $x =$ _____处取得极_____值,其值为_____.

5. 因为需求函数是单调减少函数,所以需求弹性一般取_____.

6. $\int \left(\dfrac{1}{x} + 5^x e^x \right) dx = $ _____.

7. $\int_{-3}^{3} \dfrac{2x}{3x^4 + x^2 + 3} dx = $ _____.

8. 设 $f(x,y) = x^2 \sin(xy)$,则 $\dfrac{\partial f}{\partial x}$ _____.

9. 微分方程 $y' - 2xy = 0$ 的通解为_____.

三、解答题(1~5 题每题 8 分,第 6 题 9 分,共 49 分)

1. 求函数 $y = x^4 - 2x^2 + 5$ 在区间 $[-2,2]$ 上的最大值和最小值.

2. 求不定积分 $\int x^2 \ln(x-3) dx$.

3. 求定积分 $\int_{-\frac{\pi}{2}}^{\frac{\pi}{2}} \cos x \cos 2x \, dx$.

4. 某种商品一年中的销售速度为 $v(t)=100+100\sin 2\pi t - \dfrac{\pi}{2}$($t$ 的单位:月,$0 \leqslant t \leqslant 12$),求此商品前 3 个月的销售总量.

5. 求 $z = \arctan \dfrac{y}{x}$ 的偏导数.

6. 求微分方程 $x^2 dy + (2xy - x + 1) dx = 0$ 满足初值条件 $y \Big|_{x=1} = 0$ 的特解.

期末检测题 2

一、填空题(每小题 3 分,共 18 分)

1. 函数 $y = \sqrt{4 - x^2} + \ln(x - 1)$ 的定义域是_____.

2. 函数 $\lim\limits_{x \to 0} \dfrac{\sin 2x}{5x} =$ _____.

3. 函数 $f(x) = 1 - \cos x$,则当 $x \to$ _____时 $f(x)$ 为无穷小量.

4. 曲线 $y = \dfrac{1}{x}$ 在点 $\left(2, \dfrac{1}{2}\right)$ 处的切线方程为_____.

5. $\displaystyle\int 2^x e^x \mathrm{d}x =$ _____.

6. $\displaystyle\int_{-2}^{2} \dfrac{x^3}{x^2 + 1} \mathrm{d}x =$ _____.

二、选择题(每小题 3 分,共 18 分)

1. 函数 $f(x) = \begin{cases} 1 + e^x & \text{当 } x < 0 \\ 2a + x & \text{当 } x \geqslant 0 \end{cases}$,要使 $f(x)$ 在 $x = 0$ 处连续,则 $a = ($).

(A) -1 (B) 0 (C) 1 (D) 2

2. 极限 $\lim\limits_{x \to 0} x \sin \dfrac{1}{x} = ($).

(A) ∞ (B) 0

(C) 1 (D) 不能确定

3. 若 $f(x)$ 在 $[a, b]$ 上连续,并在 (a, b) 内可导,那么存在一点 $\xi \in (a, b)$,使 $f'(\xi) = ($).

(A) $\dfrac{f(a) - f(b)}{b - a}$ (B) $\dfrac{f(b) - f(a)}{b - a}$

(C) $\dfrac{f(x) - f(a)}{x - a}$ (D) $f(b) - f(a)$

4. 若 $f(x)$ 在 $[a, b]$ 上连续,在 (a, b) 内可导,且当 $x \in (a, b)$ 时,$f'(x) > 0$,$f''(x) < 0$,则曲线 $y = f(x)$ 在 (a, b) 内( ).

(A) 单调上升,且是凹的(下凸) (B) 单调上升,且是凸的(上凸)

（C）单调下降，且是凹的（下凸）   （D）单调下降，且是凸的（上凸）

5. 如果 $f'(x)$ 存在，则 $\left[\int \mathrm{d}f(x)\right]' = ($ $)$.

（A）$f'(x)$ （B）$f'(x) + C$

（C）$f(x) + C$ （D）$f(x)$

6. 下列成立的是（   ）.

（A）$\displaystyle\int_1^2 x^2 \mathrm{d}x < \int_1^2 x \mathrm{d}x$ （B）$\displaystyle\int_0^1 x^2 \mathrm{d}x > \int_0^1 x \mathrm{d}x$

（C）$\displaystyle\int_0^1 x \mathrm{d}x > \int_0^1 \sqrt{x} \mathrm{d}x$ （D）$\displaystyle\int_0^1 x \mathrm{d}x < \int_0^1 \sqrt{x} \mathrm{d}x$

三、计算极限（每小题 6 分，共 18 分）

1. $\displaystyle\lim_{x \to \infty} \frac{2\,010x^3 - x + 1}{5x^3 - 3x^2 + 5}$；   2. $\displaystyle\lim_{x \to 0}(1 + x)^{\frac{2}{x}}$；

3. $\displaystyle\lim_{x \to 1}\left(\frac{1}{\ln x} - \frac{1}{x - 1}\right)$.

四、求下列函数的导数或微分（每题 6 分，共 18 分）

1. $y = (\arcsin x + \sin 5x)^3$，求微分 $\mathrm{d}y$.
2. 求由方程 $xy = \mathrm{e}^{x+y}$ 所确定隐函数的导数 y'.
3. $y = 2x^2 + \ln x$，求二阶导数 y''.

五、计算下列积分（每题 6 分，共 18 分）

1. $\displaystyle\int \left(3x^2 + \frac{1}{1 + x^2} + \frac{1}{x}\right)\mathrm{d}x$；   2. $\displaystyle\int \mathrm{e}^{\cos x}\sin x\mathrm{d}x$；

3. $\displaystyle\int_0^4 \mathrm{e}^{\sqrt{x}}\mathrm{d}x$.

六、应用题（10 分）

求由曲线 $y^2 = 2x$，$x^2 = 2y$（见右图）所围平面图形的面积.

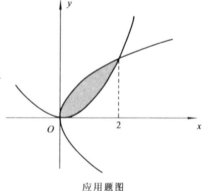

应用题图

七、附加题(每题 10 分,共 20 分)

1. 已知某产品的价格和产量的关系为 $P = 10 - \dfrac{Q}{5}$,成本函数为 $C = 50 + 2Q$,求产量为多少时总利润 L 最大?

2. 计算 $\lim\limits_{x \to 0} \dfrac{\int_0^x \sin t^2 \, dt}{x^3}$.

附录

附录 A　积 分 表

一、含有 $a + bx$ 的积分

1. $\displaystyle\int \frac{dx}{a + bx} = \frac{1}{b}\ln |a + bx| + C$

2. $\displaystyle\int (a + bx)^n dx = \frac{(a + bx)^{n+1}}{b(n + 1)} + C \quad (n \neq -1)$

3. $\displaystyle\int \frac{x\,dx}{a + bx} = \frac{1}{b^2}[a + bx - a\ln|a + bx|] + C$

4. $\displaystyle\int \frac{x^2\,dx}{a + bx} = \frac{1}{b^3}\left[\frac{1}{2}(a + bx)^2 - 2a(a + bx) + a^2\ln|a + bx|\right] + C$

5. $\displaystyle\int \frac{dx}{x(a + bx)} = -\frac{1}{a}\ln\left|\frac{a + bx}{x}\right| + C$

6. $\displaystyle\int \frac{dx}{x^2(a + bx)} = -\frac{1}{ax} + \frac{b}{a^2}\ln\left|\frac{a + bx}{x}\right| + C$

7. $\displaystyle\int \frac{x\,dx}{(a + bx)^2} = \frac{1}{b^2}\left(\ln |a + bx| + \frac{a}{a + bx}\right) = C$

8. $\displaystyle\int \frac{x^2\,dx}{(a + bx)^2} = \frac{1}{b^2}\left(a + bx - 2a\ln |a + bx| - \frac{a^2}{a + bx}\right) + C$

9. $\displaystyle\int \frac{dx}{x(a + bx)^2} = \frac{1}{a(a + bx)} - \frac{1}{a^2}\ln\left|\frac{a + bx}{x}\right| + C$

二、含有 $\sqrt{a + bx}$ 的积分

10. $\displaystyle\int \sqrt{a + bx}\,dx = \frac{2}{3b}\sqrt{(a + bx)^3} + C$

11. $\displaystyle\int x\sqrt{a + bx}\,dx = -\frac{2(2a - 3bx)\sqrt{(a + bx)^3}}{15b^2} + C$

12. $\displaystyle\int x^2\sqrt{a + bx}\,dx = \frac{2(8a^2 - 12abx + 15b^2x^2)\sqrt{(a + bx)^3}}{105b^3} + C$

13. $\displaystyle\int \frac{x\,dx}{\sqrt{a+bx}} = -\frac{2(2a-bx)}{3b^2}\sqrt{a+bx} + C$

14. $\displaystyle\int \frac{x^2\,dx}{\sqrt{a+bx}} = \frac{2(8a^2-4abx+3b^2x^2)}{15b^3}\sqrt{a+bx} + C$

15. $\displaystyle\int \frac{dx}{x\sqrt{a+bx}} = \begin{cases} \dfrac{1}{\sqrt{a}}\ln\left|\dfrac{\sqrt{a+bx}-\sqrt{a}}{\sqrt{a+bx}+\sqrt{a}}\right| + C & (a>0) \\[3mm] \dfrac{2}{\sqrt{-a}}\arctan\sqrt{\dfrac{a+bx}{-a}} + C & (a<0) \end{cases}$

16. $\displaystyle\int \frac{dx}{x^2\sqrt{a+bx}} = -\frac{\sqrt{a+bx}}{ax} - \frac{b}{2a}\int \frac{dx}{x\sqrt{a+bx}}$

17. $\displaystyle\int \frac{\sqrt{a+bx}\,dx}{x} = 2\sqrt{a+bx} + a\int \frac{dx}{x\sqrt{a+bx}}$

三、含有 $a^2 \pm x^2$ 的积分

18. $\displaystyle\int \frac{dx}{a^2+x^2} = \frac{1}{a}\arctan\frac{x}{a} + C$

19. $\displaystyle\int \frac{dx}{(a^2+x^2)^n} = \frac{x}{2(n-1)a^2(a^2+x^2)^{n-1}} + \frac{2n-3}{2(n-1)a^2}\int \frac{dx}{(a^2+x^2)^{n-1}}$

20. $\displaystyle\int \frac{dx}{a^2-x^2} = \frac{1}{2a}\ln\left|\frac{a+x}{a-x}\right| + C \quad (|x|<a)$

21. $\displaystyle\int \frac{dx}{x^2-a^2} = \frac{1}{2a}\ln\left|\frac{x-a}{x+a}\right| + C \quad (|x|>a)$

四、含有 $a \pm bx^2$ 的积分

22. $\displaystyle\int \frac{dx}{a+bx^2} = \frac{1}{\sqrt{ab}}\arctan\sqrt{\frac{b}{a}}x + C \quad (a>0, b>0)$

23. $\displaystyle\int \frac{dx}{a-bx^2} = \frac{1}{2\sqrt{ab}}\ln\left|\frac{\sqrt{a}+\sqrt{b}x}{\sqrt{a}-\sqrt{b}x}\right| + C$

24. $\displaystyle\int \frac{x\,dx}{a+bx^2} = \frac{1}{2b}\ln|a+bx^2| + C$

25. $\displaystyle\int \frac{x^2\,dx}{a+bx^2} = \frac{x}{b} - \frac{a}{b}\int \frac{dx}{a+bx^2}$

26. $\displaystyle\int \frac{dx}{x(a+bx^2)} = \frac{1}{2a}\ln\left|\frac{x^2}{a+bx^2}\right| + C$

27. $\int \dfrac{\mathrm{d}x}{x^2(a+bx^2)} = -\dfrac{1}{ax} - \dfrac{b}{a}\int \dfrac{\mathrm{d}x}{a+bx^2}$

28. $\int \dfrac{\mathrm{d}x}{(a+bx^2)^2} = \dfrac{x}{2a(a+bx^2)} + \dfrac{1}{2a}\int \dfrac{\mathrm{d}x}{a+bx^2}$

五、含有 $\sqrt{x^2+a^2}$ 的积分

29. $\int \sqrt{x^2+a^2}\,\mathrm{d}x = \dfrac{x}{2}\sqrt{x^2+a^2} + \dfrac{a^2}{2}\ln(x+\sqrt{x^2+a^2}) + C$

30. $\int \sqrt{(x^2+a^2)^3}\,\mathrm{d}x = \dfrac{x}{8}(2x^2+5a^2)\sqrt{x^2+a^2} + \dfrac{3a^4}{8}\ln(x+\sqrt{x^2+a^2}) + C$

31. $\int x\sqrt{x^2+a^2}\,\mathrm{d}x = \dfrac{\sqrt{(x^2+a^2)^3}}{3} + C$

32. $\int x^2\sqrt{x^2+a^2}\,\mathrm{d}x = \dfrac{x}{8}(2x^2+a^2)\sqrt{x^2+a^2} - \dfrac{a^4}{8}\ln(x+\sqrt{x^2+a^2}) + C$

33. $\int \dfrac{\mathrm{d}x}{\sqrt{x^2+a^2}} = \ln(x+\sqrt{x^2+a^2}) + C_1 = \operatorname{arsh}\dfrac{x}{a} + C$

34. $\int \dfrac{\mathrm{d}x}{\sqrt{(x^2+a^2)^3}} = \dfrac{x}{a^2\sqrt{x^2+a^2}} + C$

35. $\int \dfrac{x\,\mathrm{d}x}{\sqrt{x^2+a^2}} = \sqrt{x^2+a^2} + C$

36. $\int \dfrac{x^2\,\mathrm{d}x}{\sqrt{x^2+a^2}} = \dfrac{x}{2}\sqrt{x^2+a^2} - \dfrac{a^2}{2}\ln(x+\sqrt{x^2+a^2}) + C$

37. $\int \dfrac{x^2\,\mathrm{d}x}{\sqrt{(x^2+a^2)^3}} = -\dfrac{x}{\sqrt{x^2+a^2}} + \ln(x+\sqrt{x^2+a^2}) + C$

38. $\int \dfrac{\mathrm{d}x}{x\sqrt{x^2+a^2}} = \dfrac{1}{a}\ln \dfrac{|x|}{a+\sqrt{x^2+a^2}} + C$

39. $\int \dfrac{\mathrm{d}x}{x^2\sqrt{x^2+a^2}} = -\dfrac{\sqrt{x^2+a^2}}{a^2 x} + C$

40. $\int \dfrac{\sqrt{x^2+a^2}\,\mathrm{d}x}{x} = \sqrt{x^2+a^2} - a\ln \dfrac{a+\sqrt{x^2+a^2}}{|x|} + C$

41. $\int \dfrac{\sqrt{x^2+a^2}\,\mathrm{d}x}{x^2} = -\dfrac{\sqrt{x^2+a^2}}{x} + \ln(x+\sqrt{x^2+a^2}) + C$

六、含有 $\sqrt{x^2 - a^2}$ 的积分

42. $\displaystyle\int \frac{\mathrm{d}x}{\sqrt{x^2 - a^2}} = \ln(x + \sqrt{x^2 - a^2}) + C_1 = \operatorname{arch} \frac{x}{a} + C$

43. $\displaystyle\int \frac{\mathrm{d}x}{\sqrt{(x^2 - a^2)^3}} = -\frac{x}{a^2\sqrt{x^2 - a^2}} + C$

44. $\displaystyle\int \frac{x\mathrm{d}x}{\sqrt{x^2 - a^2}} = \sqrt{x^2 - a^2} + C$

45. $\displaystyle\int \sqrt{x^2 - a^2}\,\mathrm{d}x = \frac{x}{2}\sqrt{x^2 - a^2} - \frac{a^2}{2}\ln\left|x + \sqrt{x^2 - a^2}\right| + C$

46. $\displaystyle\int \sqrt{(x^2 - a^2)^3}\,\mathrm{d}x = \frac{x}{8}(2x^2 - 5a^2)\sqrt{x^2 - a^2} + \frac{3a^2}{8}\ln\left|x + \sqrt{x^2 - a^2}\right| + C$

47. $\displaystyle\int x\sqrt{x^2 - a^2}\,\mathrm{d}x = \frac{\sqrt{(x^2 - a^2)^3}}{3} + C$

48. $\displaystyle\int x\sqrt{(x^2 - a^2)^3}\,\mathrm{d}x = \frac{\sqrt{(x^2 - a^2)^5}}{5} + C$

49. $\displaystyle\int x^2\sqrt{x^2 - a^2}\,\mathrm{d}x = \frac{x}{8}(2x^2 - a^2)\sqrt{x^2 - a^2} - \frac{a^4}{8}\ln\left|x + \sqrt{x^2 - a^2}\right| + C$

50. $\displaystyle\int \frac{x^2\,\mathrm{d}x}{\sqrt{x^2 - a^2}} = \frac{x}{2}\sqrt{x^2 - a^2} + \frac{a^2}{2}\ln\left|x + \sqrt{x^2 - a^2}\right| + C$

51. $\displaystyle\int \frac{x^2\,\mathrm{d}x}{\sqrt{(x^2 - a^2)^3}} = -\frac{x}{\sqrt{x^2 - a^2}} + \ln\left|x + \sqrt{x^2 - a^2}\right| + C$

52. $\displaystyle\int \frac{\mathrm{d}x}{x\sqrt{x^2 - a^2}} = \frac{1}{a}\arccos\frac{a}{x} + C$

53. $\displaystyle\int \frac{\mathrm{d}x}{x^2\sqrt{x^2 - a^2}} = \frac{\sqrt{x^2 - a^2}}{a^2 x} + C$

54. $\displaystyle\int \frac{\sqrt{x^2 - a^2}}{x}\mathrm{d}x = \sqrt{x^2 - a^2} - a\arccos\frac{a}{x} + C$

55. $\displaystyle\int \frac{\sqrt{x^2 - a^2}}{x^2}\mathrm{d}x = -\frac{\sqrt{x^2 - a^2}}{x} + \ln\left|x + \sqrt{x^2 - a^2}\right| + C$

七、含有 $\sqrt{a^2 - x^2}$ 的积分

56. $\displaystyle\int \frac{\mathrm{d}x}{\sqrt{a^2 - x^2}} = \arcsin\frac{x}{a} + C$

57. $\displaystyle\int \frac{\mathrm{d}x}{\sqrt{(a^2 - x^2)^3}} = \frac{x}{a^2\sqrt{a^2 - x^2}} + C$

58. $\displaystyle\int \frac{x\mathrm{d}x}{\sqrt{a^2 - x^2}} = -\sqrt{a^2 - x^2} + C$

59. $\displaystyle\int \frac{x\mathrm{d}x}{\sqrt{(a^2 - x^2)^3}} = \frac{1}{\sqrt{a^2 - x^2}} + C$

60. $\displaystyle\int \frac{x^2\mathrm{d}x}{\sqrt{a^2 - x^2}} = -\frac{x}{2}\sqrt{a^2 - x^2} + \frac{a^2}{2}\arcsin\frac{x}{a} + C$

61. $\displaystyle\int \sqrt{a^2 - x^2}\,\mathrm{d}x = \frac{x}{2}\sqrt{a^2 - x^2} + \frac{a^2}{2}\arcsin\frac{x}{a} + C$

62. $\displaystyle\int \sqrt{(a^2 - x^2)^3}\,\mathrm{d}x = \frac{x}{8}(5a^2 - 2x^2)\sqrt{a^2 - x^2} + \frac{3a^4}{8}\arcsin\frac{x}{a} + C$

63. $\displaystyle\int x\sqrt{a^2 - x^2}\,\mathrm{d}x = -\frac{\sqrt{(a^2 - x^2)^3}}{3} + C$

64. $\displaystyle\int x\sqrt{(a^2 - x^2)^3}\,\mathrm{d}x = -\frac{\sqrt{(a^2 - x^2)^5}}{5} + C$

65. $\displaystyle\int x^2\sqrt{a^2 - x^2}\,\mathrm{d}x = \frac{x}{8}(2x^2 - a^2)\sqrt{a^2 - x^2} + \frac{a^4}{8}\arcsin\frac{x}{a} + C$

66. $\displaystyle\int \frac{x^2\mathrm{d}x}{\sqrt{(a^2 - x^2)^3}} = \frac{x}{\sqrt{a^2 - x^2}} - \arcsin\frac{x}{a} + C$

67. $\displaystyle\int \frac{\mathrm{d}x}{x\sqrt{a^2 - x^2}} = \frac{1}{a}\ln\left|\frac{x}{a + \sqrt{a^2 - x^2}}\right| + C$

68. $\displaystyle\int \frac{\mathrm{d}x}{x^2\sqrt{a^2 - x^2}} = -\frac{\sqrt{a^2 - x^2}}{a^2 x} + C$

69. $\displaystyle\int \frac{\sqrt{a^2 - x^2}}{x}\mathrm{d}x = \sqrt{a^2 - x^2} - a\ln\left|\frac{a + \sqrt{a^2 - x^2}}{x}\right| + C$

70. $\displaystyle\int \frac{\sqrt{a^2 - x^2}}{x^2}\mathrm{d}x = -\frac{\sqrt{a^2 - x^2}}{x} - \arcsin\frac{x}{a} + C$

八、含有 $a + bx \pm cx^2\,(c > 0)$ 的积分

71. $\displaystyle\int \frac{\mathrm{d}x}{a + bx - cx^2} = \frac{1}{\sqrt{b^2 + 4ac}}\ln\left|\frac{\sqrt{b^2 + 4ac} + 2cx - b}{\sqrt{b^2 + 4ac} - 2cx + b}\right| + C$

72. $\int \dfrac{\mathrm{d}x}{a + bx + cx^2}$

$$= \begin{cases} \dfrac{2}{\sqrt{4ac - b^2}}\arctan \dfrac{2cx + b}{\sqrt{4ac - b^2}} + C & \text{当 } b^2 < 4ac \\[4mm] \dfrac{1}{\sqrt{b^2 - 4ac}}\ln \left| \dfrac{2cx + b - \sqrt{b^2 - 4ac}}{2cx + b + \sqrt{b^2 - 4ac}} \right| + C & \text{当 } b^2 > 4ac \end{cases}$$

九、含有 $\sqrt{a + bx \pm cx^2}\ (c > 0)$ 的积分

73. $\int \dfrac{\mathrm{d}x}{\sqrt{a + bx + cx^2}} = \dfrac{1}{\sqrt{c}}\ln \left| 2cx + b + 2\sqrt{c}\ \sqrt{a + bx + cx^2} \right| + C$

74. $\int \sqrt{a + bx + cx^2}\,\mathrm{d}x = \dfrac{2cx + b}{4c}\ \sqrt{a + bx + cx^2} -$

$$\dfrac{b^2 - 4ac}{8\sqrt{c^3}}\ln \left| 2cx + b + 2\sqrt{c}\ \sqrt{a + bx + cx^2} \right| + C$$

75. $\int \dfrac{x\mathrm{d}x}{\sqrt{a + bx + cx^2}} = \dfrac{\sqrt{a + bx + cx^2}}{c} - \dfrac{b}{2\sqrt{c^3}}\ln \left| 2cx + b + 2\sqrt{c}\ \sqrt{a + bx + cx^2} \right| + C$

76. $\int \dfrac{\mathrm{d}x}{\sqrt{a + bx - cx^2}} = \dfrac{1}{\sqrt{c}}\arcsin \dfrac{2cx - b}{\sqrt{b^2 + 4ac}} + C$

77. $\int \sqrt{a + bx - cx^2}\,\mathrm{d}x = \dfrac{2cx - b}{4c}\ \sqrt{a + bx - cx^2} + \dfrac{b^2 + 4ac}{8\sqrt{c^3}}\arcsin \dfrac{2cx - b}{\sqrt{b^2 + 4ac}} + C$

78. $\int \dfrac{x\mathrm{d}x}{\sqrt{a + bx - cx^2}} = -\dfrac{\sqrt{a + bx - cx^2}}{c} + \dfrac{b}{2\sqrt{c^3}}\arcsin \dfrac{2cx - b}{\sqrt{b^2 + 4ac}} + C$

十、含有 $\sqrt{\dfrac{a \pm x}{b \pm x}}$、$\sqrt{(x - a)(b - x)}$ 的积分

79. $\int \sqrt{\dfrac{a + x}{b + x}}\,\mathrm{d}x = \sqrt{(a + x)(b + x)} + (a - b)\ln(\sqrt{a + x} + \sqrt{b + x}) + C$

80. $\int \sqrt{\dfrac{a - x}{b + x}}\,\mathrm{d}x = \sqrt{(a - x)(b + x)} + (a + b)\arcsin\sqrt{\dfrac{a + x}{a + b}} + C$

81. $\int \sqrt{\dfrac{a + x}{b - x}}\,\mathrm{d}x = -\sqrt{(a + x)(b - x)} - (a + b)\arcsin\sqrt{\dfrac{b - x}{a + b}} + C$

82. $\int \dfrac{\mathrm{d}x}{\sqrt{(x - a)(b - x)}} = 2\arcsin\sqrt{\dfrac{x - a}{b - a}} + C \quad (a < b)$

十一、含有三角函数的积分

83. $\displaystyle\int \sin x \mathrm{d}x = -\cos x + C$

84. $\displaystyle\int \cos x \mathrm{d}x = \sin x + C$

85. $\displaystyle\int \tan x \mathrm{d}x = -\ln|\cos x| + C$

86. $\displaystyle\int \cot x \mathrm{d}x = \ln|\sin x| + C$

87. $\displaystyle\int \sec x \mathrm{d}x = \ln|\sec x + \tan x| + C = \ln\left|\tan\left(\dfrac{\pi}{4} + \dfrac{x}{2}\right)\right| + C$

88. $\displaystyle\int \csc x \mathrm{d}x = \ln|\csc x - \cot x| + C = \ln\left|\tan\dfrac{x}{2}\right| + C$

89. $\displaystyle\int \sec^2 x \mathrm{d}x = \tan x + C$

90. $\displaystyle\int \csc^2 x \mathrm{d}x = -\cot x + C$

91. $\displaystyle\int \sec x \tan x \mathrm{d}x = \sec x + C$

92. $\displaystyle\int \csc x \cot x \mathrm{d}x = -\csc x + C$

93. $\displaystyle\int \sin^2 x \mathrm{d}x = \dfrac{x}{2} + \dfrac{1}{4}\sin 2x + C$

94. $\displaystyle\int \cos^2 x \mathrm{d}x = \dfrac{x}{2} + \dfrac{1}{4}\sin 2x + C$

95. $\displaystyle\int \sin^n x \mathrm{d}x = -\dfrac{\sin^{n-1} x \cos x}{n} + \dfrac{n-1}{n}\int \sin^{n-2} x \mathrm{d}x$

96. $\displaystyle\int \cos^n x \mathrm{d}x = \dfrac{\cos^{n-1} x \sin x}{n} + \dfrac{n-1}{n}\int \cos^{n-2} x \mathrm{d}x$

97. $\displaystyle\int \dfrac{\mathrm{d}x}{\sin^n x} = -\dfrac{1}{n-1}\dfrac{\cos x}{\sin^{n-1} x} + \dfrac{n-2}{n-1}\int \dfrac{\mathrm{d}x}{\sin^{n-2} x}$

98. $\displaystyle\int \dfrac{\mathrm{d}x}{\cos^n x} = \dfrac{1}{n-1}\cdot\dfrac{\sin x}{\cos^{n-1} x} + \dfrac{n-2}{n-1}\int \dfrac{\mathrm{d}x}{\cos^{n-2} x}$

99. $\displaystyle\int \cos^m x \sin^n x \mathrm{d}x = \dfrac{\cos^{m-1} x \sin^{n+1} x}{m+n} + \dfrac{m-1}{m+n}\int \cos^{m-2} x \sin^n x \mathrm{d}x$

$\displaystyle\qquad\qquad\qquad = -\dfrac{\sin^{n-1} x \cos^{m+1} x}{m+n} + \dfrac{n-1}{m+n}\int \cos^m x \sin^{n-2} x \mathrm{d}x$

100. $\displaystyle\int \sin mx \cos nx dx = -\frac{\cos(m+n)x}{2(m+n)} - \frac{\cos(m-n)x}{2(m-n)} + C \quad (m \neq n)$

101. $\displaystyle\int \sin mx \sin nx dx = -\frac{\sin(m+n)x}{2(m+n)} + \frac{\sin(m-n)x}{2(m-n)} + C \quad (m \neq n)$

102. $\displaystyle\int \cos mx \cos nx dx = \frac{\sin(m+n)x}{2(m+n)} + \frac{\sin(m-n)x}{2(m-n)} + C \quad (m \neq n)$

103. $\displaystyle\int \frac{dx}{a + b\sin x} = \frac{2}{a}\sqrt{\frac{a^2}{a^2-b^2}}\arctan\left(\sqrt{\frac{a^2}{a^2-b^2}}\tan\frac{x}{2} + \frac{b}{a}\right) + C \quad (a^2 > b^2)$

104. $\displaystyle\int \frac{dx}{a + b\sin x} = \frac{1}{a}\sqrt{\frac{a^2}{b^2-a^2}}\ln\left|\frac{\tan\frac{x}{2} + \frac{b}{a} - \sqrt{\frac{b^2-a^2}{a^2}}}{\tan\frac{x}{2} + \frac{b}{a} + \sqrt{\frac{b^2-a^2}{a^2}}}\right| + C \quad (a^2 < b^2)$

105. $\displaystyle\int \frac{dx}{a + b\cos x} = \frac{2}{a-b}\sqrt{\frac{a-b}{a+b}}\arctan\left(\sqrt{\frac{a-b}{a+b}}\tan\frac{x}{2}\right) + C \quad (a^2 > b^2)$

106. $\displaystyle\int \frac{dx}{a + b\cos x} = \frac{1}{b-a}\sqrt{\frac{b-a}{b+a}}\ln\left|\frac{\tan\frac{x}{2} + \sqrt{\frac{b+a}{b-a}}}{\tan\frac{x}{2} - \sqrt{\frac{b+a}{b-a}}}\right| + C \quad (a^2 < b^2)$

107. $\displaystyle\int \frac{dx}{a^2\cos^2 x + b^2\sin^2 x} = \frac{1}{ab}\arctan\left(\frac{b\tan x}{a}\right) + C$

108. $\displaystyle\int \frac{dx}{a^2\cos^2 x - b^2\sin^2 x} = \frac{1}{2ab}\ln\left|\frac{b\tan x + a}{b\tan x - a}\right| + C$

109. $\displaystyle\int x\sin ax dx = \frac{1}{a^2}\sin ax - \frac{1}{a}x\cos ax + C$

110. $\displaystyle\int x^2\sin ax dx = -\frac{1}{a}x^2\cos ax + \frac{2}{a^2}x\sin ax + \frac{2}{a^3}\cos ax + C$

111. $\displaystyle\int x\cos ax dx = \frac{1}{a^2}\cos ax + \frac{1}{a}x\sin ax + C$

112. $\displaystyle\int x^2\cos ax dx = \frac{1}{a}x^2\sin ax + \frac{2}{a^2}x\cos ax - \frac{2}{a^3}\sin ax + C$

十二、含有反三角函数的积分

113. $\displaystyle\int \arcsin\frac{x}{a}dx = x\arcsin\frac{x}{a} + \sqrt{a^2 - x^2} + C$

114. $\displaystyle\int x\arcsin\frac{x}{a}dx = \left(\frac{x^2}{2} - \frac{a^2}{4}\right)\arcsin\frac{x}{a} + \frac{x}{4}\sqrt{a^2 - x^2} + C$

115. $\int x^2 \arcsin \dfrac{x}{a} \mathrm{d}x = \dfrac{x^3}{3} \arcsin \dfrac{x}{a} + \dfrac{1}{9}(x^2 + 2a^2)\sqrt{a^2 - x^2} + C$

116. $\int \arccos \dfrac{x}{a} \mathrm{d}x = x\arccos \dfrac{x}{a} - \sqrt{a^2 - x^2} + C$

117. $\int x\arccos \dfrac{x}{a} \mathrm{d}x = \left(\dfrac{x^2}{2} - \dfrac{a^2}{4}\right)\arccos \dfrac{x}{a} - \dfrac{x}{4}\sqrt{a^2 - x^2} + C$

118. $\int x^2 \arccos \dfrac{x}{a} \mathrm{d}x = \dfrac{x^3}{3}\arccos \dfrac{x}{a} - \dfrac{1}{9}(x^2 + 2a^2)\sqrt{a^2 - x^2} + C$

119. $\int \arctan \dfrac{x}{a} \mathrm{d}x = x\arctan \dfrac{x}{a} - \dfrac{a}{2}\ln(a^2 + x^2) + C$

120. $\int x\arctan \dfrac{x}{a} \mathrm{d}x = \dfrac{1}{2}(x^2 + a^2)\arctan \dfrac{x}{a} - \dfrac{ax}{2} + C$

121. $\int x^2 \arctan \dfrac{x}{a} \mathrm{d}x = \dfrac{x^3}{3}\arctan \dfrac{x}{a} - \dfrac{ax^2}{6} + \dfrac{a^3}{6}\ln(a^2 + x^2) + C$

十三、含有指数函数的积分

122. $\int a^x \mathrm{d}x = \dfrac{a^x}{\ln a} + C$

123. $\int \mathrm{e}^{ax} \mathrm{d}x = \dfrac{\mathrm{e}^{ax}}{a} + C$

124. $\int \mathrm{e}^{ax} \sin bx \mathrm{d}x = \dfrac{\mathrm{e}^{ax}(a\sin bx - b\cos bx)}{a^2 + b^2} + C$

125. $\int \mathrm{e}^{ax} \cos bx \mathrm{d}x = \dfrac{\mathrm{e}^{ax}(b\sin bx + a\cos bx)}{a^2 + b^2} + C$

126. $\int x\mathrm{e}^{ax} \mathrm{d}x = \dfrac{\mathrm{e}^{ax}}{a^2}(ax - 1) + C$

127. $\int x^n \mathrm{e}^{ax} \mathrm{d}x = \dfrac{x^n \mathrm{e}^{ax}}{a} - \dfrac{n}{a}\int x^{n-1} \mathrm{e}^{ax} \mathrm{d}x$

128. $\int xa^{mx} \mathrm{d}x = \dfrac{xa^{mx}}{m\ln a} - \dfrac{a^{mx}}{(m\ln a)^2} + C$

129. $\int x^n a^{mx} \mathrm{d}x = \dfrac{a^{mx}x^n}{m\ln a} - \dfrac{n}{m\ln a}\int x^{n-1} a^{mx} \mathrm{d}x$

130. $\int \mathrm{e}^{ax} \sin^n bx \mathrm{d}x = \dfrac{\mathrm{e}^{ax}\sin^{n-1}bx}{a^2 + b^2 n^2}(a\sin bx - nb\cos bx) + \dfrac{n(n-1)}{a^2 + b^2 n^2}b^2 \int \mathrm{e}^{ax} \sin^{n-2} bx \mathrm{d}x$

131. $\int \mathrm{e}^{ax} \cos^n bx \mathrm{d}x = \dfrac{\mathrm{e}^{ax}\cos^{n-1}bx}{a^2 + b^2 n^2}(a\cos bx + nb\sin bx) + \dfrac{n(n-1)}{a^2 + b^2 n^2}b^2 \int \mathrm{e}^{ax} \cos^{n-2} bx \mathrm{d}x$

十四、含有对数函数的积分

132. $\int \ln x \mathrm{d}x = x\ln x - x + C$

133. $\int \dfrac{\mathrm{d}x}{x\ln x} = \ln(\ln x) + C$

134. $\int x^n \ln x \mathrm{d}x = x^{n+1}\left[\dfrac{\ln x}{n+1} - \dfrac{1}{(n+1)^2}\right] + C$

135. $\int \ln^n x \mathrm{d}x = x\ln^n x - n\int \ln^{n-1} x \mathrm{d}x$

136. $\int x^m \ln^n x \mathrm{d}x = \dfrac{x^{m+1}}{m+1}\ln^n x - \dfrac{n}{m+1}\int x^m \ln^{n-1} x \mathrm{d}x$

十五、含有双曲函数的积分

137. $\int \mathrm{sh}\, x \mathrm{d}x = \mathrm{ch}\, x + C$

138. $\int \mathrm{ch}\, x \mathrm{d}x = \mathrm{sh}\, x + C$

139. $\int \mathrm{th} x \mathrm{d}x = \ln \mathrm{ch}\, x + C$

140. $\int \mathrm{sh}^2 x \mathrm{d}x = -\dfrac{x}{2} + \dfrac{1}{4}\mathrm{sh}\, 2x + C$

141. $\int \mathrm{ch}^2 x \mathrm{d}x = \dfrac{x}{2} + \dfrac{1}{4}\mathrm{sh}\, 2x + C$

十六、定积分

142. $\displaystyle\int_{-\pi}^{\pi} \cos nx \mathrm{d}x = \int_{-\pi}^{\pi} \sin nx \mathrm{d}x = 0$

143. $\displaystyle\int_{-\pi}^{\pi} \cos mx \sin nx \mathrm{d}x = 0$

144. $\displaystyle\int_{-\pi}^{\pi} \cos mx \cos nx \mathrm{d}x = \begin{cases} 0 & \text{当 } m \neq n \\ \pi & \text{当 } m = n \end{cases}$

145. $\displaystyle\int_{-\pi}^{\pi} \sin mx \sin nx \mathrm{d}x = \begin{cases} 0 & \text{当 } m \neq n \\ \pi & \text{当 } m = n \end{cases}$

146. $\displaystyle\int_{0}^{\pi} \sin mx \sin nx \mathrm{d}x = \int_{0}^{\pi} \cos mx \cos nx \mathrm{d}x = \begin{cases} 0 & \text{当 } m \neq n \\ \pi/2 & \text{当 } m = n \end{cases}$

147. $I_n = \int_0^{\frac{\pi}{2}} \sin^n x \mathrm{d}x = \int_0^{\frac{\pi}{2}} \cos^n x \mathrm{d}x$

$I_n = \dfrac{n-1}{n} I_{n-2}$

$$I_n = \begin{cases} \dfrac{n-1}{n} \cdot \dfrac{n-3}{n-2} \cdot \cdots \cdot \dfrac{4}{5} \cdot \dfrac{2}{3} & (n \text{ 为大于 1 的正奇数}),I_1 = 1 \\[3mm] \dfrac{n-1}{n} \cdot \dfrac{n-3}{n-2} \cdot \cdots \cdot \dfrac{3}{4} \cdot \dfrac{1}{2} \cdot \dfrac{\pi}{2} & (n \text{ 为正偶数}),I_0 = \dfrac{\pi}{2} \end{cases}$$

附录 B　部分习题参考答案

第 1 章　函数、极限与连续

习题 1.1

一、选择题

1. D　　　2. A　　　3. C

二、填空题

1. 5　　2. $2 + x^3$; $(2 + x)^3$　　3. 8

三、判断下列各组函数是否相同

1. 相同　　2. 不相同　　3. 不相同

4. 不相同　　5. 相同

四、解答题

1. $[-2, 1) \cup (-1, 1) \cup (1, +\infty)$

2. $\left[-\dfrac{1}{3}, 1 \right]$

3. $A = \begin{cases} 0.3x & \text{当 } 0 \leqslant x \leqslant 50 \\ 0.45x - 7.5 & \text{当 } x > 50 \end{cases}$

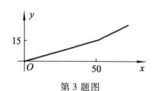

第 3 题图

4. $V = (a - 2x)^2 x$; $\left(0, \dfrac{a}{2} \right)$

5. $Q = 40 - \dfrac{3}{2} p$

6. $p = 5$ 元 /kg ; $Q = 20$ t

习题 1.2

一、选择题

1. D　　2. C　　3. B　　4. C　　5. D

二、填空题

1. 0

2. $\dfrac{\pi}{4}$; $\dfrac{3\pi}{4}$; $\dfrac{\pi}{4}$; $\dfrac{3\pi}{4}$

3. 0 ; 0 ; 0

三、解答题

5. ; -3 ; 不存在

习题 1.3

1. 1　　2. $\dfrac{2}{3}$　　3. -1

4. $\dfrac{\sqrt{6}}{6}$　　5. -1　　6. -1

7. 1　　8. -2

习题 1.4

一、选择题

1. A　　　2. C

二、填空题

1. $\dfrac{5}{2}$; 1 ; $\dfrac{1}{3}$; $\dfrac{1}{2}$

2. $e^{-\frac{1}{2}}$; e^2 ; e^3 ; e^7

三、解答题

1. $\dfrac{4}{3}$　　2. 1　　3. 1　　4. $\dfrac{1}{3}$　　5. e^3

6. e^{-5}　　7. e^7　　8. e　　9. e^{-5}　　10. -2

习题 1.5

一、选择题

1. A　　2. A　　3. D　　4. C

二、填空题

1. $-\dfrac{1}{2}$; ∞　　2. -1 ; -2　　3. -3 ; 1

4. 大 ; $-\dfrac{1}{2}$　　5. 大 ; 0

三、解答题

1. ∞　　2. $-\dfrac{1}{4}$　　3. 0　　4. $\dfrac{1}{3}$

习题 1.6

一、选择题

1. C　　2. D　　3. A

二、填空题

1. 8　　2. $\dfrac{5}{6}$　　3. $(-\infty, +\infty)$

4. $x = 0$；一　　5. $x = k\pi + \dfrac{\pi}{2}, k \in \mathbf{Z}$

三、解答题

1. 0　　2. $2\sqrt{3}$　　3. $-\dfrac{1 + e^2}{2e^2}$　　4. $\dfrac{1}{2}$

四、综合题

1.（1）第一类　（2）第一类　（3）第二类

2. 略

检测题

一、选择题

1. C　　2. D　　3. B　　4. B

二、填空题

1. $[0, 1) \cup (1, +\infty)$

2. $\left[\dfrac{3}{2}\pi, 2\pi\right]$

3. $y = \sin u, u = \sqrt{v}, v = x - 1$

4. $(-\infty, +\infty)$

5. $x = -2$

三、解答题

1. 3　　2. $\dfrac{5}{6}$　　3. e^2　　4. $\dfrac{2}{3}$

5. $\dfrac{4}{3}$

四、综合题

1. 第一类，第一类　　2. 第一类

第 2 章　导数与微分

习题 2.1

1. $-\sin x$　　2. $(2, 4)$

3. 切线方程：$4\sqrt{2}\,x - 8y + (4 - \pi)\sqrt{2} = 0$

　　法线方程：$4\sqrt{2}\,x + 4y - (2 + \pi)\sqrt{2} = 0$

4. 0

习题 2.2

一、填空题

1. $6x + 2$

2. $-\dfrac{5}{2}x\sqrt{x} + \dfrac{1}{\sqrt[3]{x}} + \dfrac{2}{x^3}$

3. $\dfrac{-1}{\sqrt{t}\,(\sqrt{t} - 1)^2}$

4. $x^3 \cos x + 3x^2 \sin x + 3\cos x$

5. $\dfrac{1}{x} + \ln x + 1$

二、求下列各函数的导数

1. $3x^2 + \dfrac{1}{x\ln 3} + \dfrac{1}{x}$

2. $\dfrac{x - \sqrt{1 - x^2}\arcsin x}{x^2 \sqrt{1 - x^2}}$

3. $\cos x + (\sin x + \csc x)\cot x - x$

4. $2v\arctan v$

三、解答题

切线方程：$x + y + 1 = 0$

法线方程：$x - y + 1 = 0$

习题 2.3

一、选择题

1. D　　2. C　　3. A

二、填空题

1. $6(x^3 + 2x + 3)(2x + 2)$

2. $3x^2 \cos x - x^3 \sin x$

3. $\dfrac{2(x^2 + 1) - 2x(x + 1)\ln x}{x(x^2 + 1)^2}$

4. $\dfrac{1}{1 + x^2}$

三、解答题

1.（1）$3(3x^2 + 2x - 5)^2(9x^2 + 2)$

（2）$-2\sin\left(\dfrac{\pi}{4} + 2x\right)$

（3）$-\dfrac{1}{3}(1 + \cos x)^{-\frac{2}{3}}\sin x$

$(4) \dfrac{3}{3x - 1}$

$(5)(x - 1)e^{\frac{(x-1)^2}{2}}$

$(6) \dfrac{-2}{1 + x^2}$

$(7) \dfrac{x\ln x}{\sqrt{(x^2 - 1)^3}}$

$(8)3\tan 3x$

$(9) \dfrac{\ln x}{(1 + x)^2}$

$(10) \dfrac{-1}{(x^2 + 2x + 2)\arctan \dfrac{1}{1 + x}}$

2. 切线方程:$2x - y + 1 = 0$

　　法线方程:$x + 2y - 2 = 0$

习题 2.4

1. $(1) \dfrac{y^2 - 4xy}{2x^2 - 2xy + 3y^2}$

$(2) \dfrac{5a}{2(x + y)} - 1$

$(3) \dfrac{a\sin(x + y)}{e^y - 2\sin(x + y)}$

$(4) \dfrac{xy - y^2}{xy + x^2}$

2. $y = 1$

3. $(1) \dfrac{\sqrt{x + 1}(3 - x)^4}{(x + 1)^5}\left[\dfrac{1}{2(x + 1)} - \dfrac{4}{3 - x} - \dfrac{5}{x + 1}\right]$

$(2) \dfrac{1}{2}\sqrt{x\sin x \sqrt{1 - e^x}}\left[\dfrac{1}{x} + \cot x - \dfrac{e^x}{2(1 - e^x)}\right]$

4. $(1) \dfrac{3t^2 - 1}{2t}$　　　$(2) -\dfrac{b}{a}\tan t$

习题 2.5

1. 求下列函数的二阶导数

$(1)5x^3 + 12x$

$(2)9e^{3x} + 6x$

$(3)e^{-x^2}(4x^2 - 2)$

$(4) \dfrac{2(\sqrt{1 + x^2} + x\arcsin x)}{\sqrt{(1 - x^2)^3}}$

$(5)e^{-2x}(4\sin x + 3\cos x)$

$(6)2\cos 2x$

$(7) -\dfrac{2(1 + x^2)}{(1 - x^2)^2}$

$(8)e^{-x}(4\sin 2x - 3\cos 2x)$

2. 略

3. $t = 1; a_1 = 4; a_2 = 12$

习题 2.6

一、选择题

1. C　　2. C　　3. A　　4. B

二、填空题

1. $x^2 + C$　　2. $\dfrac{2}{3}x^{\frac{3}{2}} + C$

3. $\ln|1 + x| + C$　　4. $-\dfrac{1}{\omega}\cos \omega t + C$

三、求下列各函数的微分

1. $4(2 + 4x - x^2)(2 - x^2)dx$

2. $(1 - 2x^2)e^{-x^2}dx$

3. $\dfrac{2\cos x}{(1 - \sin x)^2}dx$

4. $-3^{\ln\cos x} \cdot \cot x\ln 3dx$

5. $\dfrac{2 + 3\ln^2 x}{x}dx$

6. $-3e^{\cos 3x}\sin 3xdx$

7. $e^x(\cos x - \sin x)dx$

8. $\dfrac{-\operatorname{sgn} x}{\sqrt{1 - x^2}}dx$　　$(x \neq 0)$

9. $\dfrac{1}{1 + x^2}dx$

10. $e^x\sec e^x\tan e^xdx$

检测题

一、选择题

1. B　　2. B

二、填空题

1. $48x + 24$　　2. $5!$　　3. 4

4. $2;\sin x$　　5. $\dfrac{1}{x}$　　6. $\dfrac{2}{(1 - x)^2}$

三、求下列各题导数

1. $6x^2 + 6x + 1$　　　2. $\dfrac{-2\ln(1 - x)}{1 - x}$

3. $2x\cos x - x^2\sin x$　　　4. $4e^{2x}$

5. $2\cos x - x\sin x$

6. $\begin{cases} \dfrac{1}{\sqrt{1-x^2}} & \text{当} -1 \leqslant x < 0 \\[3mm] \dfrac{-1}{\sqrt{1-x^2}}, & \text{当} 0 \leqslant x \leqslant 1 \end{cases}$

7. $e^{\sin x}\cos x$　　　　　　8. 6

9. $\dfrac{(2x-1)e^x}{(1+2x)^2}$

第 3 章　导数和微分的应用

习题 3.1

一、选择题

1. C　　2. A

二、解答题

1. 在 $(-\infty, +\infty)$ 是单调减少

2. 单调减少区间是 $\left(-\infty, \dfrac{1}{2}\right)$，单调增加

区间是 $\left(\dfrac{1}{2}, +\infty\right)$

习题 3.2

1. 极值点 $x = -1$，极大值是 8

极值点 $x = 2$，极小值是 -19

2. 极小值是 $\sqrt{2}$

3. 极小值是 1，极大值是 2

4. 极小值是 $-3\sqrt[3]{4}$

习题 3.3

一、填空题

1. $f(2) = 1$

2. $f\left(\dfrac{\pi}{2}\right) = -\dfrac{\pi}{2}$

3. $f(4) = 8$；$f(0) = 0$

二、解答题

1. 长、宽均为 $\sqrt{2}R$

2. 长为 5.25 m，宽为 5.25 m

3. 底宽为 $\sqrt{\dfrac{40}{4+\pi}}$ m

4. $q = 20$，$L(20) = 30$

5. $C = \dfrac{q^2}{4} + 100$，$\bar{C} = \dfrac{q}{4} + \dfrac{100}{q}$；$q = 20$

习题 3.4

1. (1) 凸　　(2) 凸　　(3) 凹

2. (1) B　　(2) D　　(3) C

3. (1) 凹区间 $(-\infty, -1)$，$(1, +\infty)$，凸区间 $(-1, 1)$，拐点 $(-1, -10)$，$(1, -10)$

(2) 凹区间 $(-\infty, -1)$，$(0, +\infty)$，凸区间 $(-1, 0)$，拐点 $(-1, 0)$

(3) 凹区间 $(-2, +\infty)$，凸区间 $(-\infty, -2)$，拐点 $\left(-2, -\dfrac{2}{e^2}\right)$

4. (1) $a = -1, b = 3$；(2) $a = 1, b = -6, c = 9, d = 2$

习题 3.5

1. (1) $-\dfrac{3}{5}$　　(2) $\ln\dfrac{a}{b}$　　(3) 1　　(4) 1

(5) $\dfrac{1}{2}$　　(6) 0　　(7) $\dfrac{1}{3}$　　(8) 1　　(9) $\dfrac{2}{\pi}$

(10) 1.

2. 略

习题 3.6

1. 水平渐近线为 $y = 1$

2. 略

习题 3.7

1. $C(x) = 0.01x^2 + 10x + 1\,000$，$R(x) = px = 30x$，$L(x) = -0.01x^2 + 20x - 1\,000$，$C'(x) = 0.02x + 10$，$R'(x) = 30$，$x = 1\,000$

2. $R'(x) = \dfrac{1}{50}(100 - 2x)$，$R'(30) = 0.8$，$R'(50) = 0$，$R'(80) = -1.2$

其经济意义：当销售量为 30 个单位时，再

多销售一个单位的产品,总收入增加 0.8 个单位.当销售量为 50 个单位时,总收入达到最大值,再扩大销售量,总收入不会再增加. 当销售量为 80 个单位时,再多销售一个单位的产品,反而使总收入减少约 1.2 个单位

3. $E_d(100) = -2$

其经济意义:当价格为 100 时,若价格增加 1%. 则需求减少 2%

4. (1) -1.5　　(2) $E_d|_{p=30} = -1$

习题 3.8

一、填空题

1. Δy　2. $|\Delta x|$

二、近似计算

1. 1.414 3　　2. 0.484 8　　3. 2.745 5

三、解答题

50.12 亿元

检测题

一、选择题

1. B　　2. C　　3. D　　4. B

第 4 章　不 定 积 分

习题 4.1

一、选择题

1. C　　2. D　　3. B

二、填空题

1. 无限个;常数

2. $-\cos x$; $-\dfrac{1}{x}$; $\arctan x$

三、解答题

1. $y = x^2 + 1$

2. $s = 6 + t - \cos t$

习题 4.3

一、选择题

1. D　　2. C　　3. B

二、解答题

1.(1) $\dfrac{1}{2}x^4 + \dfrac{3}{2}x^2 + 3x + C$

二、填空题

1. $\dfrac{5x-2}{3\sqrt[3]{x}}$; $\dfrac{2}{5}$;不存在;

$(-\infty,0) \cup \left(\dfrac{2}{5}, +\infty\right)$; $\left(0, \dfrac{2}{5}\right)$;

0; 0; $\dfrac{2}{5}$; $-\dfrac{3}{5}\sqrt[3]{\dfrac{4}{25}}$

2. $-\dfrac{9}{2}$;6;大;小

3. 0.507 6　　4. 差

三、解答题

1. 单调增加区间 $(-\infty, -1)$,$(1, +\infty)$,单调减少区间 $(-1,1)$;极大值 $f(-1) = \dfrac{2}{3}$,极小值 $f(1) = -\dfrac{2}{3}$

2. $q = 650$,$L(650) = 967.59$ 元

3. 20 km/h

(2) $\dfrac{2}{3}x^{\frac{3}{2}} + 2x + C$

(3) $\dfrac{2^x e^x}{1 + \ln 2} + C$

(4) $\dfrac{2}{3}x^{\frac{3}{2}} + 2x^{\frac{1}{2}} + C$

(5) $\sin x - \cos x + C$

(6) $x - \cos x + \sin x + C$

2. $y = x^2 + 3x - 2$

习题 4.4

求下列各题的不定积分.

1. $\dfrac{1}{6}(3 + 4x)^{\frac{3}{2}} + C$

2. $\dfrac{2}{15}(3x + 1)^{\frac{5}{2}} + C$

3. $\dfrac{1}{3}\ln|3x + 5| + C$

4. $-\dfrac{1}{2}e^{-2x+1} + C$

5. $\ln(1 + e^x) + C$

6. $-\dfrac{1}{2}\ln|\cos(2x - 5)| + C$

7. $\dfrac{1}{2}\ln(1 + x^2) + C$

8. $e^{\sin x} + C$

9. $\dfrac{1}{2}\left[\ln(\ln x)\right]^2 + C$

10. $2\sin\sqrt{x} + C$

11. $\dfrac{-1}{\ln a}a^{\frac{1}{x}} + C$

12. $-\dfrac{1}{3}10^{-3x+2}\dfrac{1}{\ln 10} + C$

13. $\dfrac{3}{8}x + \dfrac{1}{4}\sin 3x + \dfrac{1}{32}\sin 4x + C$

14. $\tan\dfrac{x}{2} + C$

15. $2(\sqrt{x} - \ln(1 + \sqrt{x})) + C$

16. $\dfrac{3}{2}\sqrt[3]{(x+2)^2} - 3\sqrt[3]{x+2} + 3\ln|1 + \sqrt[3]{x+2}| + C$

17. $\sqrt{2x-3} - \ln(\sqrt{2x-3} + 1) + C$

18. $\dfrac{1}{2}\arcsin 2x + C$

19. $\dfrac{1}{2}\ln(2x + \sqrt{4x^2 + 9}) + C$

20. $-\dfrac{1}{3}\sqrt{(25 - t^2)^3} + C$

习题 4.5

求下列不定积分

1. $-x\cos x + \sin x + C$

2. $\dfrac{1}{3}x^3(\ln x - 1) + C$

3. $x\ln^2 x - 2x\ln x + 2x + C$

4. $2x\sin\dfrac{x}{2} + 4\cos\dfrac{x}{2} + C$

5. $x\arccos x - \sqrt{1 - x^2} + C$

6. $\dfrac{1}{2}(\sec x\tan x + \ln|\sec x + \tan x|) + C$

7. $\left(x^2 - \dfrac{1}{2}\right)\sin x + \dfrac{1}{2}x\cos x + C$

8. $\dfrac{1}{3}e^{3x}\left(x^2 - \dfrac{2}{3}x + \dfrac{2}{9}\right) + C$

9. $\dfrac{1}{2}x[\sin\ln x - \cos\ln x] + C$

10. $(x^2 + 2)\sin x + 2x\cos x - 2\sin x + C$

习题 4.6

查表求下列不定积分

1. $\dfrac{2x - 12}{3}\sqrt{3 + x} + C$

2. $\dfrac{1}{2}\arcsin\sqrt{2}x + C$

3. $x\ln^3 x - 3x\ln^2 x + 6x\ln x - 6x + C$

4. $\dfrac{1}{2(2 + 3x)} - \dfrac{1}{4}\ln\left|\dfrac{2 + 3x}{x}\right| + C$

5. $\dfrac{-\sin^3 x\cos x}{4} + \dfrac{3}{8}x - \dfrac{3}{16}\sin 2x + C$

6. $x\sqrt{4x^2 + 3} + \dfrac{3}{2}\ln(2x + \sqrt{4x^2 + 3}) + C$

7. $\left(\dfrac{x^2}{2} - \dfrac{9}{4}\right)\arcsin\dfrac{x}{3} + \dfrac{x}{4}\sqrt{9 - x^2} + C$

8. $\sqrt{(1 - x)(1 + x)} + 2\arcsin\sqrt{\dfrac{x + 1}{2}} + C$

检测题

一、选择题

1. A 2. D 3. C 4. B

二、填空题

1. $\dfrac{5}{6}x^2 + 2x + C$

2. $\dfrac{1}{12 + 11\sin x}; \dfrac{1}{12 + 11\sin x} + C$

3. $-(x + 2) + \dfrac{4}{x - 2}$

4. $f(\sin x) + C$

三、解答题

1. $-xe^{-x} - e^{-x} + C$

2. $-x\cos x + \sin x + C$

3. $2e^{\sqrt{x}}(\sqrt{x} - 1) + C$

4. $\ln|5 + \ln x| + C$

5. $-x - \cot x + C$

6. $\dfrac{2^{2(x+1)}}{\ln 2} + C$

7. $\dfrac{1}{2}\arctan\dfrac{x^2}{2} + C$

8. $\dfrac{1}{10(1 - x^5)^2} + C$

9. $\arctan e^x + C$

10. $\dfrac{e^{2x}}{13}(2\sin 3x - 3\cos 3x) + C$

第 5 章　定积分及其应用

习题 5.1

一、选择题

1. D　　2. A　　3. C

二、填空题

1. $\lim\limits_{|\Delta x| \to 0} \sum\limits_{i=1}^{n} f(\xi_i)\Delta x_i$

2. (1) $\displaystyle\int_{-1}^{3} f_1(x)\,\mathrm{d}x$

(2) $\displaystyle\int_{a}^{c} [f_4(x) - f_3(x)]\,\mathrm{d}x + \int_{c}^{b} [f_3(x) - f_4(x)]\,\mathrm{d}x$

习题 5.2

一、填空题

1. 18　　2. 0　　3. <　　4. 10

二、解答题

1. $-\dfrac{10}{3}$　　2. $6 \leqslant x \leqslant 51$　　3. 0

习题 5.3

1. (1) $\sin x^2$　　(2) $x^2(2x^4 e^{-x^2} - e^{-x})$

2. (1) $\dfrac{29}{6}$　　(2) $\sqrt{2} - 1$　　(3) $57\dfrac{5}{6}$

(4) $\dfrac{\pi}{12}$　　(5) 1　　(6) $\dfrac{2}{3} - \dfrac{3\sqrt{3}}{8}$

(7) $\dfrac{1}{2}(1 - \ln 2)$　　(8) 1

习题 5.4

计算下列定积分

1. $\dfrac{\pi^2}{12}$　　2. $7 + 2\ln 2$　　3. $\ln\sqrt{3}$

4. $2(2 - \sqrt{2})$　　5. $\dfrac{2}{7}$　　6. 1　　7. $e^2 + 1$

8. $\dfrac{\pi^2}{2} - 4$　　9. $e - \sqrt{e}$　　10. $e - 2$

11. $\dfrac{1}{2}(e^{\frac{\pi}{2}} + 1)$　　12. 1　　13. $\dfrac{1}{4}$

14. $\dfrac{16}{15}$　　15. $\dfrac{\pi}{12}$　　16. $1 - 2\ln 2$

17. $\dfrac{1}{4} - \dfrac{3}{4}e^{-2}$　　18. $\dfrac{1}{4}(1 + e^2)$

19. $\dfrac{\pi}{2}$　　20. $\dfrac{\pi}{2}$　　21. $\dfrac{1}{5}(e^{\pi} - 2)$

22. $1 - \dfrac{\sqrt{3}}{6}\pi$

习题 5.5

一、计算下列各曲线所围成图形的面积

1. $\dfrac{4}{3}$　　2. $57\dfrac{1}{6}$　　3. $\dfrac{3}{2} - \ln 2$

4. $b - a$　　5. $\dfrac{1}{6}$　　6. $\dfrac{8}{3}\sqrt{2}$

7. $\dfrac{8}{3}$　　8. $9.9\ln 10 - 8.1$　　9. πab

二、计算下列旋转体的体积

1. $\dfrac{\pi}{5}$　　2. $\dfrac{4}{3}\pi ab^2$

3. $\dfrac{24}{5}\pi$　　4. $V_x = \dfrac{\pi^2}{2}, V_y = \pi(\pi - 2)$

5. $160\pi^2$　　6. $\dfrac{16\sqrt{2}}{5}\pi$

习题 5.6

一、下列广义积分是否收敛?如收敛算出它的值.

1. $\dfrac{\pi}{12}$　　2. 发散　　3. $\dfrac{1}{2}$　　4. 2

5. 发散　　6. 发散　　7. 1　　8. 发散

9. 发散　　10. 发散　　11. $\dfrac{8}{3}$　　12. π

二、$k > 1$ 时收敛,其积分值为 $\dfrac{1}{k-1}$;$k \leqslant 1$

时发散.

检测题

一、选择题

1. B　　2. C　　3. A

二、填空题

1. (1) 12 m　　(2) 6 m/s

2. (1) $A_1 - A_2 + A_3$

(2) $\displaystyle\int_a^c f(x)\,dx - \int_c^d f(x)\,dx + \int_d^b f(x)\,dx$

3. (1) -1　　　　(2) 3

4. $2\displaystyle\int_1^{\sqrt{2}} (u^2 - 1)^2\,du$

5. 0

三、解答题

1. (1) 12　　(2) 1　　(3) $\dfrac{\pi}{4}$

(4) $\dfrac{4}{3} + \dfrac{\pi}{4}$　　(5) $\ln 2$

2. $\dfrac{1}{2}$

第6章　无　穷　级　数

习题 6.1

1. (1) 当 n 为奇数时,$s_n = -1$;当 n 为偶

数时,$s_n = 0$. 发散

(2) $s_n = 1 - \dfrac{1}{2^n}$,收敛

(3) $s_n = \sqrt{n+1} - 1$,发散

2. 略

3. (1) $u_n = (-1)^{n-1} \dfrac{n+1}{n}$

(2) $u_n = (-1)^{n-1} \dfrac{a^{n+1}}{2n+1}$

4. (1) 收敛　(2) 发散　(3) 发散

5. (1) 发散　(2) 收敛　(3) 收敛

(4) 收敛　(5) 收敛　(6) 收敛

6. (1) 收敛　(2) 收敛

(3) 发散　(4) 收敛

7. (1) 绝对收敛　(2) 绝对收敛

(3) 绝对收敛　(4) 条件收敛

(5) 绝对收敛　(6) 条件收敛

习题 6.2

1. (1) $(-2, 2)$　(2) $(-1, 1)$

(3) $(-\infty, +\infty)$

2. (1) $R = +\infty$,$(-\infty, +\infty)$

(2) $R = 1$,$[-1, 1)$

(3) $R = \dfrac{1}{3}$,$\left[-\dfrac{1}{3}, \dfrac{1}{3} \right)$

3. (1) $\ln(x+1)$　(2) $\dfrac{1}{(x-1)^2}$

(3) $\dfrac{1}{1-x} + \dfrac{\ln(1-x)}{x}$　(4) $\dfrac{x}{(1-x)^2}$

检测题

一、选择题

1. C　　2. D　　3. C　　4. C

二、判断下列各级数的敛散性

1. 收敛　　2. 发散　　3. 发散

4. 收敛　　5. 收敛　　6. 发散

三、解答题

1. (1) $R = 2$,$[-2, 2)$

(2) $R = \dfrac{1}{\sqrt{2}}$,$\left(-\dfrac{1}{\sqrt{2}}, \dfrac{1}{\sqrt{2}} \right)$

2. $(0, 2)$

3. (1) $\dfrac{1}{2} \ln \dfrac{1+x}{1-x}$

(2) $\dfrac{1}{2} x \ln \dfrac{1+x}{1-x} + \dfrac{1}{2} \ln(1-x^2)$

第 7 章 微 分 方 程

习题 7.1

1. 略

2. (1)一阶 (2)二阶 (3)三阶 (4)二阶

3. 是

4. $y = e^x + 2x + 1$

习题 7.2

1. $(1)y = Ce^{\frac{3}{2}x^2}$ $(C \neq 0)$

$(2)y = \sin(\arcsin x + C)$

$(3)(1 - x)(1 + y) = C$

$(4)y = \dfrac{1 - e^x}{1 + e^x}$

$(5)y = \dfrac{x}{C + \ln|x|}$

$(6)y = e^{-x}(x + C)$

$(7)y = Ce^{\frac{3}{2}x^2} - \dfrac{2}{3}$

$(8)\arctan y = x + \dfrac{1}{2}x^2 + C$

$(9)e^y = \dfrac{1}{2}e^{2x} + C$

2. $(1)e^x + e^{-y} = e + 1$ $\quad (2)y = e^{\frac{1}{3}x^2 - \frac{1}{3}}$

$(3)y = e^{\sqrt{x} - 2}$ $\quad (4)y = \dfrac{1 - x^2}{2x}$

(5)略

$(6)y = (x + 1)e^x$

$(7)y = \dfrac{\pi + \sin x}{x}$

$(8)y = x^2(1 - e^{\frac{1}{x} - 1})$

$(9)y = \dfrac{1}{2}\dfrac{x}{\cos x} + \sin x + \dfrac{2}{\cos x}$

3. $U_c = E(1 - e^{-\frac{1}{RC}})$

4. $y|_{t = 30} \approx 171$ g

习题 7.3

1. $(1)y'' + y' - 2y = 0; y = C_1e^x + C_2e^{-2x}$

$(2)y'' - 2y' + y = 0; y = (C_1 + C_2x)e^x$

$(3)y'' + 4y' + 5y = 0; y = e^{-2x}(C_1\cos x + C_2\sin x)$

2. $(1)y = C_1e^x + C_2e^{-2x}$

$(2)y' = C_1e^{2x} + 2(C_1 + C_2x)e^{2x}$

$(3)y = e^{-3x}(C_1\cos 2x + C_2\sin 2x)$

$(4)y = e^{-x}(C_1\cos\sqrt{2}x + C_2\sin\sqrt{2}x)$

3. $(1)y = 9e^x - 3e^{3x}$

$(2)y = e^{-\frac{1}{2}x}(2 + x)$

$(3)y = e^{2x}$

4. $S = 6e^{-t}\sin 2t$

5. $s = e^{-4t}0.04\cos 3t + \dfrac{0.16}{3}\sin 3t$

检测题

一、填空题

1. $y' + P(x)y = Q(x); y' = P(x)y = 0;$

$y = e^{-\int P(x)dx}\left[\int Q(x)e^{\int P(x)dx}dx + C\right];$

$y = C \cdot e^{-\int P(x)dx}$

2. (1)① (2)② (3)① (4)②

二、求下列微分方程的通解

$(1)y = e^{-2x}(C_1 + C_2x) + 1$

$2)y = \dfrac{1}{2}(\cos x + \sin x) + C \cdot e^{-x}$

$(3)y = \dfrac{7}{4}x - \dfrac{1}{4}x^2 + C_1 + C_2e^{-2x}$

$(4)y = C_1 + C_2e^{4x}$

三、求下列微分方程的特解

$(1)y = \sqrt{1 + x^2}\ln(x + \sqrt{1 + x^2}) + x^2 + 1$

$(2)y = \dfrac{5}{3}e^{x^3} - \dfrac{1}{3}x^3 - \dfrac{2}{3}$

$(3)y = \cos 2x + \sin 2x$

$(4)y = e^x(2\cos 2x + \sin 2x)$

四、应用题

1. $P(X) = 80\,423e^{0.08t}, t = 11$

得 193 891.787 亿元

2. $Q(t) = 10 + 190e^{-0.01868t}$　　　　由 $Q = 20$ 得 $t \approx 158$ s

期末检测题 1

一、选择题

1. C　2. B　3. C　4. D　5. C

二、填空题

1. 固定;可变　2. 5　3. $x = 0$

4. 1;小;3　5. 负值

6. $\ln|x| + \dfrac{5^x e^x}{\ln 5 + 1} + C$

7. 0

8. $2x\sin(xy) + x^2 y\cos(xy)$

9. $y = Ce^{x^2}$　　$(C \neq 0)$

三、解答题

1. 最大值为 $f(-2) = f(2) = 13$;

最小值为 $f(-1) = f(1) = 4$

2. $\dfrac{1}{3}x^3\ln(x-3) - \dfrac{1}{9}x^3 - \dfrac{x^2}{2} - 3x - 9\ln(x-3) + C$

3. $\dfrac{2}{3}$

4. 300

5. $\dfrac{\partial z}{\partial x} = -\dfrac{y}{x^2 + y^2}$; 　$\dfrac{\partial z}{\partial y} = \dfrac{x}{x^2 + y^2}$

6. $y = \dfrac{1}{2} - \dfrac{1}{x} + \dfrac{1}{2x^2}$

期末检测题 2

一、填空题

1. $(1,2]$　　2. $\dfrac{2}{5}$　　3. 0

4. $y = -\dfrac{1}{4}x + 1$　5. $\dfrac{2^x e^x}{1 + \ln 2}$　6. 0.

二、选择题

1. C　2. B　3. B　4. B　5. A

6. D

三、计算极限

1. 402　　2. e^2　　3. $\dfrac{1}{2}$

四、求下列函数的导数或微分

1. $3(\arcsin x + \sin 5x)^2 \left(\dfrac{1}{\sqrt{1-x^2}} + 5\cos 5x \right)dx$

2. $\dfrac{e^{x+y} - y}{(x - e^{x+y})}$ 或 $\dfrac{xy - y}{x - xy}$

3. $y' = 4x + \dfrac{1}{x}, y'' = 4 - \dfrac{1}{x^2}$

五、计算下列积分

1. $x^3 + \arctan x + \ln|x| + C$

2. $-e^{\cos x} + C$

3. $2e^2 + 2$

六、应用题

$\dfrac{4}{3}$

七、附加题

1. 当 $Q = 20$ 时总利润最大

2. $\dfrac{1}{3}$

参 考 文 献

[1] 黄中升,陈伟.高等应用数学[M].北京:中国铁道出版社,2012.

[2] 杨慧卿.经济数学[M].北京:人民邮电出版社,2017.

[3] 盛祥耀.高等数学[M].4 版.北京:高等教育出版社,2018.

[4] 梁宗臣.世界数学史选编[M].沈阳.辽宁人民出版社,1990.

[5] 东北师范大学数学系微分方程教研室.常微分方程[M].北京:高等教育出版社,1982.

[6] 华东师范大学数学系.数学分析[M].北京:高等教育出版社,1985.